"八大员"继续教育培训教材

建设行业专业技术管理人员继续教育培训教材

主　编　胡裕新　孙业珍　孟凡旭
副主编　雷　明　段　鹏　李　浩

中国建材工业出版社

图书在版编目(CIP)数据

建设行业专业技术管理人员继续教育培训教材/胡
裕新，孙业珍，孟凡旭主编．--北京：中国建材工业出
版社，2018.7（2024.11重印）
ISBN 978-7-5160-2306-8

Ⅰ.①建⋯　Ⅱ.①胡⋯　②孙⋯　③孟⋯　Ⅲ.①建筑施
工—施工管理—继续教育—教材　Ⅳ.①TU71

中国版本图书馆 CIP 数据核字（2018）第 138089 号

内 容 简 介

本书主要内容包括：近年来的新规定及新规范以及《建筑业十项新技术（2017
版）》中新增的 53 项子项，并把比较适合施工现场选用的 43 项子项目编排了相应
案例，以便施工企业推广和使用。

本书可作为建设行业施工管理人员继续教育的培训教材，也可供施工企业新技
术推广人员和现场技术人员参考。

建设行业专业技术管理人员继续教育培训教材
主编　胡裕新　孙业珍　孟凡旭

出版发行：中国建材工业出版社
地　　址：北京市西城区白纸坊东街 2 号院 6 号楼
邮　　编：100054
经　　销：全国各地新华书店
印　　刷：北京雁林吉兆印刷有限公司
开　　本：787mm×1092mm　1/16
印　　张：15.25
字　　数：380 千字
版　　次：2018 年 7 月第 1 版
印　　次：2024 年 11 月第 7 次
定　　价：**62.00 元**

本社网址：**www. jccbs. com**，微信公众号：**zgjcgycbs**
本书如有印装质量问题，由我社事业发展中心负责调换，联系电话：**(010) 63567692**

前　言

　　根据《专业技术人员继续教育规定》（人社部令第【25号】）文件中的相关规定，继续教育应当以能力建设为核心，突出针对性、实用性和前瞻性，按需施教、讲究时效、培训与使用相结合的原则。为了切实做好施工现场专业技术管理人员的继续教育，提高他们的理论水平和专业素质，本教材以住房城乡建设部《建设业10项新技术（2017版）》为核心进行编写。

　　《建筑业10项新技术（2017版）》确定了国家对建筑业技术政策调整和布局的具体措施和实施细则。势必会引领我国建筑业今后一个时期施工现场管理和技术工作的发展方向。本书紧扣新增关键技术，编配的技术案例契合度适宜，引用对应度准确。

　　《建筑业10项新技术（2017版）》新增新技术子项53项，占全部子项的50%。子项也涵盖了相当宽泛的职业领域。本教材选择新增53项子项中比较适合施工现场选用的43子项目编排了相应案例，案例选编时重点选择适合当前施工现场实际需求的案例，同时也兼顾了与施工现场目前常规管理工作交集较少的高科技项目和专业性很强需专项施工资质的专有技术现场项目。有些项目（如3D打印模板、建筑信息模型应用、工厂化生产、物联网应用技术、信息化技术等）与施工现场目前常规管理工作交集较少，有些专业性很强需专项施工资质的技术（预应力技术、索结构施工等）现场只需比较简单的配合工作。有的子项如"7.7工具式定型化临时设施技术"内容繁多，各地、各企业标准化工作的具体要求存在一定差异，案例不便选用，共计有（4.9装配式混凝土结构建筑信息模型应用技术、4.10预制构件工厂化生产加工技术、5.2钢结构深化设计与物联网应用技术、5.4钢结构虚拟预拼装技术、5.9索结构应用技术、7.6绿色施工在线监测评价技术、7.7工具式定型化临时设施技术、10.2基于大数据的项目成本分析与控制信息技术、10.3基于云计算的电子商务采购技术、10.6基于物联网的工程总承包项目物资全过程监管技术、10.7基于物联网的劳务管理信息技术、10.8基于GIS和物联网的建筑垃圾监管技术）12子项，以引述《建筑业10项新技术（2017版）》新增新技术子项内容为主。受篇幅和培训时间所限，未含项目可参阅《建筑业10项新技术（2017版）》所附的应用项目作为课程参考。

　　本教材适用于施工企业现场管理人员继续教育培训使用，由于时间仓促，书中肯定存在不足和疏漏之处，恳请读者批评指正，以便再版时完善。

作　者

2018年6月

目　录

绪论　新规定及新规范

1. 《危险性较大的分部分项工程安全管理规定》（住房城乡建设部令 37 号概述）

据统计，近几年我国房屋建筑和市政基础工程领域死亡 3 人以上的较大安全事故中，大多数发生在基坑工程、模板工程及支撑体系、起重吊装及安装拆卸等危大工程范围内。为切实做好危大工程安全管理，减少群死群伤事故发生，从根本上促进建筑施工安全形势好转，维护人民群众生命财产安全，住房城乡建设部颁布了《危险性较大的分部分项工程安全管理规定》（住房城乡建设部令第 37 号），该规定自 2018 年 6 月 1 日起实行。该规定主要包括下述主要内容：

（1）明确危大工程定义和范围

第三条　本规定所称危险性较大的分部分项工程（以下简称"危大工程"），是指房屋建筑和市政基础设施工程在施工过程中，容易导致人员群死群伤或者造成重大经济损失的分部分项工程。

危大工程及超过一定规模的危大工程范围由国务院住房城乡建设主管部门制定。

省级住房城乡建设主管部门可以结合本地区实际情况，补充本地区危大工程范围。

（2）强化危大工程参与各方主体责任

第五条　建设单位应当依法提供真实、准确、完整的工程地质、水文地质和工程周边环境等资料。

第六条　勘察单位应当根据工程实际及工程周边环境资料，在勘察文件中说明地质条件可能造成的工程风险。

设计单位应当在设计文件中注明涉及危大工程的重点部位和环节，提出保障工程周边环境安全和工程施工安全的意见，必要时进行专项设计。

第七条　建设单位应当组织勘察、设计等单位在施工招标文件中列出危大工程清单，要求施工单位在投标时补充完善危大工程清单并明确相应的安全管理措施。

第八条　建设单位应当按照施工合同约定及时支付危大工程施工技术措施费以及相应的安全防护文明施工措施费，保障危大工程施工安全。

第九条　建设单位在申请办理安全监督手续时，应当提交危大工程清单及其安全管理措施等资料。

（3）确立危大工程专项施工方案及论证制度

第十条 施工单位应当在危大工程施工前组织工程技术人员编制专项施工方案。

实行施工总承包的，专项施工方案应当由施工总承包单位组织编制。危大工程实行分包的，专项施工方案可以由相关专业分包单位组织编制。

第十一条 专项施工方案应当由施工单位技术负责人审核签字、加盖单位公章，并由总监理工程师审查签字、加盖执业印章后方可实施。

危大工程实行分包并由分包单位编制专项施工方案的，专项施工方案应当由总承包单位技术负责人及分包单位技术负责人共同审核签字并加盖单位公章。

第十二条 对于超过一定规模的危大工程，施工单位应当组织召开专家论证会对专项施工方案进行论证。实行施工总承包的，由施工总承包单位组织召开专家论证会。专家论证前专项施工方案应当通过施工单位审核和总监理工程师审查。

专家应当从地方人民政府住房城乡建设主管部门建立的专家库中选取，符合专业要求且人数不得少于 5 名。与本工程有利害关系的人员不得以专家身份参加专家论证会。

第十三条 专家论证会后，应当形成论证报告，对专项施工方案提出通过、修改后通过或者不通过的一致意见。专家对论证报告负责并签字确认。

专项施工方案经论证需修改后通过的，施工单位应当根据论证报告修改完善后，重新履行本规定第十一条的程序。

专项施工方案经论证不通过的，施工单位修改后应当按照本规定的要求重新组织专家论证。

（4）强化现场管理措施

第十四条 施工单位应当在施工现场显著位置公告危大工程名称、施工时间和具体责任人员，并在危险区域设置安全警示标志。

第十五条 专项施工方案实施前，编制人员或者项目技术负责人应当向施工现场管理人员进行方案交底。

施工现场管理人员应当向作业人员进行安全技术交底，并由双方和项目专职安全生产管理人员共同签字确认。

第十六条 施工单位应当严格按照专项施工方案组织施工，不得擅自修改专项施工方案。

因规划调整、设计变更等原因确需调整的，修改后的专项施工方案应当按照本规定重新审核和论证。涉及资金或者工期调整的，建设单位应当按照约定予以调整。

第十七条 施工单位应当对危大工程施工作业人员进行登记，项目负责人应当在施工现场履职。

项目专职安全生产管理人员应当对专项施工方案实施情况进行现场监督，对未按照专项施工方案施工的，应当要求立即整改，并及时报告项目负责人，项目负责人应当及时组织限期整改。

施工单位应当按照规定对危大工程进行施工监测和安全巡视，发现危及人身安全的紧急情况，应当立即组织作业人员撤离危险区域。

第十八条 监理单位应当结合危大工程专项施工方案编制监理实施细则，并对危大工程施工实施专项巡视检查。

第十九条 监理单位发现施工单位未按照专项施工方案施工的，应当要求其进行整改；

情节严重的，应当要求其暂停施工，并及时报告建设单位。施工单位拒不整改或者不停止施工的，监理单位应当及时报告建设单位和工程所在地住房城乡建设主管部门。

第二十条 对于按照规定需要进行第三方监测的危大工程，建设单位应当委托具有相应勘察资质的单位进行监测。

监测单位应当编制监测方案。监测方案由监测单位技术负责人审核签字并加盖单位公章，报送监理单位后方可实施。

监测单位应当按照监测方案开展监测，及时向建设单位报送监测成果，并对监测成果负责；发现异常时，及时向建设、设计、施工、监理单位报告，建设单位应当立即组织相关单位采取处置措施。

第二十一条 对于按照规定需要验收的危大工程，施工单位、监理单位应当组织相关人员进行验收。验收合格的，经施工单位项目技术负责人及总监理工程师签字确认后，方可进入下一道工序。

危大工程验收合格后，施工单位应当在施工现场明显位置设置验收标识牌，公示验收时间及责任人员。

第二十二条 危大工程发生险情或者事故时，施工单位应当立即采取应急处置措施，并报告工程所在地住房城乡建设主管部门。建设、勘察、设计、监理等单位应当配合施工单位开展应急抢险工作。

第二十三条 危大工程应急抢险结束后，建设单位应当组织勘察、设计、施工、监理等单位制定工程恢复方案，并对应急抢险工作进行后评估。

第二十四条 施工、监理单位应当建立危大工程安全管理档案。

施工单位应当将专项施工方案及审核、专家论证、交底、现场检查、验收及整改等相关资料纳入档案管理。

监理单位应当将监理实施细则、专项施工方案审查、专项巡视检查、验收及整改等相关资料纳入档案管理。

(5) 明确施工单位的法律责任

第三十二条 施工单位未按照本规定编制并审核危大工程专项施工方案的，依照《建设工程安全生产管理条例》对单位进行处罚，并暂扣安全生产许可证30日；对直接负责的主管人员和其他直接责任人员处1000元以上5000元以下的罚款。

第三十三条 施工单位有下列行为之一的，依照《中华人民共和国安全生产法》《建设工程安全生产管理条例》对单位和相关责任人员进行处罚：

（一）未向施工现场管理人员和作业人员进行方案交底和安全技术交底的；

（二）未在施工现场显著位置公告危大工程，并在危险区域设置安全警示标志的；

（三）项目专职安全生产管理人员未对专项施工方案实施情况进行现场监督的。

第三十四条 施工单位有下列行为之一的，责令限期改正，处1万元以上3万元以下的罚款，并暂扣安全生产许可证30日；对直接负责的主管人员和其他直接责任人员处1000元以上5000元以下的罚款：

（一）未对超过一定规模的危大工程专项施工方案进行专家论证的；

（二）未根据专家论证报告对超过一定规模的危大工程专项施工方案进行修改，或者未按照本规定重新组织专家论证的；

（三）未严格按照专项施工方案组织施工，或者擅自修改专项施工方案的。

第三十五条 施工单位有下列行为之一的，责令限期改正，并处 1 万元以上 3 万元以下的罚款；对直接负责的主管人员和其他直接责任人员处 1000 元以上 5000 元以下的罚款：

（一）项目负责人未按照本规定现场履职或者组织限期整改的；

（二）施工单位未按照本规定进行施工监测和安全巡视的；

（三）未按照本规定组织危大工程验收的；

（四）发生险情或者事故时，未采取应急处置措施的；

（五）未按照本规定建立危大工程安全管理档案的。

2. 建筑施工脚手架安全技术统一标准 GB 51210—2016 概述

2.1 本标准的主要技术内容

本标准的主要技术内容是：1. 总则；2. 术语和符号；3. 基本规定；4. 材料、构配件；5. 荷载；6. 设计；7. 结构试验与分析；8. 构造要求；9. 搭设与拆除；10. 质量控制；11. 安全管理。

本标准中以黑体字标志的条文为强制性条文，必须严格执行。

2.2 编制目的和适用范围

1 为统一建筑施工脚手架设计、施工、使用及管理，做到技术先进、安全适用、经济合理，制定本标准。

2 本标准适用于房屋建筑工程和市政工程施工用脚手架的设计、施工、使用及管理。

3 建筑施工脚手架的设计、施工、使用及管理，除应符合本标准外，尚应符合国家现行有关标准的规定。

2.3 术语

1 脚手架 Scaffold

由杆件或结构单元、配件通过可靠连接而组成，能承受相应荷载，具有安全防护功能，为建筑施工提供作业条件的结构架体，包括作业脚手架和支撑脚手架。

2 作业脚手架 Operation Scaffold

由杆件或结构单元、配件通过可靠连接而组成，支承于地面、建筑物上或附着于工程结构上，为建筑施工提供作业平台和安全防护的脚手架，包括以各类不同杆件（构件）和节点形式构成的落地作业脚手架、悬挑脚手架、附着式升降脚手架等，简称作业架。

3 支撑脚手架 Shoring Scaffold

由杆件或结构单元、配件通过可靠连接而组成，支承于地面或结构上，可承受各种荷载，具有安全保护功能，为建筑施工提供支撑和作业平台的脚手架，包括以各类不同杆件（构件）和节点形式构成的结构安装支撑脚手架、混凝土施工用模板支撑脚手架等，简称支撑架。

4 封闭式作业脚手架 Closed Operation Scaffold

采用密目安全网或钢丝网等材料将外侧立面全部遮挡封闭的作业脚手架。

5 敞开式支撑脚手架 Open Operation Scaffold

架体外侧立面无遮挡封闭的支撑脚手架。

6　综合安全系数 Compositive Safety Factor

脚手架结构或主要构配件总的安全系数，为脚手架结构或构配件极限承载力与其设计承载力的比值。

7　几何参数标准值 Normal Value of Geometrical Parameter

设计确定的几何参数公称值，或根据实测结果经统计概率分布确定的几何参数的平均值。

8　架体构造 Scaffold Detailing

由架体杆件、结构单元、配件组成的脚手架结构形式、连接方式及其相互关系。

9　脚手架结构试验 Scaffold Structure Test

通过施加荷载的检验方法评定脚手架结构或主要构配件力学性能的试验。

10　脚手架足尺结构试验 Scaffold Model Test

采用与实际使用脚手架典型结构单元尺寸大小及构造相同的原型样本所进行的脚手架结构性能试验。

11　脚手架单元结构试验 Scaffold Unit Structure Test

采用与工程所用的脚手架相同的材料、构配件按特定构造要求搭设的试验架体所进行的脚手架结构试验。

2.4　强制性条文（以下序号按原规范序号）

8.3.9　支撑脚手架的水平杆应按步距沿纵向和横向通长连续设置，不得缺失。在支撑脚手架立杆底部应设置纵向和横向扫地杆，水平杆和扫地杆应与相邻立杆连接牢固。

9.0.5　作业脚手架连墙件的安装必须符合下列规定：

　　1　连墙件的安装必须随作业脚手架搭设同步进行，严禁滞后安装；

　　2　当作业脚手架操作层高出相邻连墙件 2 个步距及以上时，在上层连墙件安装完毕前，必须采取临时拉结措施。

9.0.8　脚手架的拆除作业必须符合下列规定：

　　1　架体的拆除应从上而下逐层进行，严禁上下同时作业；

　　2　同层杆件和构配件必须按先外后内的顺序拆除；剪刀撑、斜撑杆等加固杆件必须在拆卸至该杆件所在部位时再拆除；

　　3　作业脚手架连墙件必须随架体逐层拆除，严禁先将连墙件整层或数层拆除后再拆架体。拆除作业过程中，当架体的自由端高度超过 2 个步距时，必须采取临时拉结措施。

11.2.1　脚手架作业层上的荷载不得超过设计允许荷载。

11.2.2　严禁将支撑脚手架、缆风绳、混凝土输送泵管、卸料平台及大型设备的支承件等固定在作业脚手架上。严禁在作业脚手架上悬挂起重设备。

3. 建筑施工高处作业安全技术规范 JGJ 80—2016 概述

3.1　本规范的主要技术内容

本规范的主要技术内容是：1. 总则；2. 术语和符号；3. 基本规定；4. 临边与洞口作业；5. 攀登与悬空作业；6. 操作平台；7. 交叉作业；8. 建筑施工安全网。

本规范修订的主要技术内容是：1. 增加了术语和符号章节；2. 将临边和洞口作业中对护栏的要求归纳、整理，统一对其构造进行规定；3. 在攀登与悬空作业章节中，增加屋面和外墙作业时的安全防护要求；4. 将操作平台和交叉作业章节分开为操作平台和交叉作业两个章节，分别对其提出了要求；5.对移动操作平台、落地式操作平台与悬挑式操作平台分别作出了规定；6.增加了建筑施工安全网章节，并对安全网设置进行了具体规定。

本规范中以黑体字标志的条文为强制性条文，必须严格执行。

3.2 编制目的和适用范围

1 为规范建筑施工高处作业及其管理，做到防护安全、技术先进、经济合理，制定本规范。

2 本规范适用于建筑工程施工高处作业中的临边、洞口、攀登、悬空、操作平台、交叉作业及安全网搭设等项作业。

本规范亦适用于其他高处作业的各类洞、坑、沟、槽等部位的施工。

3 建筑施工高处作业时，除应符合本规范外，尚应符合国家现行有关标准的规定。

3.3 术语

1 高处作业 Working at Height

在坠落高度基准面 2m 及以上有可能坠落的高处进行的作业。

2 临边作业 Edge－Near Operation

在工作面边沿无围护或围护设施高度低于 800mm 的高处作业，包括楼板边、楼梯段边、屋面边、阳台边、各类坑、沟、槽等边沿的高处作业。

3 洞口作业 Opening Operation

在地面、楼面、屋面和墙面等有可能使人和物料坠落，其坠落高度大于或等于 2m 的洞口处的高处作业。

4 攀登作业 Climbing Operation

借助登高用具或登高设施进行的高处作业。

5 悬空作业 Hanging Operation

在周边无任何防护设施或防护设施不能满足防护要求的临空状态下进行的高处作业。

6 操作平台 Operating Platform

由钢管、型钢及其他等效性能材料等组装搭设制作的供施工现场高处作业和载物的平台，包括移动式、落地式、悬挑式等平台。

7 移动式操作平台 Movable Operating Platform

带脚轮或导轨，可移动的脚手架操作平台。

8 落地式操作平台 Floor Type Operating Platform

从地面或楼面搭起、不能移动的操作平台，单纯进行施工作业的施工平台和可进行施工作业与承载物料的接料平台。

9 悬挑式操作平台 Cantilevered Operating Platform

以悬挑形式搁置或固定在建筑物结构边沿的操作平台，斜拉式悬挑操作平台和支承式悬挑操作平台。

10 交叉作业 Cross Operation

垂直空间贯通状态下，可能造成人员或物体坠落，并处于坠落半径范围内、上下左右不同层面的立体作业。

11 安全防护设施 Safety Protecting Facilities

在施工高处作业中，为将危险、有害因素控制在安全范围内，以及减少、预防和消除危害所配置的设备和采取的措施。

12 安全防护棚 Safety Protecting Shed

高处作业在立体交叉作业时，为防止物体坠落造成坠落半径内人员伤害或材料、设备损坏而搭设的防护棚架。

3.4 强制性条文（以下序号按原规模序号）

4.1.1 坠落高度基准面 2m 及以上进行临边作业时，应在临空一侧设置防护栏杆，并应采用密目式安全立网或工具室栏板封闭。

4.2.1 在洞口作业时，应采取防坠落措施，并应符合下列规定：

1 当垂直洞口短边边长小于 500mm 时，应采取封堵措施；当垂直洞口短边边长大于或等于 500mm 时，应在临空一侧设置高度不小于 1.2m 的防护栏杆，并应采用密目式安全立网或工具式栏板封闭，设置挡脚板；

2 当非垂直洞口短边尺寸为 25mm～500mm 时，应采用承载力满足使用要求的盖板覆盖，盖板四周搁置应均衡，且应防止盖板移位；

3 当非垂直洞口短边边长为 500mm～1500mm 时，应采用专项设计盖板覆盖，并应采取固定措施；

4 当非垂直洞口短边长大于或等于 1500mm 时，应在洞口作业侧设置高度不小于 1.2m 的防护栏杆，并应采用密目式安全立网或工具式栏板封闭；洞口应采用安全平网封闭。

5.2.3 严禁在未固定、无防护的构件及安装中的管道上作业或通行。

6.4.1 悬挑式操作平台的设置应符合下列规定：

1 悬挑式操作平台的搁置点、拉结点、支撑点应设置在主体结构上，且应可靠连接；

2 未经专项设计的临时设施上，不得设置悬挑式操作平台；

3 悬挑式操作平台的结构应稳定可靠，且其承载力应符合使用要求。

8.1.2 当需采用平网进行防护时，严禁使用密目式安全立网代替平网使用。

4. 建筑施工碗扣式钢管脚手架安全技术规范（JGJ 166—2016）概述

4.1 本规范的主要技术内容

本规范的主要技术内容是：1 总则；2 术语和符号；3 构配件；4 荷载；5 结构设计；6 构造要求；7 施工；8 检查与验收；9 安全管理。

本规范修订的主要技术内容是：1 立杆钢管材质增加了 Q345 级钢的规定，上碗扣和水平杆接头增加了采用锻造工艺成型时的材质规定，并增加了立杆碗扣节点间距采用 0.5m 模数的规定；2 调整了永久荷载、施工荷载、风荷载的标准值；3 增加了荷载分项系数表，对荷载组合表进行了调整；4 增加了半刚性碗扣节点的转动刚度取值规定；5 增加了水平杆抗弯强度及挠曲变形验算式；6 修改了风荷载作用引起的模板支撑架立杆附加轴力的计算式；7 给出了模板支撑架在风荷载作用下的简化水平力和倾覆力矩的计算式；8 增加了双排脚手架连墙件的强度和稳定性计算式；9 修改了双排脚手架和模板支撑架立杆计算长度的取值规定；10 修改了双排脚手架和模板支撑架的斜撑杆和剪刀撑构造要求；11 修改了双排脚手架的允许搭设高度表；12 增加了脚手架施工和安全管理的有关规定；13 增加了脚手架施工检查表和验收记录表。

本规范中以黑体字标志的条文为强制性条文，必须严格执行。

4.2 编制目的和适用范围

1 为规范碗扣式钢管脚手架的设计、施工、使用与管理，做到技术先进、安全适用、经济合理，制定本规范。

2 本规范适用于房屋建筑与市政工程等施工中的碗扣式钢管双排脚手架和模板支撑架的设计、施工、使用与管理。

3 碗扣式钢管脚手架施工前，必须编制专项施工方案。模板支撑架和高度超过 24m 的双排脚手架应按本规范的规定对其结构构件和立杆地基承载力进行设计计算；当双排脚手架高度在 24m 及以下时，可按本规范的构造要求搭设。

4 碗扣式钢管脚手架的设计、施工、使用与管理除应符合本规范外，尚应符合国家现行有关标准的规定。

4.3 术语

1 碗扣式钢管脚手架 Cuplock Steel Tubular Scaffolding

节点采用碗扣方式连接的钢管脚手架（图 0-1），根据其用途主要可分为双排脚手架和模板支撑架两类。

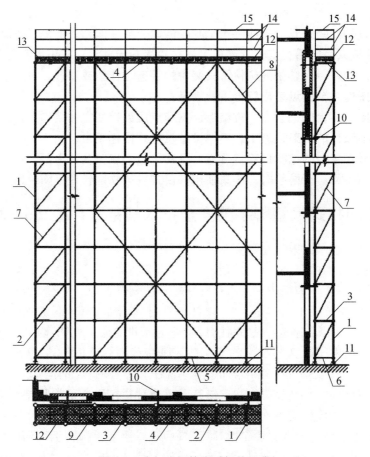

图 0-1 碗扣式钢管脚手架的组成

1—立杆；2—纵向水平杆；3—横向水平杆；4—间水平杆；5—纵向扫地杆；6—横向扫地杆；

7—竖向斜撑杆；8—剪刀撑；9—水平斜撑杆；10—连墙件；11—底座；

12—脚手板；13—挡脚板；14—栏杆；15—扶手

2 碗扣节点 Cuplock Joint

由上碗扣、下碗扣、限位销和水平杆接头等组成的盖固式连接节点。

3 立杆 Standing Tube

带有活动上碗扣，且焊有固定下碗扣和竖向连接套管的竖向钢管构件。

4 上碗扣 Bell Shape Cap

沿立杆上下滑动，起锁紧作用的碗形紧固件。

5 下碗扣 Bowl Shape Socket

焊接固定在立杆上的碗形紧固件。

6 立杆连接销 Connecting Pin of Standing Tube

用于立杆竖向承插接长的销子。

7 限位销 Limiting Pin

焊接固定在立杆上用于锁紧上碗扣的定位销子。

8 水平杆 Horizontal Tube

两端焊接有连接板接头，与立杆通过上下碗扣连接的水平钢管构件，包括纵向水平杆和横向水平杆。

9 水平杆接头 Spigot of Horizontal Tube

焊接于水平杆两端的曲板状连接件。

10 间水平杆 Intermediate Horizontal Tube

两端焊有插卡装置，与纵向水平杆通过插卡装置相连，用于双排脚手架的横向水平钢管构件。

11 斜杆 Batter Tube

两端带有接头，用作脚手架斜撑杆的钢管构件。按接头形式可分为专用外斜杆和内斜杆；按设置方向可分为水平斜杆和竖向斜杆。

12 专用外斜杆 Special Outside Batter Tube

用于脚手架端部或外立面，两端焊有旋转式连接板接头的斜向钢管构件。

13 内斜杆 Inside Batter Tube

用于脚手架内部，两端带有扣接头的斜向钢管构件。

14 挑梁 Bracket

双排脚手架作业平台的挑出定型构件。包括外挑宽度为 300mm 的窄挑梁和外挑宽度为 600mm 的宽挑梁。

4.4 强制性条文（以下序号按原规范序号）

7.4.7 双排脚手架的拆除作业，必须符合下列规定：

1 架体拆除应自上而下逐层进行，严禁上下层同时拆除；

2 连墙体应随脚手架逐层拆除，严禁先将连墙件整层或数层拆除后再拆除架体；

3 拆除作业过程中，当架体的自由端高度大于两步时，必须增设临时拉结件。

9.0.3 脚手架作业层上的施工荷载不得超过设计允许荷载。

9.0.7 严禁将模板支撑架、缆风绳、混凝土输送泵管、卸料平台及大型设备的附着件等固定在双排脚手架上。

9.0.11 脚手架使用期间，严禁擅自拆除架体主节点处的纵向水平杆、横向水平杆、纵向扫地杆、横向扫地杆和连墙体。

第1章　地基基础和地下空间工程技术

通俗地讲，地基是我们通常说的与建筑物相接触的土（岩石也是土的一种），基础是建筑物首层地面以下的结构（通常指埋在土里的结构）；桩有时属于地基（如 CFG 桩复合地基），有时属于基础结构（独立柱下面的钢筋混凝土灌筑桩），比较不好区分，一般以是否与上部结构相联系来判断，比如抗拔桩其钢筋穿过防水层与基础底板（或承台）贯通，就属于基础结构的一部分。

地下空间是指建造于地表面以下的建筑物，比如地下商城、地下停车场、地铁、矿井、军事设施以及穿海隧道等建筑。

1.1　水泥土复合桩技术

1.1.1　技术简介

水泥土复合桩是指在水泥土搅拌桩成桩后，将 PHC 管桩、钢管桩等芯桩，在水泥土初凝前压入桩中复合而成的桩基础，也可将其用作复合地基。水泥搅拌桩成桩过程以及芯桩的压入有效地提高了桩的侧阻力和端阻力，改善了桩的荷载传递途径，提高了复合桩的承载力，减小桩的沉降。

水泥土复合桩适用于沿江、沿海地区含水率较高、强度低、压缩性较高、垂直渗透系数较低、层厚变化较大的软弱黏土地基，目前常用的施工工艺有植桩法等。

1.1.2　工程案例

水泥土复合桩复合地基工程应用实例

1. 引言

复合地基技术以其工艺简单、施工方便以及造价低廉等优势，在中小型工程的地基处理中得到了广泛应用，其推广使用产生了良好的社会效益和经济效益。初期，复合地基主要指碎石桩复合地基，但随着水泥土桩的推广应用，人们逐渐重视水泥土桩复合地基的研究。但水泥土桩复合地基存在承载力低、桩身强度低及布桩较密等缺点，因此需要发展一种新桩型来克服上述缺点。

水泥土复合桩是一种芯桩与水泥土共同工作、承受荷载的复合材料新桩型，既能有效提高地基土的承载力，减小沉降，又能充分发挥材料本身的强度，是一种经济有效的地基处理方法。

水泥土复合桩是一种刚性桩，能够通过调整水泥土和芯桩尺寸匹配、水泥掺量、芯桩类型来调节其与地基土的变形耦合，由该桩型组成的复合地基能够使桩土共同变形，以达到共同发挥承载力的作用。水泥土复合桩适用于素填土、粉土、黏性土、松散砂土、稍密砂土及中密砂土等土层，由水泥土复合桩组成的复合地基同样适用于上述地层，其他地层条件应通过现场和室内试验确定其适用性。

本文以山东聊城某工程为例，介绍水泥土复合桩复合地基的设计与施工情况，并通过应用效果分析验证了该技术的安全性、经济性与先进性。

2. 工程概况

（1）工程地质条件

建设场地所处地貌类型为鲁西黄河冲积平原，自然地面相对标高约−0.500m，地基土自上而下分布有：①杂填土；②粉土；③粉质黏土；④粉土；⑤粉质黏土；⑥粉土；⑦粉质黏土；⑧粉细砂。在勘探深度内，地层均为第四系冲积相堆积物和湖积相堆积物，物理力学指标如表 1-1 所示。地下水类型为第四系孔隙潜水，埋深 4.000m。

表 1-1　各层土物理力学指标

层号	名称	含水率 ω/%	重度 γ/(kN·m^{-3})	孔隙比 e	黏聚力 c/kPa	内摩擦角 φ/(°)	E_s/MPa	承载力特征值/kPa
②	粉土	24.5	18.4	0.786	10	36.5	8.53	130
③	粉质黏土	32.0	18.1	0.938	31	18.7	4.99	120
④	粉土	26.8	18.9	0.777	9	39.5	8.1	130
⑤	粉质黏土	32.9	18.3	0.933	32	17.4	4.57	130
⑥	粉土	28.1	19.0	0.782	10	37.5	8.48	130
⑦	粉质黏土	32.9	18.5	0.911	31	17.5	4.95	130
⑧	粉细砂	—	—	—	—	—	—	200

（2）设计概况

聊城某工程 21 号、23 号高层住宅楼均为主体地上 19 层，地下 2 层，±0.000 相当于绝对标高 32.200m，基底相对标高为−6.700m，剪力墙结构。21 号住宅楼平面尺寸为东西长 48.96m，南北宽 12.6m；23 号住宅楼平面尺寸为东西长 48.36m，南北宽 12.2m。本工程原设计采用预应力管桩、筏板基础，但该桩型单位承载力造价高，而水泥土复合桩兼具管桩与水泥土桩的优点，具有造价低、承载力高等特点，因此将原设计方案改为水泥土复合桩复合地基，21 号楼布桩 169 棵，23 号楼布桩 166 棵。组合桩所处地层如表 1-1 所示，设计参数如表 1-2 所示。根据设计参数，本工程采用的水泥土复合桩构造如图 1-1 所示。

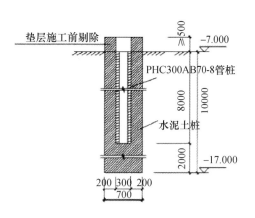

图 1-1　水泥土复合桩结构

（3）方案对比

为了比较水泥土复合桩复合地基与原设计方案在本工程中的经济优势，将原设计方案造价与复合地基设计方案造价对比（筏板厚度未发生变化，不参与比较），如表1-3所示。

表1-2　水泥土插芯组合桩复合地基设计参数

楼号	复合地基承载力特征值/kPa	增强体					桩间距/m	面积置换率/%	褥垫层
		桩顶标高/m	尺寸/m	管桩	单桩承载力特征值/kN	固化剂与掺入比	水泥土强度/MPa			
21号	330	−7.000	φ0.7×10	PHC300AB70-8	1050	P·O42.5/15	3.5	2.1×2.1	8.7	0.3碎石
23号	330	−7.000	φ0.7×10	PHC300AB70-8	1050	P·O42.5/15	3.5	2.1×2.1	8.7	0.3碎石

表1-3　复合地基与桩基础造价对比

楼号	复合地基					管桩			造价对比	
	增强体		碎石褥垫层（含土方超挖部分）		总造价A/万元	桩数/根	单价/（元·m⁻¹）	总造价B/万元	比较	节省率/%
	桩数/根	单价/（元·m⁻³）	体积/m³	单价/（元·m⁻³）						
21号	169	500	0.3×739	180	36.511	244	134	41.805	$A<B$	14.5
23号	166	500	0.3×708	180	35.766	231	134	40.308	$A<B$	12.7

表1-4　桩侧摩阻力特征值和土的厚度

钻孔	桩侧摩阻力特征值 q_{si}/kPa				土的厚度 l_i/m			
	⑤粉质黏土	⑥粉土	⑦粉质黏土	⑧粉细砂	⑤粉质黏土	⑥粉土	⑦粉质黏土	⑧粉细砂
231号	60	55	55		0.7	5.7	3.6	
232号	55	60	55	55	0.2	0.9	4.9	4
233号	55	60	55	55	0.1	0.9	5.3	3.7

水泥土复合桩复合地基比桩基础节约资金12.7%～14.50%，经济上是合理的。

（4）复合地基承载力验算

桩身竖向承载力应满足式（1），（2）要求：

有管桩段：

$$\psi_c f_c \left(A_P + \frac{A_1}{n_0} \geqslant 1050 \right) \tag{1}$$

无管桩段：

$$1.35 \frac{u_p \sum_{i=1}^{n} q_{si} l_i}{K} + \frac{\eta f_{cu} A_L}{1.6} \geqslant 1050 \tag{2}$$

增强体单桩竖向承载力特征值 R_0 按照式（3）计算：

$$R_a = u_p \sum_{i=1}^{n} q_{si} l_i + \alpha q_p A_L \tag{3}$$

复合地基承载力特征值 f_{spk} 可按式（4），（5）估算：

$$f_{spk}=k_p\lambda_p mR_a/A_L+k_s\lambda_s(1-m)f_{sk} \tag{4}$$

$$m=d^2/d_e^2 \tag{5}$$

相关计算参数取值如表 1-5 所示。

表 1-5　计算参数取值

参数	含义	取值
ψ_c	管桩施工工艺系数	0.85
f_c/kPa	管桩混凝土轴心抗压强度设计值	8000
A_P/m²	管桩截面面积	0.071
A_1/m²	有管桩段水泥土净截面面积	0.31
A_L/m²	水泥土复合管桩桩端面积	0.38
u_p/m	管桩周长	0.94
K	安全系数	2
f_{cu}/kPa	标准养护 28d 龄期的立方体抗压强度平均值	3500
α	桩端土地基承载力折减系数	0.7
q_p/kPa	桩端土地基承载力特征值	1000
η	桩体强度折减系数	0.33
k_p	桩体承载力修正系数	1
k_s	桩间土地基承载力修正系数	1
λ_p	桩体承载力发挥系数	1
λ_s	桩间土地基承载力发挥系数	0.8
d_e/m	单桩分担地基处理面积等效圆直径	2.37
f_{sk}/kPa	桩间土地基承载力特征值	130

钻孔 231 号、232 号、233 号在桩长范围内的桩侧摩阻力特征值和土的厚度如表 1-5 所示。计算得到单桩竖向抗压承载力特征值 $R_0=1488.50$kN＞1050kN，复合地基承载力特征值 $f_{spk}=407.58$kPa＞330kPa，水泥土复合桩复合地基设计是合理的。

3. 施工技术

（1）施工设备

水泥土复合桩施工机械有组合式与一体式 2 种，本工程采用组合式施工机械，包括水泥土桩施工机械和管桩施工机械。桩机及相关配套设备的型号与用途如表 1-6 所示，其中水泥土桩施工机械由三轴搅拌桩机改造而成。为了确保成桩直径，使土体切削搅拌更加均匀，在钻杆上设置了外径为 700mm 断续螺旋片式搅拌翅，在钻杆底端设置了带有 6 片搅拌翅并具有喷射功能的特制钻头。水泥土桩机主要性能指标如表 1-7 所示。

表 1-6　施工设备

序号	设备名称	设备型号	数量/台	用途
1	水泥土桩机	—	1	
2	泥浆泵	BW150	2	水泥土桩施工
3	空压机	W—0.9/8	1	
4	立式搅拌桶	φ1500×1200	2	制备水泥浆
5	静力压桩机	ZYJ240	1	管桩施工

后台布置采用布局合理、节省空间、相互协调以及操作简便的原则，其中水泥浆罐布置在下风口，并采取扬尘遮挡措施，搅拌桶靠近水泥土罐，储浆池紧挨搅拌桶，泥浆泵布置在清水池和储浆池之间，以便向水泥土桩机中泵入浆液和清洗管路。

表 1-7　水泥土桩机性能指标

序号	项目	参数
1	最大钻孔直径/mm	1000
2	最大钻孔深度/m	21
3	最大功率/kW	190
4	最大扭矩/ (kN·m)	480
5	动力头输出转速/ (r·min^{-1})	1~25
6	动力头升降速度/ (m·min^{-1})	0.4~0.9
7	履带行走速度/ (km·h^{-1})	8
8	回转角度/ (°)	180
9	爬坡能力/ (°)	15
10	整机重/t	100

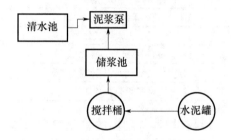

图 1-2　后台布置平面

（2）施工参数（见表 1-8）

表 1-8　施工参数

序号	参数名称	数值
1	水泥浆压力/MPa	0.4~0.6
2	钻杆旋转速度/ (r·min^{-1})	20
3	钻杆下沉速度/ (cm·min^{-1})	150
4	钻杆提升速度/ (cm·min^{-1})	150
5	水灰比	1.0
6	水泥浆流量/ (L·min^{-1})	55
7	喷浆搅拌工艺	四喷四搅

制桩质量的优劣直接关系到地基处理的效果。水泥土桩施工应确保加固深度范围内土体的任何一点均能经过 20 次以上的搅拌，并且施工中应严格控制喷浆提升速度，按照式（6），（7）分别对每遍搅拌次数和喷浆提升速度验算。

$$N = \frac{h\cos\beta \sum Z}{V} n \qquad (6)$$

$$V = \frac{\gamma_d Q}{F\gamma\alpha_w(1+\alpha_c)} \qquad (7)$$

式中，h 为搅拌叶片的宽度，取 0.3m；β 为搅拌叶片与搅拌轴的垂直夹角，取 450；$\sum Z$ 为搅拌叶片的总枚数；n 为搅拌头的回转数；γ_d，γ 分别为水泥浆和土的重度，取 15kN/m³，18.6kN/m³；Q 为灰浆泵的排量；α_w 为水泥掺入比；α_c 为水灰比；F 为桩身截面积。

采用四喷四搅工艺，每点搅拌次数为 4N，每遍水泥掺入比为 3.75%。经计算得到 $4N = 67.89 > 20$，$V = 1.5$m/min，采用上述参数进行施工是合理的。

（3）施工工艺

由三轴搅拌桩机升级改造而成的水泥土桩施工机械具有施工速度快、钻头故障率低等优点。根据该型机械的特点形成了适用于其施工的工艺，具体施工工艺如图 1-3 所示。在水泥土初凝前沉管桩送桩至设计标高，施工工艺如图 1-4 所示。

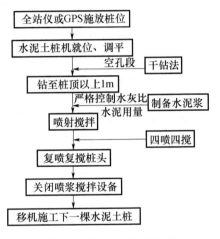

图 1-3　水泥土桩施工工艺

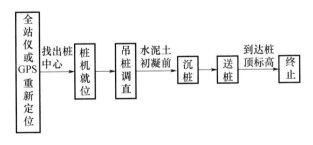

图 1-4　管桩施工工艺

采用上述工艺施工时，水泥土桩平均施工效率为 0.75h/棵，返土约 1m³，返土量为钻孔体积的 15.3%，返土较干燥，无泥浆污染，该施工工艺合理。

（4）技术难点及处理措施

水泥土桩机在施工中遇到的问题主要有如下几个方面。

① 随着施工桩数的增加，螺旋片上携带的水泥土越来越多，若长时间不清理，螺旋片

会被完全包裹，形成一个等同于螺旋片外径的圆柱状结构。

② 钻杆由于重力作用自由下垂，碰到较硬地层容易跑偏，造成水泥土桩与管桩不同心。

③ 地层中有砂层，钻头磨损较快，钻进能力下降。

针对上述问题，结合工程实际，采用如下处理措施。

① 开始一棵水泥土桩施工时，随着钻进深度增加，采用人工方式及时清理螺旋片上的水泥土，可以每天清理一次，水泥土在螺旋片上就不会累加。

② 遇到较硬地层时，可以多钻进几遍，经过钻头的多次切割，可以将钻杆调直，确保水泥土桩的垂直度。

③ 钻头磨损造成桩径小于设计值，会影响成桩质量，需要经常检查。当钻头磨损达到2～3cm，当天施工任务完成后应及时在钻头上补焊耐磨金属。

4. 效果监测

（1）成桩质量

对于水泥土复合桩复合地基来说，水泥土桩与管桩是否同心是决定桩基承载力的重要因素。管桩施工前若发现明显的不同心现象，采取措施纠正。本工程严格按照工艺要求及技术难点处理措施把控质量，水泥土复合桩同心效果良好。

对水泥土复合桩复合地基质量影响较大的另一个因素为水泥土搅拌均匀程度。为了判断搅拌的均匀程度，可通过观察返土颗粒均匀性、返土中有无大的土块来判断。实际情况证明，返土颗粒均匀，无大的土块，搅拌效果良好。采用软取芯法检验水泥土强度，在标准养护条件下 28d 龄期的立方体抗压强度均大于 3.5MPa，满足设计要求。

测量桩位偏差＜110mm，桩径＞700mm，满足 JCJ 79—2012《建筑地基处理技术规范》的要求。

（2）静载试验

每栋楼选取 3 点做单桩复合地基静荷载试验，选取 1 点做复合地基增强体单柱竖向抗压静荷载试验，其中 21-055 号、23-069 号桩做单桩静荷载试验。进行单桩复合地基静荷载试验时，选用方形承压板，承压板边长为 2.1m，在承压板底面以下铺设粗砂垫层，垫层厚度为 100mm。单桩复合地基静荷载试验压力-沉降曲线是平缓的光滑曲线，如图 1-5 所示。当 $s/b=0.008$ 即沉降量为 16.0mm 时，对应的荷载值为 487.7～660kPa，且按相对变形值确定的承载力特征值不应大于最大加载压力的一半，因此复合地基承载力特征值为 330kPa。

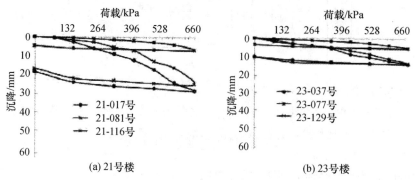

图 1-5　单桩复合地基荷载试验曲线

单桩竖向抗压静载试验结果如图 1-6 所示，桩顶总沉降量 $s < 40$mm，因此取最大加载量的一半为单桩承载力特征值，即单桩承载力特征值为 1050kN，满足设计要求。

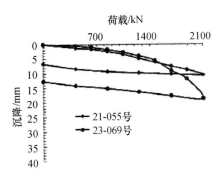

图 1-6　单桩静荷载试验曲线

5. 结语

（1）水泥土复合桩复合地基相比原设计的预应力管桩一筏板基础具有明显的技术优势与经济优势，节约资金 12.7%～14.5%。

（2）水泥土复合桩复合地基施工机械具有施工速度快、钻头故障率低等优点，根据该机械特点形成的施工工艺能够较好地指导施工。

（3）水泥土复合桩复合地基存在螺旋片夹泥、水泥土桩与管桩不同心、钻头磨损等技术难点，根据其施工特点，提出了相应的处理措施。

（4）经检验，水泥土复合桩成桩质量好，单桩复合地基承载力特征值与单桩承载力特征值均满足设计与规范要求，水泥土复合桩复合地基取得了良好的应用效果。

1.2　地下连续墙施工技术

1.2.1　技术简介

地下连续墙施工技术起源于欧洲，是从泥浆护壁打石油钻井和采用导管浇灌水下混凝土等施工技术的应用中，引申发展起来的地下工程和深基础施工中新技术。

在地面上按照地下连续墙位置先构筑导墙，在泥浆护壁条件下，采用抓斗或水平多轴铣槽机开挖一定长度的沟槽至指定深度，清槽后，向槽内吊放钢筋笼，用导管法浇筑水下混凝土，筑成一个单元槽段。移机逐段进行，在地下筑成一道连续的钢筋混凝土墙体。地下连续墙墙厚一般在 0.8～1.2m，超厚可达 3.20m；超深的地下连续墙结构可达 170m。地下连续墙主要作承重、挡土或截水防渗结构之用。

地下连续墙是由若干个单元槽段分别施工后再通过接头连成整体，各槽段之间的接头有圆弧形接头、橡胶带接头、工字型钢接头、十字钢板接头、套铣接头等多种形式。超深的地下连续墙多采用套铣接头，利用铣槽机直接切削已成槽段的混凝土，形成止水良好、致密的地下连续墙接头。

1.2.2　工程案例

地下连续墙施工方案

1. 工程及水文地质概况

本工程为天津地铁 2 号线红旗路站 4 号出入口工程。工程位于天津市南开区红旗路与黄河道交口位置。围护结构采用地下连续墙，共有地下连续墙 24 幅，其中 21 幅"一"型墙，2 幅"T"型墙，一幅"L"型墙。地连墙宽度 5.5m、6m，其中 16 幅墙厚 0.8m，8 幅墙厚 1.0m，墙深 34～43.5m。

工程地质情况：（略）

水文条件：（略）

2. 施工流程

本工程地下连续墙接头形式采用十字钢板接头。地下连续墙在具体施工流程见图 1-7，施工工艺见图 1-8。

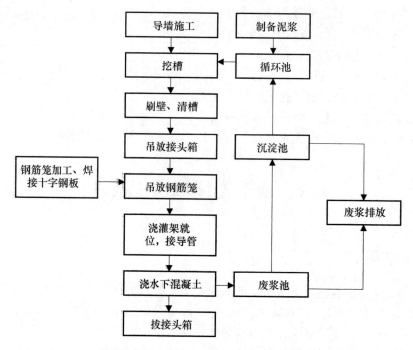

图 1-7　地下连续墙施工工艺流程图

3. 测量放线

（略）

4. 导墙施工

导墙采用现浇钢筋混凝土结构，宽度分别为 840mm 和 1040mm 两种，深度都为 2300mm。人工挖深 2m 探沟进行施工区域地下管线的探查，探测工作完成后用窄铲挖机按灰线挖出导沟，沟底人工进行平整。

导墙结构设计见图 1-9。

5. 泥浆制备与循环

（1）配合比

在地下连续墙施工中，泥浆主要起护壁作用，其质量优劣将直接影响地下墙的成槽质量。

根据地质条件，泥浆采用膨润土泥浆，针对松散层及砂砾层的透水性及稳定情况，泥浆配合比如表 1-10 所示。

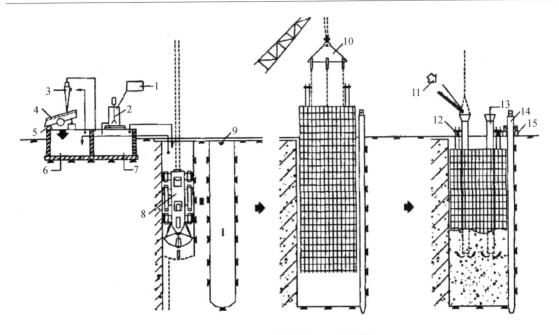

图 1-8　地下连续墙施工工艺流程

1—（投入）膨润土 CMC 纯碱；2—搅拌桶；3—旋流器；4—振动筛；5—排沙流槽；6—回收浆储存池（待处理浆）；7—再生浆池；8—液压抓斗；9—护壁泥浆液位；10—吊钢筋笼专用吊具；11—浇灌混凝土；12—钢筋笼搁置吊点；13—混凝土导管；14—锁口管；15—专用顶拔设备

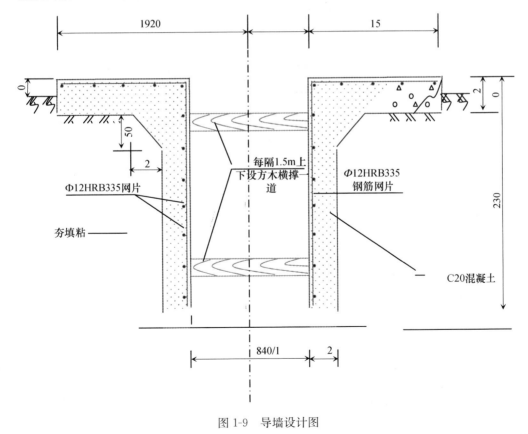

图 1-9　导墙设计图

表 1-10　地下连续墙护壁泥浆配合比表

配料名称	每立方米泥浆材料用量（kg）
膨润土	70
纯碱	1.8
水	1000
CMC	0.8

（2）泥浆循环

在挖槽过程中，泥浆由循环池注入开挖槽段，边开挖边注入，保持泥浆液面距离导墙面0.2m 左右，并高于地下水位 1m 以上。

入岩和清槽过程中，采用泵吸反循环，泥浆由循环池泵入槽内，槽内泥浆抽到沉淀池，以物理处理后，返回循环池。

混凝土灌筑过程中，上部泥浆返回沉淀池，而混凝土顶面以上 4m 内的泥浆排到废浆池，原则上废弃不用。

6. 成槽施工

地下连续墙成槽主要内容为单元槽段划分，成槽机械的选择，成槽工艺控制及预防槽壁坍塌的措施。

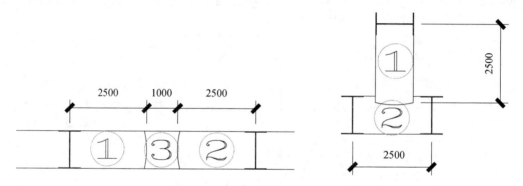

图 1-10　单幅地下连续墙成槽顺序图

（1）单元槽段的挖掘顺序

槽段划分采用以 5.5m 分幅为主，考虑成槽机的开口宽度，转角每边不得小于 2.8m，其次考虑检验上述原因与现场实际情况相结合，具体分幅及成槽施工顺序见"地下连续墙施工顺序图"，具体施工顺序可根据现行实际做适当调整。

（2）槽段检验

① 槽段检验的内容：槽段的平面位置，槽段的深度，槽段的壁面垂直度，槽段的端面垂直度。

② 槽段检验的工具及方法

槽段开挖到设计标高后，应对成槽进行检验，采用超声波检测数量不少于总数的100%，要测定槽底残留的土渣厚度，沉渣过多时会使钢筋笼插不到设计位置或降低地下连续墙的承载力，增大墙体沉降。

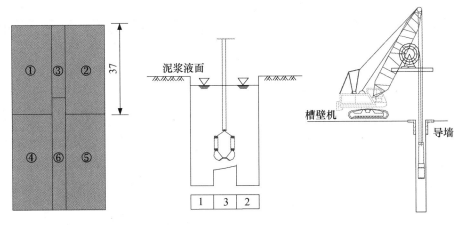

图 1-11　连续墙槽段开挖顺序图

清槽的方法一般分沉淀法和置换法两种，沉淀法是在土渣基本都沉淀到槽底之后再进行清底；置换法是在挖槽结束之后，在土渣还未沉淀前就用新泥浆把槽内的泥浆换出来，使槽内泥浆的相对密度在 1.15 以下。

表 1-11　槽段开挖质量标准

序号	项目	单位	质量标准	备注
1	槽壁垂直度	%	≤0.3	
2	槽深	mm	不小于设计深度	同一槽段深度一致
3	槽宽	mm	0～+50	
4	槽段中心线偏差	mm	±50	
5	沉碴厚度	mm	≤100	

（3）异型槽段处理

在地下连续墙分幅中，墙体有"L"型及"T"型两种，在施工导墙时，拐角处抓槽顺序如图 1-12 所示。

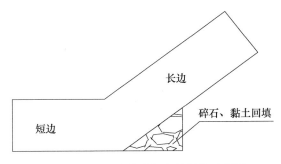

图 1-12　地下连续墙拐角处抓槽示意图

开挖时先抓挖短边，使抓斗沿长导墙开挖能够起到导向作用，当短边开挖完成后，再开挖长边。清槽完成后即可吊放"L"型钢筋笼，短边的拐角处在钢筋笼上加焊钢板，钢筋笼下放完毕后，在钢板后侧回填袋装砂石、黏土，对悬空地下连续墙接头进行封闭，灌筑水下混凝土。

（4）清槽、刷壁

成槽以后，先用抓斗抓起槽底余土及沉渣，再用泵吸反循环吸取孔底沉渣，并用刷壁器清除已浇墙段混凝土接头处的凝胶物，在灌筑混凝土前，利用导管采取泵吸反循环进行二次清底并不断置换泥浆，清槽后测定槽底以上 0.2～1.0m 处的泥浆比重应小于 1.2，含砂率不大于 8%，黏度不大于 28S，槽底沉渣厚度小于 100mm。

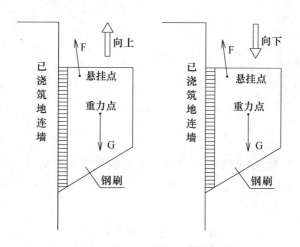

图 1-13　接头偏心吊刷示意图

7. 钢筋笼制作与安装

钢筋笼采用整体制作、整体吊装入槽，缩短工序时间。

（1）钢筋笼制作

① 钢筋笼按设计要求加工制作，在场地内铺设由槽钢拼装而成的钢筋笼加工平台。

② 钢筋笼制作前应核对单元槽段实际宽度与成型钢筋尺寸，无差异才能上平台制作。

③ 为保证钢筋笼在起吊过程中具有足够的刚度，采用增设纵、横向钢筋桁架及主筋平面上的斜拉条等措施，所有钢筋连接处均焊接牢固，保证钢筋笼的起吊刚度。

④ 钢筋笼纵向预留导管位置，并上下贯通；钢筋笼设定位垫块，确保钢筋笼的保护层厚度。

（2）预埋件安装技术措施

预埋件将地下连续墙与主体结构连接到一起，预埋件位置必须准确。在地下连续墙施工中，由于钢筋预埋在地下连续墙之内，地下连续墙位置的误差将直接引起预埋件位置的不准，从而使梁、板钢筋与预埋件无法连接，为确保梁、板钢筋能与地下连续墙中预埋件有效连接，在施工中应采取增设联系梁等措施。

（3）钢筋笼吊装

钢筋笼吊筋、吊点的位置、吊具、吊车经过验算进行配备。利用 300t 的汽车主吊＋100 履带副吊进行钢筋笼吊装。

（1）钢筋笼笼的吊装步骤：

第一步：指挥两吊机转移到起吊位置，起重工分别安装吊点的卸扣。

第二步：检查两吊机钢丝绳的安装情况及受力重心后，开始同时平吊。

第三步：钢筋笼吊至离地面 0.3～0.5m 后，应检查钢筋笼是否平稳，后 300t 起钩，根据钢筋笼尾部距地面距离，随时指挥副机配合起钩。

第四步：钢筋笼吊起后，300t 吊机向左（或向右）侧旋转、100t 吊机顺转至合适位置，让钢筋笼垂直于地面。

第五步：指挥起重工卸除钢筋笼上 100t 吊机起吊点的卸甲，然后远离起吊作业范围。

第六步：指挥 300t 吊机吊笼入槽，钢筋笼的十字钢筋对准槽段分幅线，使钢筋保持垂直，再慢慢下放，下放到设计位置后固定。钢筋笼上应拉牵引绳，下放时不得强行入槽。

图 1-14　起吊中的钢筋笼

8. 水下混凝土灌筑

（1）灌筑混凝土用的导管根据灌筑速度及混凝土量选用直径 $\phi250mm$ 的钢管，导管壁厚 3mm，每节长 2.5m，最下部一节长度为 4m，并配备 1～1.5m 的短管以调整长度。采用内外套丝接头。各节导管之间应采用丝扣连接，并且连接处应加设橡胶垫圈密封，以防混凝土灌筑时导管漏水。灌筑混凝土的隔水栓采用预制混凝土塞。料斗做成圆锥形，一次容量不小于 $2.5m^3$，具体尺寸见图 1-15。

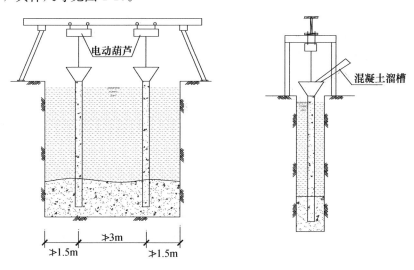

图 1-15　连续墙混凝土灌筑方法示意图

（2）混凝土要连续灌筑，不能长时间中断，一般可中断 5～10min，最长只允许中断 20～30min，以保持混凝土的均匀性。施工中应以混凝土搅拌好之后 1.5h 内灌筑完毕为原则。在夏天由于混凝土凝结较快，所以必须在搅拌好之后 1.5h 内尽快浇完，否则应掺入适当的缓凝剂。

（3）随着混凝土的上升，要适时提升和拆卸导管，导管底端埋入混凝土面以下一般保持在 2～6m，不宜过深或过浅。插入深度大，混凝土挤推的影响范围大，深部的混凝土密实、强度高。但容易使下部沉积过多的粗集料，而混凝土面层聚积较多的砂浆。导管插入太浅，则混凝土是推铺式推移，泥浆容易混入混凝土而影响混凝土的强度。因此导管埋入混凝土深度不得小于 1.5m，亦不宜大于 6m。严禁将导管底端提出混凝土面。提升导管时应避免碰撞挂钢筋笼钢筋。

（4）在灌筑过程中，设专人每 30min 测量一次导管埋深及管外混凝土面高度，由于混凝土上升面一般都不是水平的，所以要在三个以上的位置进行量测。以此判断两根导管周围混凝土面的高差（要小于 0.5m），并确定导管埋入混凝土中的深度和拆管数量。

（5）在一个槽段内同时使用两根导管灌筑时，其间距应不大于 3m，导管距槽段端头不宜大于 1.5m，槽内混凝土面应均衡上升，各导管处的混凝土表面的高差不宜大于 0.5m，终浇混凝土面高程应高于设计要求 0.5m，等凿去浮浆及墙顶多灌的 0.5m 高混凝土后使其符合设计标高内的墙体混凝土质量满足设计要求。混凝土灌筑示意图见图 1-15。

1.3 超浅埋暗挖施工技术

1.3.1 技术简介

下穿城市道路的地下通道覆土厚度与通道跨度之比通常较小，通道顶部覆盖土厚度 H 与其暗挖断面跨度 A（矩形底边宽度）之比 $H/A \leqslant 0.4$ 时，属于超浅埋通道，需采用严格控制土体变形的超浅埋暗挖施工技术。一般采用长大管棚超前支护施工面顶部土体，将地下通道断面分为若干个小断面，顺序错位短距开挖，按照"十八字"原则（即管超前、严注浆、短开挖、强支护、快封闭、勤量测）进行通道的设计和施工。可以在不阻断交通，不损伤路面，不改移管线以及不影响居民等城市复杂环境下使用。

1.3.2 工程案例

超浅埋暗挖隧道下穿高速公路的施工技术

随着我国国民经济的快速发展，城市的建设规模也迅速扩大，近年来以暗挖隧道形式穿越高速公路及铁路的工程逐渐增多。隧道近距离下穿高速公路是浅埋暗挖施工中的技术难题，因施工措施不当等原因引起路面大量沉降甚至坍塌，造成交通中断的工程事故时有发生，导致巨大的经济损失和不良的社会影响，因此，隧道近距离下穿高速公路是浅埋暗挖施工中需要高度重视的问题。

1. 工程概况

××市东干渠排水工程下穿洛界高速公路路基，高速公路已营运 2 年。排水干渠为梯形断面，下底宽 11m，上宽 12.5m，高 3m，过水断面按 36m² 设计。穿越高速路段采用暗挖隧道通过，隧道与公路夹角 112°10′16″，暗挖隧道段长 49m。隧道顶部覆盖层厚 1.0～2.8m，属超浅埋隧道。隧道断面采用三心圆拱直边墙结构，底部设仰拱，断面净宽 10m，最大净高约 5.8m。隧道采用复合式衬砌结构，超前地层加固采用管棚和 $\phi42$ 小导管注浆，初期支护采用 C20 网喷混凝土和格栅钢架，二次衬砌为 C30 模筑钢筋混凝土，抗渗强度等级为 P6。暗挖隧道与高速公路的平面位置关系见图 1-16。

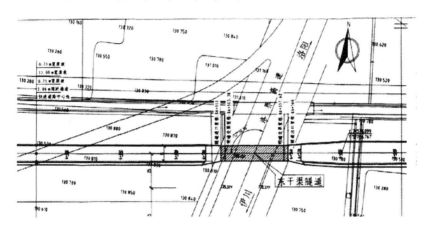

图 1-16　隧道与高速公路平面位置图

2. 工程地质

工程场地内分布的地层为第四系全新统，由人工填筑土、冲洪积形成的粉质黏土、砂和卵石组成，地下水位标高 124.5m，埋深 10.60m，水位变化幅度 2m 左右，自上而下依次为：

（1）填筑土。层厚 4.56～4.62m，颜色为灰褐色、稍湿且密实，由卵石土及灰砂等混合组成，土石等级为Ⅲ级硬土。

（2）粉质黏土。层厚 2.36～2.50m，颜色为褐黄色、可塑，为中压缩性土，土石等级为Ⅱ级普通土。

（3）卵石夹砂层。埋深 6.92～7.12m，层厚 1.36～2.43m。卵石颜色褐黄色、潮湿、中密，含量约 55%，充填物主要为砂黏土；砂层为中砂，潮湿且松散。土石等级为Ⅰ级松土。

（4）卵石。埋深 8.48～9.35m，层厚＞11.52m。卵石颜色褐黄色、青灰色，潮湿－饱和，中密－密实，粒间充填中细砂，局部存在砂透镜体。土石等级为Ⅲ级硬土。

3. 工程难点分析

（1）隧道开挖宽度为 11.6m，高度为 7.9m，成洞较困难。

（2）隧道埋深浅，顶部覆盖厚度仅 1.0～2.8m，属超浅埋大跨隧道，施工中容易造成冒顶坍塌。

（3）隧道下穿正在运营的洛界高速公路，施工中对沉降控制要求高，保证行车安全责任重大。

（4）隧道地质条件差，洞身为人工回填的卵石土、卵石、卵石夹砂，土质松散，均一性差，施工中成洞难度大，易造成坍塌失稳。

（5）CRD工法工序多，工序复杂，工艺要求高。

（6）做好地面及洞内量测工作，并根据量测资料，适时修改支护参数，优化施工工艺。

4. 主要施工方法

下穿高速公路总体施工思路是在隧道开挖之前先进行大管棚超前支护施工，分别从高速公路左右两侧隧道洞口施作，通过精确定位，使大管棚在隧道中心位置形成交叉重叠3m，然后注浆加固隧道开挖线周边土体，最终对高速公路路基形成整体弧型支护结构壳体；隧道分部开挖时，通过针对性的辅助施工措施控制沉降、防止坍塌，确保高速公路的正常运营和施工安全。

1）大管棚超前支护加固地层

（1）导向拱施工

洛界高速公路全省联网收费系统、路况监视系统及通信光缆埋设在高速公路中央隔离带地面下0.8m处，大管棚的施作必须精确定位，做到既不侵入隧道开挖线内，又不能高偏大于0.5m，须预埋导向管制作导向拱。大管棚从隧道起拱线开始布设，环向间距30cm，管棚长度26m，外插角10°。导向管采用直径127mm、长2.0m的钢管焊接在三榀拱架上，安装时须根据设计角度（以终孔距隧道开挖轮廓线0.5m计算）逐根测量，精确定位。保证管与管之间平行，管的外端应平齐，立模时管口应紧靠模板。导向墙及导向管的施作情况见图1-17。

图 1-17 超前大管棚导向墙施工图

（2）超前水平钻孔注浆

管棚施工通过地层为人工填筑土，主要由卵石土、灰砂组成，成孔困难，钻孔采用冲击钻进，前进式注浆，循环施作，确保注浆效果和钻孔方向精度。由于管棚施工距高速公路路面2m左右，注浆采用32.5R普通水泥，水灰比0.8～1.0，外加10%水玻璃。注浆压力控制在0.5～1.0MPa，注浆期间要安排专人观察高速路面，防止浆液在管棚埋深最浅处外泄。水平注浆结束后相隔一段时间即进行管棚施作。采用MK－5钻机直接旋转逐根顶进大管棚钢管至设计深度。

2）CRD工法分部开挖支护

对于在软弱、松散的地层中修建浅埋暗挖隧道，与CD工法、眼镜工法等相比较，从控制地面沉降和确保施工安全角度考虑，CRD工法是最合适的。该工法的最大特点是将大断面施工化成小断面施工，各个局部封闭成环的时间短，控制早期沉降好，每道工序受力体系完整，结构受力均匀，形变小。

（1）施工工序

CRD 法施工工序见图 1-18。

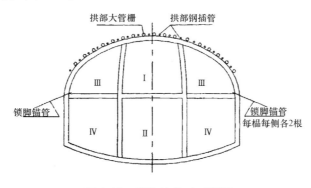

图 1-18　CRD 法施工工序图

（2）施工要点

① 对路面沉降严格限制，每一步开挖必须快速，及时封闭成环，最大限度减少开挖面临空时间。

② 每一步都采用弧型导坑开挖，工作面留，消除掌子面的应力松弛现象。

③ 采用人工无爆破开挖，循环进尺 0.5m，工作面不宜同时开挖，结合本工程实际情况确定，各工作面依次错开 2m 为宜。

④ 在整洞贯通、初期支护封闭成环后，结合监控量测资料拆除临时支撑，尽快施作二次衬砌，发挥二次衬砌承载能力。增大初期支护刚度是保证施工安全的关键。

（3）沉降控制措施

主要采取初期支护背后回填注浆等辅助性措施控制沉降，结构封闭成环并进行回填注浆，施工过程中当监控量测反馈信息显示洞内或路面沉降超限或沉降速率过大时，进行补偿注浆。

① 掌子面注浆加固。为确保开挖过程中掌子面稳定，开挖前在掌子面打设注浆管，注浆管采用 $\phi42$、壁厚 3.5mm 的钢管，长度 2m，间距 0.8m，梅花形布设，注入水泥-水玻璃双液浆。

② 根据量测反馈情况，在拱架两侧增设注浆锁脚锚管。

③ 拱顶及边墙背后回填注浆。施作初期支护时在拱顶及边墙预埋回填注浆管，注浆管采用 $\phi42$、壁厚 3.5mm 的钢管，长度 0.8m，纵向间距 2m，横向间距 3m，注入水泥浆填充初期支护和围岩之间的空隙。

④ 仰拱之下注浆加固基底。仰拱开挖时，仰拱下面的砂卵石地层受到扰动变得松散，会造成地层沉降过大。在仰拱施工时竖直向下埋设注浆管，注浆管型号与回填注浆管相同，长度 1m，纵向闻距 1m，横向间距 2m，梅花形布设，注入水泥浆加固基底地层。

引起地面沉降的原因是多方面的，控制沉降措施也应是多方面的。现场技术人员应时刻注意量测结果，随时发现失控点，及时采取补救措施，进行动态管理。

5. 隧道及路面监控量测方案

通过施工现场的监控照测，为判断围岩稳定性，支护、衬砌可靠性，二次衬砌合理施作时间提供依据，以便采用回填注浆、加强临时支护等措施控制沉降。

（1）洞内与路面量测点的布置

隧道施工造成的下沉会很快从洞内传递到路面上，所以把洞内外量测点布设在同一横断面内，这样量测数据可以相互印证，便于及时采取措施响应。路面及洞内测点布置见图1-19。

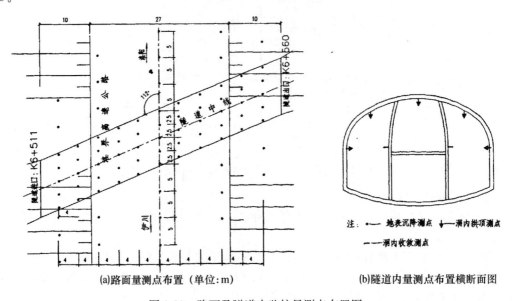

(a)路面量测点布置（单位：m）　　(b)隧道内量测点布置横断面图

图1-19　路面及隧道内监控量测点布置图

（2）量测频率与结束标准

① 量测频率

量测频表见表1-12。

表1-12　量测频率表

项目	量测仪器设备	量测时间间隔
围岩及支护状态观察	目测、地质罗盘等	掌子面每次开挖后进行已施工地段喷混凝土、锚杆、钢架1次/d
地表沉降	水准仪，钢钢尺	开挖面离量测面<2B时，2次/d 开挖面离量测面<5B时，1次/2d 开挖面离量测面>5B时，1次/周
拱顶下沉	水准仪，钢钢尺	第1~15d，2次/d 第16~30d，1次/2d 第1~3个月，1~2次/周 3个月以上，2次/月
收敛	收敛仪	与拱顶下沉量测相同

② 量测结束标准

根据收敛速度进行判别，收敛速度>5mm/d时，围岩处于急剧变化状态，加强初期支护系统；收敛速度＜0.2mm/d 时，围岩基本达到稳定。各量测项目持续到变形基本稳定 2 周后结束；变形较大地段，位移长时间不能稳定时，延长量测时间。

（3）监测数据的统计分析与信息反馈

施工期间，监测人员在每次监测后及时根据监测数据绘制拱顶下沉、水平位移等随时间及工作面距离变化的时态曲线，了解其变化趋势，并对初期的时态曲线进行回归分析，预测可能出现的最大值和变化速率。根据开挖面的状况、拱顶下沉、水平位移量大小和变化速率，综合判断围岩和支护结构的稳定性，并根据变形等级管理标准及时反馈于施工。

6. 监测和控制效果

××新区排水东干渠下穿洛界高速公路隧道工程，通过大管棚超前支护加固地层，采用 CRD 工法严格按照"管超前，严注浆，短开挖，强支护，勤量测，早封闭"方针施工，在保证洛界高速公路正常通行的同时确保了施工安全，施工区高速路面最大沉降量为 20mm，大部分点在 10mm 左右，取得了良好的社会效益和经济效益。

1.4　综合管廊施工技术

1.4.1　技术简介

综合管廊是用于敷设市政公用管线的城市地下管道综合走廊，可以使城市的地下空间资源得以综合利用。综合管廊的施工方法主要分为明挖施工和暗挖施工。

明挖施工可采用现浇施工法与预制拼装施工法。现浇施工法可以大将整个工程分割为多个施工标段，施工进度快；预制拼装施工法要求有较大规模的预制厂和大吨位的运输及起吊设备，接缝处施工处理较为严格。

暗挖施工法主要有盾构法、顶管法等。盾构法和顶管法自动化程度高，对环境影响小，施工安全，质量可靠，施工进度快。

1.4.2　工程案例

中轴大道（滨河路-高塘坪路）综合管廊施工方案

1. 工程概况

（1）设计使用年限为 100 年，安全等级为一级。

（2）管廊共分 3 孔，综合管廊为矩形三仓断面，其中左侧仓标准段内净宽高尺寸为 2.8m×3.3m；中间仓标准段内净宽高尺寸为 2.6m×3.3m；右侧为燃气仓，标准段内净宽高尺寸为 1.8m×2.5m。标准节宽 8.5m，高 4.0m，端部井、投料口、通风口、管线引出井、分变电所等结构局部加宽，且多为上下两层结构。

（3）管廊全线布设，K0＋040～K2＋075，总长 2060m；管廊位于道路的左侧人行道和车行道下，埋深 3.0m。

（4）混凝土为 C30P8 抗渗混凝土、垫层混凝土为 C20 素混凝土；钢筋为热轧 HPB300 级和 HPB400 级钢筋，焊条采用 E43 和 E55 型焊条。

（5）混凝土保护层迎土侧为 5cm，其他部位为 3cm。

（6）变形缝处采用型号为 CB350×8-30 带钢边橡胶止水带，变形缝结构两侧采用 30mm 双组分聚硫密封胶嵌缝 30mm 厚。

（7）底板防水采用 3mm 厚自粘聚合物改性沥青砂面防水卷材＋50mm 厚 C20 细石混凝土；顶板采用 2mm 厚单组分纯聚氨酯防水涂料＋油毡隔离层＋50mm 厚 C20 细石混凝土；侧墙采用 2mm 厚单组分纯聚氨酯防水涂料＋70mm 厚聚乙烯泡沫板保护层。

2. 地质气象条件

（略）

3. 管廊施工方案

（1）施工流程

基坑成形、施工前准备→测量放样→抗浮锚杆（如有）→浇筑垫层混凝土→综合管廊底面防水处理→底层钢筋、模板、止水钢板、带钢边止水带→底板钢筋混凝土浇筑→墙身钢筋、模板，顶板支架、模板、钢筋→墙身及顶板钢筋混凝土浇筑→二层钢筋、模板，顶板支架、模板、钢筋、混凝土浇筑（如有二层）→墙身墙身及顶板防水处理→基坑回填

（2）测量放样

在工程开工前根据建设方提供的基本控制点、基线和水准点等基本数据校测其基本控制点和基线的测量精度，复核其资料和数据的准确性，并将校测和复核的测量成果资料报送监理人审核，必要时在监理人的直接监督下进行复核测量。

（3）基坑支护及开挖

① 基坑开挖方式见图 1-20，支护方案详见《基坑支护专项施工方案》。

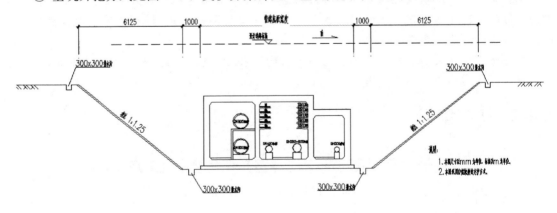

图 1-20　标准断面沟槽开挖图

② 基坑开挖

基坑开挖之前，应做好坑顶周边截水沟的设施和 2m 范围内的地面硬化，地面硬化采用 100 厚 C15 素混凝土。基坑开挖中应做好基坑内积水的抽排。

根据本项目工程地质勘察报告，基坑开挖严格按照先支护再开挖的原则，采用机械结合人工开挖。

③ 地基处理

a. 根据地勘报告，K0＋250～K0＋550、K0＋750～K0＋950、K1＋541.636～K1＋740.901、K1＋950～K2＋050 段管廊基底下土层为粉土层，粉土在水浸及扰动的情况下，承载能力将大幅降低，达不到管廊设计所要求的承载力，根据现场实际开挖情况及施工条件，基底下土质为粉土层的，在被扰动的情况下，先挖除该土层 300 厚，然后采用级配碎石回填、碾压密实，见图 1-21。

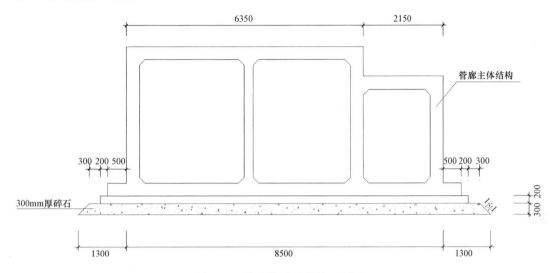

图 1-21　管廊特殊地基处理断面

b. 基坑挖到距基底 30cm 后采用人工开挖。

（4）底板抗浮锚杆

设计中在端部井、投料口、通风口和 K0＋350 倒虹段底板设有抗浮锚杆，锚杆要求入强风化泥质粉砂岩或中风化泥质粉砂岩 4～5m，锚杆径为 φ180，采用潜孔钻机钻孔，锚杆钢筋为 3 根 C25，水泥砂浆强度不低于 30MPa，水灰比为 0.38～0.4，灰砂比为 1∶1。锚杆共计 272 根，约 3180m 长，具体根据现场地质情况实际长度为准。

（5）垫层及底板防水施工

① 垫层施工前对垫层边线和角点进行测量放样，四周作好模板并固定，确定好垫层顶标高并做好标记。

② 垫层为 C20 素混凝土，采用商品混凝土，用混凝土泵送车进行输送；采用平板震动器振捣，人工找平。

③ 垫层混凝土达到强度 70% 时，进行自粘聚合物改性沥青防水卷材的施工，在底板施工时，预留上卷到墙身的宽度。

④ 卷材按规范要求翻边施工，并注意搭接宽度。

（6）综合管廊防水处理（图 1-22）

①底部防水：素混凝土垫层施工完成后，在综合管廊底板与 C20 素混凝土垫层之间由下至上依次施工，3mm 厚自粘聚合物改性沥青砂面防水卷材（聚酯胎）＋宽 1000mm 厚 0.8mm 聚氨酯涂料防水加强层＋和 50mm 厚 C20 细石混凝土保护层。底板变形缝构造见图 1-23。

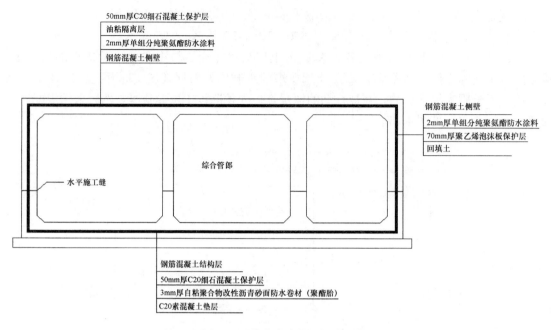

50mm厚C20细石混凝土保护层
油粘隔离层
2mm厚单组分纯聚氨酯防水涂料
钢筋混凝土侧壁

钢筋混凝土侧壁
2mm厚单组分纯聚氨酯防水涂料
70mm厚聚乙烯泡沫板保护层
回填土

综合管郎

水平施工缝

钢筋混凝土结构层
50mm厚C20细石混凝土保护层
3mm厚自粘聚合物改性沥青砂面防水卷材（聚酯胎）
C20素混凝土垫层

图1-22　管廊防水构造示意图

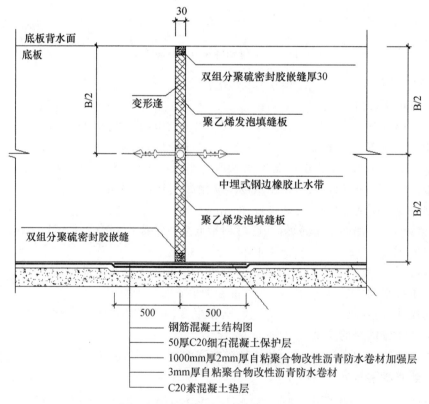

30

底板背水面
底板

B/2

变形逢

双组分聚硫密封胶嵌缝厚30

聚乙烯发泡填缝板

中埋式钢边橡胶止水带

聚乙烯发泡填缝板

双组分聚硫密封胶嵌缝

B/2

B/2

500　500

钢筋混凝土结构图
50厚C20细石混凝土保护层
1000mm厚2mm厚自粘聚合物改性沥青防水卷材加强层
3mm厚自粘聚合物改性沥青防水卷材
C20素混凝土垫层

图1-23　底板变形缝防水构造示意图

②顶部防水：顶板施工完成后，在综合管廊顶板与C20素混凝土垫层之间，由下至上依次施工宽1000mm厚0.8mm聚氨酯涂料防水加强层＋聚酯布＋2mm厚聚氨酯涂料防水层

＋油毡隔离层＋和 50mm 厚 C20 细石混凝土保护层，顶板变形缝防水构造见图 1-24。

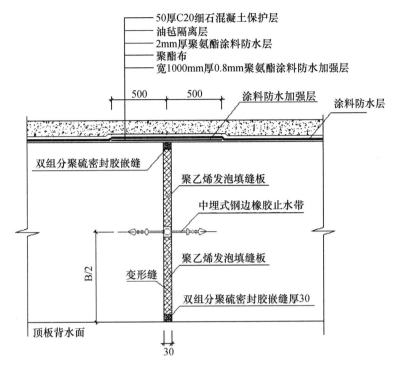

图 1-24　顶板变形缝防水构造示意图

③ 侧墙变形缝防水：侧墙变形缝施工完工后，在综合管廊变形缝施工完毕后由内向外施工，1000mm 厚 0.8mm 聚氨酯涂料防水加强层＋聚酯布＋2mm 厚聚氨酯涂料防水层＋聚乙烯泡沫板保护层。

（7）止水带和止水钢板的安装

① 标准节在底板顶上 40cm 处留置水平施工缝，端部井、投料口、通风口、引出井、分变电所等有二层结构处在中板顶上 30cm 留置水平施工缝。

② 在水平施工缝处按设计院要求预埋 3mm 厚 30cm 宽折边镀锌止水钢板，钢板止水带搭接处应进行焊接，保证止水效果。

③ 止水钢板应安装牢固、稳定，上下、左右对称。

④ 带钢边止水带宽度和材质的物理性能应符合设计要求，且无裂缝和气泡；接头采用热接，不得重叠，接缝应平整、牢固，不得有裂口和脱胶现象。

（8）钢筋加工及安装

① 钢筋除锈调直严格控制调直延伸率。

② 钢筋加工由专人进行抽样配筋，配筋单必须经过技术负责人审核，现场总工技术部门审批，才能允许下料加工。

③ 钢筋加工成型严格按现行《混凝土结构工程施工验收规范》和设计要求进行，现场建立严格的钢筋生产安全管理制度，并制定节约措施，降低材料消耗成本。

④ 钢筋安装

a. 采用焊接接头的钢筋，焊接长度单面焊不得小于 10d，双面焊不得小于 5d。焊接接头应符合《混凝土结构设计规范》GB 50010—2010 相关规定要求。受力钢筋接头的位置应错开，同一连接区内钢筋接头数量不应大于总数量的 25%。

b. 钢筋遇到孔洞时，应尽量绕过，不得截断。若必须截断时，应与孔洞口加固筋焊接锚固。

c. 钢筋的锚固长度，搭接长度应符合国家规范和设计要求，操作工人须持证上岗。

d. 钢筋采用扎丝绑扎，节点可间隔绑扎，绑扎牢固。

e. 做好各管线预埋件、底板和顶板上吊环、接地钢板和变形缝处钢管预埋安装，安装位置准确无误，牢固稳定，不易位移。

f. 管廊施工时，按设计要求作好防雷接地钢筋的焊接和接地钢板的预埋。

⑤ 钢筋保护层控制

钢筋保护层厚度，底板、顶板、侧墙迎土面 50mm，其余均为 30mm。采用预制的 M10 水泥砂浆垫块，垫块要垫稳，布置间距为 1m，呈梅花形布置，施工完毕后禁止在钢筋上践踏，以防止钢筋受力过重导致位移或垫块损坏。

⑥ 钢筋验收

a. 钢筋进场时必须对钢筋的规格尺寸抗弯抗剪强度等进行检测，大批量的必须进行抽查，检验合格后才能进场使用。

b. 钢筋制作安装完成后，经自检合格，上报相关单位进行隐蔽验收，验收合格后进入下道工序施工。

(9) 模板和脚手架

① 顶模采用竹胶板进行拼装，拼装时注意木模与木模的补缝。管廊顶板支架采用满堂支架，顶板板面铺完后，对细部的节点进行修补处理，要保证平整、严密、牢固，特别是接头部位板周边。管廊壁模采用大块胶合板，使用一次性止水拉杆对拉固定，布置间距为 600mm，呈梅花形布置，拉杆长度为 $d+2\times200mm$ 的 $\phi14$ 圆钢（d＝墙壁厚度）。当混凝土强度达到规范要求强度后方可拆除模板及支撑。

② 模板中的金属拉杆或锚杆，设置在距离混凝土表面 50mm 处，以便取出时不致损坏混凝土；当混凝土中间需设拉杆时，可以先埋设小塑料管，供穿拉杆使用，拆模后管中填注相同强度等级的砂浆。

③ 模板在安装和浇筑过程中应保持规定的线形，直至混凝土充分硬化，重复使用的模板应始终保持其线形、强度、不透水性和表面光滑，在浇筑前模板内必须清理干净，并取得监理工程师的同意。

④ 模板接缝：模板接缝应该保持线形的美观。接缝采用螺栓连接或扣件连接，对于接缝不严密的模板，在中间夹一层海绵后，再用螺栓连接或扣件连接，并且模板的水平缝和垂直缝应贯穿整个结构物。

⑤ 顶板支模搭设满堂碗扣支架，端部井支架为 600mm（横向）×900mm（纵向）×900mm（步距）其他支架布置为 800mm（横向）×900mm（纵向）×900mm（步距），在顶托上铺设 100×100mm 方木作为纵向分配梁，间距与横向立杆间距相同；接着在纵向分配梁上按 300mm 间距铺设横向 60×80mm 方木，根据放样出的中线铺设板厚 12mm 的竹胶板作为底模；支架立杆和横杆均采用碗扣式支架，材料壁厚 3.0mm，外径 $\phi48mm$；上下托均采用 600mm 高可调式上下托；剪刀撑采用外径 $\phi48mm$ 普通钢管，壁厚 3.0mm。板拼缝

采用夹双面胶带或涂抹玻璃胶的方法进行封堵，以防漏浆。顶板模板经监理检查验收后，绑扎顶板钢筋。

⑥ 模板和脚手架的拆除

a. 拆模前必须得到监理工程师同意。在模板拆除时，保证混凝土不至于因此损坏。

b. 对于不承重的侧模，当混凝土的强度达到 2.5MPa 方可拆模；该结构承重的模板，跨径不大于 8m，混凝土达到 75％的设计强度方可拆模。

（10）混凝土浇筑与振捣

① 混凝土浇筑作业应连续进行，如发生中断，立即报告工程师。

② 浇筑混凝土作业过程中应随时检验预理部件，如有任何位移及时矫正。

③ 混凝土由高处自由落下的高度不得超过 2m，当采用导管式溜槽时应保持干净，使用过程要避免混凝土发生离析。

④ 混凝土全部采用商品混凝土，混凝土泵车输送。混凝土底板浇筑时，泵送出料口距钢筋顶面 300mm，不能太高，以防混凝土离析，采用振捣棒进行振捣，振捣要做到振捣布置均匀，快插慢拔，快插是为了防止先将表面混凝土振实与下层混凝土发生分层、离析现象，慢拔是防止振动棒抽出时混凝土填不满所造成的空洞。

⑤ 浇筑墙身混凝土时应分层浇筑，每层厚度不超过 500mm，各墙体间来回往复，巡环进行。在浇筑墙身混凝土时，泵送出料口距浇筑点的高差不得超过 2.0m，若超过，应搭设流槽或串筒。在浇筑过程中应随时安排专人对支模体系进行检查，确保模支护安全，若出现异常情况，应立即暂停，处理完毕，确认无误后，再继续浇筑。顶板混凝土同底板混凝土。

⑥ 特别是在预埋件周围和变形缝两侧，应加强振捣。

⑦ 使用插入式振捣器时，尽可能避免与钢筋、预理件相触。

⑧ 在浇筑底板和顶板时，最后一层使用平板振动器振实。

⑨ 振捣器采用 $\phi50$ 振动棒（直径 $d=51mm$，有效振动半径为直径的 8～9 倍），且工地配有足够数量良好状态的振捣器，以使发生损坏时备用。

⑩ 振捣器插入混凝土或拔出时速度要慢以免产生空洞。

⑪ 振捣器要垂直插入混凝土内，并要插入前一层混凝土里，但进入底层深度不得超过 50mm。

⑫ 振捣器移动距离不得超过 60cm（有效振动半径的 1.5 倍）。

⑬ 对每一振动部位，必须振动到该处混凝土密实为止。密实的标志是混凝土停止下沉，不再冒气泡，表面呈平坦、泛浆，注意严禁过振或欠振。

⑭ 混凝土浇筑完成后，应在收浆后尽快洒水养护，混凝土养护用水的条件与拌合用水相同。

⑮ 混凝土模板覆盖时，应在养护期间经常使模板保持湿润，混凝土养护时，表面覆盖麻袋或草袋等覆盖物进行洒水养护，使混凝土的表面保持湿润。

⑯ 每天洒水的次数，以能保持混凝土表面经常处于湿润状态为度，洒水养护的时间为 7d。

（11）基坑回填

综合管廊土建完成后，待主体混凝土强度达到设计要求后及时回填，填筑材料为级配砂砾和好的黏土，其中从管廊底板至强身面基坑宽度 2.5m 以下采用级配砂砾回填，2.5m 以上采用黏土回填。回填必须两侧同时进行，分层夯实，压实系数不小于 0.97。综合管廊在回填时应两侧对称同时回填，其标高应基本处在一个水平面上，回填顺序应按基底排水方向由高至低分层进行，回填材料分层摊铺，每层压实后厚度不超过 200mm。

（12）总体质量要求

综合管廊工程总体质量要求见表 1-13。

表 1-13　综合管廊工程总体质量要求

项次	检查项目	规定值或允许偏差	检查方法
1	综合管廊的中心偏位	±10（mm）	用经纬仪检查3~8处
2	内、外包尺寸	±10（mm）	用钢尺量，每孔3~5处
3	标高误差	±10（mm）	用水准仪测量
4	相邻段不均匀沉降	±5（mm）	用水准仪测量
5	地下工程防水（二级防水）	不允许漏水，结构表面可有少量湿渍，湿渍总面积不大于总防水面积 0.1%，单个湿渍面积不大于 0.1m²，任意 100m² 防水面积不超过 1 处。	目测，钢尺测量

第2章 钢筋与混凝土技术

钢筋混凝土结构目前是我国建设行业应用最为广泛的结构形式，该领域分支繁多，研究创新非常活跃。本次现浇钢筋混凝土技术新增再生集料混凝土技术和预应力技术两个子项。

2.1 再生集料混凝土技术

2.1.1 技术简介

随着城镇化进程，城市废弃物中的建筑渣土占据了一定比重，这部分建筑垃圾自然消解极为困难。经破碎分选，再加工为不同粒径的混凝土再生集料，是一个变废为宝的积极消纳途径。全部或部分掺入再生集料配制而成的混凝土称为再生集料混凝土，简称再生混凝土。随着我国环境压力严峻，建材资源面临日益紧张的局势，再生集料作为非常规集料成为工程建设混凝土用集料的可行选择之一。

2.1.2 技术案例

预拌再生混凝土研发与应用

美国、日本和欧洲等发达国家和地区对建筑废物尤其是废混凝土等的再生循环利用研究开展得较早，目前废混凝土的再生利用率均在90％以上。而我国目前建筑废物资源化再生循环利用步伐缓慢，综合高效利用率尚不足5％。随着我国城市化进程的加快，大量基础设施因更新而产生的建筑垃圾每年以数亿吨计。目前，绝大多数废弃混凝土采用露天堆放或填埋的简单处理方式，既占用了宝贵的土地资源，又对城郊造成二次污染，给环境带来很重的负担；与此同时，当今建筑材料中使用量最大的非混凝土莫属，我国混凝土年产量约15亿立方米，而集料在混凝土中占了重量的75％。如此巨大的天然砂石开采量，对生态环境和景观资源的破坏可谓触目惊心。如能将废弃混凝土加工处理后生产出的再生集料重新用于混凝土中，其社会效益和环境效益将十分显著。

为此，上海××公司与大学、科研院所共同开立了"预拌再生混凝土研发与应用"课题，将再生混凝土粗集料应用于商品混凝土，并在工程中应用，以提高废混凝土作为一种资源循环再生利用的效率。同时，积累预拌再生混凝土在工程应用中的实践经验，用以指导再生混凝土在工程中的设计与施工。

1. 废混凝土来源

（1）建筑物由于达到使用年限或因老化而被拆除后产生的混凝土碎渣是废混凝土的主要来源。

（2）市政工程的动迁及重大基础设施的改造等产生的废混凝土（随着我国经济和城市化进程的加快，这部分废混凝土的量将越来越多）。

（3）新建建筑施工过程中产生的废混凝土。

（4）商品混凝土厂和预制构件厂产生的不合格混凝土或因调度原因产生的不能使用的混凝土，这部分废混凝土一般占到其年产量的 1%～3%。

（5）科研机构和施工单位试验室试验完毕的混凝土试件，这部分废混凝土数量相对较少。

2. 预拌再生混凝土主要研究内容

（1）再生粗集料

① 加工工艺

废混凝土块或钢筋混凝土块的回收、破碎和再生粗集料生产工艺是废混凝土能够进行充分再利用的前提。研究人员在对国内外现有的废混凝土破碎和再生粗集料加工工艺进行综合分析的基础上，结合我国工程实际，研究制定了适合我国国情的废混凝土破碎工艺与再生粗集料加工工艺，并在上海××公司建成了一条示范生产线，且投入正常生产。

② 基本性能

再生粗集料是指将废混凝土经破碎、加工后所得的粒径在 5～31.5mm 的集料，由独立成块的和表面附着老水泥砂浆的粗集料组成，其表面粗糙、棱角较多，与天然粗集料相比存在一定的差异，且再生粗集料因废混凝土来源不同而具有较大的随机性和变异性。研究中主要测试了再生和天然粗集料的级配、堆积密度、表观密度、吸水率、压碎指标、针片状颗粒含量、坚固性和含泥量等，研究结果表明：与再生粗集料混凝土性能密切相关的性能指标主要是吸水率和压碎指标。因此，对这两项指标进行重点控制，做到每批必测。

③ 级配

天然粗集料与再生粗集料的级配曲线类似，均在《普通混凝土用砂、石质量及检验方法标准》JGJ 52—2006 要求的范围之内，表明再生粗集料的级配可满足要求，但是再生粗集料的细度模数较天然粗集料高，见图 2-1。

④ 粒形与表面构造

再生粗集料的外观介于碎石与卵石之间，略为扁平且带有较多的棱角，表面较为粗糙、或多或少附着水泥砂浆、孔隙较多；天然粗集料的表面则相对光滑。

⑤ 密度

天然及再生粗集料的密度见表 2-1。

表 2-1 天然及再生粗集料的密度

项目名称	天然粗集料	再生粗集料
堆积密度/kg·m⁻³	1453	1290
表观密度/kg·m⁻³	2820	2520

与天然粗集料相比，再生粗集料的堆积密度和表观密度分别降低了 12% 和 10%，其原

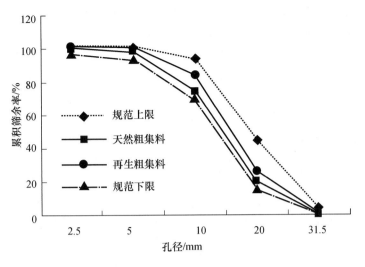

图 2-1　天然与再生粗集料的级配曲线

因主要是其表面的水泥砂浆含量较高。再生粗集料表观密度降低，将导致再生混凝土的密度、弹性模量指标降低。

⑥ 吸水率

天然及再生粗集料的吸水率见表 2-2。

表 2-2　天然及再生粗集料的吸水率

项目	天然粗集料	再生粗集料
10min 吸水率/%	0.332	8.34
30min 吸水率/%	0.382	8.82
24h 吸水率/%	0.4	9.25

表 2-2 表明，再生粗集料的 24 h 吸水率明显高于天然粗集料，约为天然粗集料的 23 倍，其原因主要是再生粗集料表面附着部分水泥砂浆，其孔隙率大，吸水率也高。为使再生混凝土获得与普通混凝土相同的性能，需要增加拌合水的用量。因此，再生粗集料的高吸水率通常被认为是其相对于天然粗集料最重要的特征。

从表 2-2 可见，再生粗集料的吸水率随时间变化而发生变化，10min 可达到饱和程度的 85% 左右，30min 可达饱和程度的 95% 以上。

试验中所用的再生粗集料能够满足 RILEM 建议标准对 Ⅱ 类再生粗集料的要求（表观密度≥2200kg/m³，吸水率≤10%）。因此，如果其力学性能也能够满足相应标准的要求，该再生粗集料可以用于配制素混凝土及钢筋混凝土。

⑦ 孔隙率

粗集料的孔隙率 P 计算如下：

$$P = p \times W_a / 1000 \tag{1}$$

式中　p——粗集料的表观密度；

W_a——粗集料的吸水率。

粗集料孔隙率的计算结果：天然粗集料为 1.1%，再生粗集料为 23.3%。由此可见，再生粗集料的孔隙率比天然粗集料高 20 倍，这主要是再生粗集料表面水泥砂浆量较多的缘故。孔隙率较高将导致再生混凝土在轴向压力作用下易形成应力集中现象，从而降低混凝土的抗压强度。

⑧ 压碎指标

压碎指标值是集料抵抗压碎的能力。经试验其结果为：天然粗集料压碎指标值为 4.04%，再生粗集料压碎指标值为 15.2%。这主要是因为再生粗集料表面水泥砂浆含量较高且粘结较弱而致，因此再生粗集料较天然粗集料易破碎，但仍能满足《普通混凝土用砂、石质量及检验方法标准》JGJ 52—2006 对配制 C30 混凝土碎石所需压碎指标值≤16% 的要求。

⑨ 坚固性

坚固性是通过测定集料在饱和硫酸钠溶液内抵抗分解的能力，判断其在气候、环境变化或其他物理因素作用下抵抗碎裂的能力。经试验其结果为：天然粗集料的质量损失率为 3.2%，再生粗集料的质量损失率为 9.2%。这说明再生粗集料的坚固性低于天然粗集料，但该再生粗集料仍能满足《普通混凝土用砂、石质量及检验方法标准》JGJ 52—2006 对配制混凝土碎石所需坚固性的要求，即质量损失≤12%，表明再生粗集料的耐久性较差。因此，应对再生混凝土的耐久性进行系统研究。

⑩ 针片状颗粒含量

粗集料中，颗粒长度大于该颗粒所属粒级平均粒径 2.4 倍者称为针状颗粒；厚度小于平均粒径 0.4 倍者称为片状颗粒。粗集料中针片状颗粒过多时，会影响混凝土的和易性，并对混凝土耐久性产生不利影响。经试验，其结果是天然和再生粗集料的针片状颗粒含量分别为 4.8% 和 6.2%，这表明两种粗集料的形状相似，亦能满足《普通混凝土用砂、石质量及检验方法标准》JCJ 52—2006 的要求，针片状颗粒含量≤15%，且其形状不会对再生混凝土的工作性和强度产生显著不良影响。

⑪ 含泥量

再生粗集料与天然粗集料的含泥量试验结果分别为 4.08% 和 1.8%，再生粗集料不能满足《普通混凝土用砂、石质量及检验方法标准》JCJ 52—2006 中含泥量≤1% 的要求。因此，在拌制混凝土前应对再生粗集料进行水洗或改进其加工工艺。

（2）配合比设计

与普通混凝土配合比设计目的相同，即在保证结构安全使用的前提下，力求达到便于施工和经济节约的目的。国内外大量试验表明，再生粗集料的基本性能与天然粗集料有很大差异，如孔隙率和吸水率大、表观密度低以及压碎指标高等，因此，再生混凝土的配合比设计应满足以下要求：

① 满足结构设计要求的混凝土强度等级。再生混凝土抗压强度一般低于相同配合比的普通混凝土强度，为了达到相同强度等级，其水胶比应比普通混凝土低。

② 满足施工和易性、节约水泥和降低成本的要求。由于再生粗集料的孔隙率和含泥量较高及表面较粗糙，要满足与普通混凝土同等和易性的要求，则单位混凝土的胶凝材料用量要比普通混凝土多。因此，在再生混凝土配合比设计中，应尽可能节约水泥，以降低成本。

③ 混凝土的变形和耐久性应符合使用要求。由于再生粗集料的吸水率较高，弹性模量较低，且天然集料与再生粗集料上的老砂浆之间存在界面等，对再生混凝土的抗变形和耐久性等性能不利。所以，在配合比设计时，应充分考虑适用和耐久性等要求。

配合比设计方法的基本思路是：首先，对鲍罗米公式进行改进，确定新的再生混凝土强度与水灰比之间的回归关系，然后根据全计算法的设计方法计算出用水量和砂率等参数，经试验后确定最终的配合比，对再生粗集料应考虑附加水或自由水。试验中共考虑 3 种再生集料取代率，分别为 100%、50% 和 0%，取代率为 0% 时即为普通混凝土。其中，100% 和 50% 取代率的试验组考虑了 4 种水灰比，分别为 0.35、0.4、0.45、0.5，而 0% 取代率的试验组仅考虑 1 种水灰比，为 0.5。

图 2-2 为 100% 和 50% 取代率的再生混凝土 28d 的抗压强度和水灰比之间的线性关系。

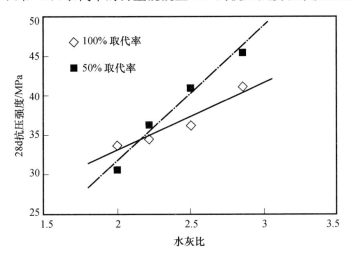

图 2-2　再生混凝土 28d 抗压强度和水灰比的线性关系

图 2-2 中，100% 取代率再生混凝土的 28d 抗压强度和水灰比之间的线性回归方程为：

$$f_{cu,0} = 8.624\frac{m_c}{m_w} + 15.771 \tag{2}$$

50% 取代率再生混凝土的灰水比的 28 d 抗压强度的回归方程为：

$$f_{cu,0} = 16.832\frac{m_c}{m_w} - 1.985 \tag{3}$$

式中　$f_{cu,0}$——28d 抗压强度；

　　　　m_c——胶凝材料的质量；

　　　　m_w——水的质量。

限于试验组数偏少，试验实测强度集中在 30～45MPa 范围内，故而本试验得出的抗压强度与水灰比的线性关系回归方程是有适用范围的。当混凝土设计强度等级在 C25～C40 范围内时，可以使用该回归方程；设计强度超出范围的情况下，其回归方程有待于进一步试验研究。

（3）预拌再生混凝土坍落度经时损失的机理和控制措施

从预拌再生混凝土开始搅拌到运至现场开始浇筑施工之间的时间差，会造成混凝土坍落度损失，尤其是在配制高强度、高流动性再生混凝土时，坍落度的损失更严重。因此，分析影响坍落度的经时损失的机理和因素，探讨减少坍落度的经时损失的方法，具有现实意义。预拌再生混凝土坍落度经时损失的原因除普通混凝土中也同样存在的水泥粒子的凝聚之外，再生集料较大的吸水率是一个非常重要的因素。预拌再生混凝土在搅拌过程中，由于再生集料的吸水，导致再生混凝土拌合物中自由水逐渐减少，使坍落度降低较多。这是再生混凝土有别于普通混凝土的一个重要方面。

从预拌混凝土坍落度经时损失的机理出发，综合国内外有关文献资料，对于普通塑性混凝土，控制坍落度经时损失的技术途径主要有：使用缓凝剂，延缓早期水化反应速度；2 次搅拌，破坏已经形成的凝聚结构；夏季温度较高时，采取降低拌合物温度的措施。

对于掺入高效减水剂的混凝土，控制坍落度经时损失的技术途径主要为：使用缓凝剂；用反复添加减水剂法；采用 Zeta 电位降低少的特殊分子结构的减水剂；采用不溶于水而溶于碱的高分子化合物，当其掺入混凝土拌合物时，溶于 $Ca(OH)_2$ 的碱溶液中，释放出减水剂分子，水泥粒子吸附减水剂分子后，使 Zeta 电位维持在一定值；采用颗粒状高效减水剂，使其缓慢向水泥浆体中释放减水剂分子，维持水泥颗粒吸附减水剂分子数。

由于再生集料的吸水，使再生混凝土的坍落度降低较多。根据试验结果，初始坍落度越大，坍落度损失也越大，因此不应采用片面地提高初始坍落度来抵消预计产生的坍落度损失的方法。此外，在制备预拌再生混凝土之前，应将再生集料预湿，以减少再生集料在拌合时的吸水量和降低再生混凝土的坍落度经时损失。

（4）预拌再生混凝土的生产及施工

① 再生粗集料的分级和预湿处理

再生粗集料依照饱和面干表观密度、吸水率、砖含量等分为Ⅰ、Ⅱ两级，见表 2-3。Ⅰ级用于配制 C30 及以上强度的混凝土，Ⅱ级用于配制 C30 强度以下的混凝土。

表 3　再生粗集料分级

项目	Ⅰ级	Ⅱ级
饱和面干表观密度/kg·m^{-3}	≥2400	≥2200
吸水率/%	≤7	7～10
砖含量/%	≤5	5～10

对再生粗集料采用预湿处理法，即用水对再生粗集料进行冲洗，可分离再生粗集料中的杂物，提高再生粗集料的品质。经工程实例表明，可提高再生混凝土的和易性和抗压强度。由于再生粗集料中含泥量大，会影响混凝土的抗折强度，因此，必须严格控制粗集料中的含泥量，以确保再生混凝土的质量。

② 混凝土养护

加强混凝土的养护在再生混凝土施工中尤为重要。在施工中切忌坍落度过大，此外，在浇筑混凝土前，给模板和基层混凝土浇水必须均匀、湿透。在混凝土终凝前应进行 2 次抹面，并及时覆盖塑料薄膜或潮湿的草垫、麻袋等，使混凝土终凝前保持表面湿润。

3. 工程实例

（1）复旦大学新闻学院的道路修建

混凝土强度等级采用 C30，路面宽 6m，厚度 150mm。现场采用泵送方式，泵距为 35m。混凝土运送到现场时坍落度损失为 10mm，满足要求。在初期，由于混凝土拌合物坍落度较大（最大达 190mm），混凝土表面有泌水现象，后期经减少拌合用水量，减小了坍落度，使混凝土表面泌水现象得到了有效控制。修整和拆模后立即对再生混凝土路面进行养护，方法是覆盖草帘，洒水 2～3 次/d，使草帘保持足够的湿度，养护 21d 后开放交通。试验路面外观无蜂窝、麻面、脱皮、缺边、断角和粗集料外露等现象,路缘石直顺,曲线圆滑,施工质量良好,在外观等方面和普通混凝土路面无明显差别。经检测,能满足现行普通混凝土路面规范的要求,经 5 年使用,状况良好。

(2)沪上·生态家(中国 2010 年上海世界博览会城市最佳实践区上海案例)

该建筑总建筑面积 3000m²,(地上 4 层,地下 1 层),采用钢筋混凝土框架结构。其设计理念是关注节能环保,倡导乐活人生;延续生态建筑理念,节约能源、节省资源、保护环境、以人为本。整幢建筑从基础到主体结构全部均泵送再生混凝土,其中,C30 再生混凝土所用粗集料是 100%再生集料,C40 再生混凝土所用粗集料中 50%为再生集料。经实地抽样检测显示,该再生混凝土的强度、耐久性以及施工性能完全达到设计要求,其使用寿命可达100 年。

2.2 预应力技术

2.2.1 技术简介

混凝土结构中应用的预应力技术,分为先张法预应力和后张法预应力,先张法预应力技术一般用于构件厂生产预应力混凝土构件;后张法预应力技术应用于现浇混凝土构件,是在钢筋绑扎同时预埋预应力管道或配置无粘结、缓粘结预应力筋,构件混凝土达到强度后,在结构上直接张拉预应力筋,对混凝土施加预应力。后张法预应力分为:有粘结、无粘结、缓粘结等工艺,也可采用体外束预应力技术。预应力筋强度在 1860MPa 级以上,预应力筋设计强度可发挥到 1000~1320MPa。该技术可降低结构截面高度、控制结构裂缝。混凝土预应力技术内容主要包括材料、预应力计算与设计技术、安装及张拉技术、预应力筋及锚头保护技术等。

混凝土结构中的预应力技术一般由具备专项资质的专业公司,采用设计施工一体化方式承包此类工程。这里介绍土建公司的配合性工作之一,后张(有粘结)预应力结构灌浆。

2.2.2 技术案例

后张预应力结构灌浆料施工工法

1. 前言

后张预应力结构灌浆料是由中冶集团建筑研究总院及中冶工程材料有限公司研制生产的一种高性能预应力结构灌浆材料。该产品可广泛应用于后张预应力混凝土结构的管道灌浆,防止预应力混凝土的破坏,从而提高混凝土结构的耐久性,确保结构的使用寿命。目前,该产品已在多个工程项目中得以应用。为了确保此种材料的施工质量,特制定后张预应力结构灌浆料施工工法。

2. 特点

后张预应力结构灌浆料采用多种功能材料配制而成,具有良好的稳定性、抗裂性、耐久性、钢筋阻锈等性能。施工过程可操作性强，质量易控，技术成熟度相对较高。

3. 适用范围

本工法适用于公路、铁路、基建及核电等领域的后张预应力结构灌浆工程。

4. 工艺原理

后张预应力结构灌浆料主要应用于预应力管道结构灌浆，是一种应用广泛的新型建筑材料。本工法精确规定灌浆流程，确定施工工艺，保证了后张预应力结构灌浆料的灌筑质量。

5. 工艺流程及操作要点

（1）工艺流程图

工艺流程图见图 2-3。

（2）施工准备

灌浆前应进行下列准备工作：

① 应确认孔道、排气兼泌水管及灌浆孔畅通，对预埋管成型孔道，可采用压缩空气清孔。

② 应切除锚具外多余预应力筋，并应采用水泥浆等材料封堵锚具夹片缝隙和其他可能漏浆处，也可采用封锚罩封闭端部锚具。

③ 采用真空灌浆工艺时，应确认孔道的密封性。

（3）基层处理

对抽芯成型的孔道应冲洗干净并应使孔壁完全湿润；金属和塑料管道在必要时亦可冲洗清除附着在孔道内壁的有害材料。对孔道内可能存在的油污等，可采用已知对预应力筋和管道无腐蚀作用的中性洗涤剂或皂液，用水稀释后进行冲洗；冲洗后，应使用不含油的压缩空气将孔道内的所有积水吹出。另外，应对灌浆设备进行清洗，清洗后的设备内不应有残渣或积水。

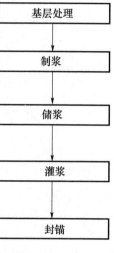

图 2-3 工艺流程图

（4）制浆

首先在搅拌机中先加入拌合用水总量的 75%～85%，开动搅拌机，均匀加入全部灌浆材料，边加入边搅拌。全部粉料加入后再搅拌 3min，然后将剩余 20% 的水加入搅拌锅内，继续搅拌 2min。搅拌均匀后，现场进行出机流动度试验，其流动度符合要求的即可通过过滤网进入储浆罐。浆体在储浆罐中应继续搅拌，以保证浆体的流动性。

（5）灌浆

① 浆体灌入预应力梁体之前应首先开启灌浆泵，使浆体从灌浆泵排出少许，以排出灌浆管中的空气、水和稀浆。当排出的浆体流动度和搅拌罐中的流动度一致时，方可开始灌入预应力孔道。

② 孔道灌浆时，对曲线孔道和竖向孔道应从最低点的灌浆孔灌入；对结构或构件中以上下分层设置的孔道，应按照先下层后上层的顺序进行灌浆。同一管道结构的灌浆应连续进行，一次完成。灌浆过程应缓慢均匀，不得中断，并应将所有最高点的排气孔依次一一打开和关闭，使孔道内排气通畅。

③ 浆体自搅拌完成至灌入孔道的延续时间不宜超过 40min，且在使用前和灌筑过程中应连续搅拌，对因延迟使用所致流动度降低的水泥浆，不得通过额外加水增加其流动度。

④ 对水平或曲线孔道，灌浆的压力宜为 0.5～0.7MPa；对超长孔道，最大压力不宜超

过 1.0MPa；对竖向孔道，灌浆的压力宜为 0.3～0.4MPa。灌浆的充盈度应达到孔道另一端饱满且排气孔排除与规定流动度相同的水泥浆为止，关闭出浆口后，宜保持一个不小于 0.5MPa 的稳压期，该稳压期的保持时间宜为 3～5min。

⑤ 采用真空辅助灌浆工艺时，在灌浆前应对孔道进行抽真空，真空度宜稳定在 -0.06～-0.10MPa 范围内。真空度稳定后，应立即开启孔道灌浆端的阀门，同时启动灌浆泵进行连续灌浆。

⑥ 灌浆时，每一工作班应制作留取不少于 3 组尺寸为 40mm×40mm×160mm 的试件，标准养护 28d，进行抗压强度和抗折强度试验，作为质量评定的依据。试验方法应按现行国家标准《水泥胶砂强度检验方法（ISO 法）》GB/T 17671 的规定执行。

⑦ 灌浆结束后应通过检查孔抽查灌浆的密实情况，如有不实，应及时进行补灌浆处理。

⑧ 孔道灌浆应填写施工记录。记录项目应包括：灌浆材料、配合比、灌浆日期、搅拌时间、出机流动度、浆体温度、环境温度、稳压压力及时间，采用真空辅助灌浆工艺时尚应包括真空度。

（6）锚具的处理

灌浆完成后，应及时对锚固端按照设计要求进行封闭保护或防腐处理，需要封锚的锚具，应在灌浆完成后对梁端混凝土凿毛并将其周围冲洗干净，设置钢筋网浇筑封锚混凝土；封锚应采用与结构或构件同强度的混凝土并应严格控制封锚后的梁体长度。长期外露的锚具，应采取防锈措施。

6. 材料及机具设备

（1）材料

使用后张预应力结构灌浆料主要技术指标应符合《后张预应力结构灌浆料》Q/HDBJN 0005－2012 中的相关要求。

（2）机具设备

机具设备见表 2-4。

表 2-4　机具设备表

序号	设备名称	单位	数量	规格
1	灌浆泵	台	1	三缸单作用活塞泵；100L/min；压力表最小分度 0.02MPa
2	真空泵	台	1	≮0.10MPa 负压力
3	搅拌机	台	1	线速度 10～20m/s
4	过滤网	组	1	网格尺寸＜3mm
5	储浆罐	个	1	带搅拌
6	380V 橡套线	m	—	五芯
7	220V 橡套线	m	—	三芯

7. 质量控制

（1）预应力工程材料进场检查

① 应检查规格、外观、尺寸及其产品合格证、出厂检验报告和进场复验报告。

② 应按国家现行有关标准的规定抽样检验力学性能。

③ 经产品认证符合要求的产品，其检验批量可扩大一倍；在同一工程项目中，同一厂

家、同一品种、同一规格的产品连续三次进场检验均合格时，其后的检验批量可扩大一倍。

（2）灌浆用水泥浆及灌浆质量检查

① 水泥浆的流动度、泌水率、膨胀率。

② 灌浆记录。

③ 水泥浆试块强度。

（3）封锚质量检查

① 锚具外的预应力筋长度。

② 凸出式封锚端尺寸。

③ 封锚的表面质量。

（4）环境条件

灌浆过程中或灌浆后 48h 内，结构或构件混凝土的温度及环境温度不得低于 5℃，否则应采取保温措施，并应按冬期施工的要求处理，浆体中可适量掺用引气剂，但不得掺用防冻剂。当环境温度高于 35℃时，灌浆宜在夜间进行。

8. 安全措施

（1）现场安全规定

现场安全规定见表 2-5。

表 2-5　现场安全规定

序号	安全生产项目	检查内容	检查人	工作依据	结论
1	搅拌机	出厂电机不漏电，配件齐全，安装符合要求	专职安全员	机器安装规定	不漏电，运转正常
2	灌浆泵	出厂电机不漏电，配件齐全，安装符合要求	专职安全员	机器安装规定	不漏电，运转正常
3	真空泵	出厂电机不漏电，配件齐全，安装符合要求	专职安全员	机器安装规定	不漏电，运转正常
4	储浆罐	出厂电机不漏电，配件齐全，安装符合要求	专职安全员	机器安装规定	不漏电，运转正常
5	380V、220V 橡套线	表皮破坏情况，皮内是否断线	专职安全员	电气安装规定	不破坏，不断线
6	阀箱	箱内配套齐全并有安全装置	专职安全员	电器安装规定	开工灵活，保证安全
7	小型机械	开关、线是否漏电	专职安全员	电器安装规定	运转正常
8	劳保用品	安全帽、安全带	专职安全员	劳保规定	符合规定，齐全

（2）严格遵守相应的建筑工程施工安全操作规程。

（3）建立安全责任制，进入现场前对相关人员进行施工操作和安全培训，专职安全员做好安全检查工作。

（4）使用电源箱，应符合安全用电规章制度及《施工现场临时用电安全技术规程》。

（5）进入施工现场并在施工时要戴好安全帽，施工现场禁止吸烟，严禁酒后施工。

第 3 章 模板脚手架技术

3.1 销键型脚手架及支撑架

3.1.1 技术简介

与目前广泛应用的扣件式脚手架相比，销键型钢管脚手架轴心受力、节点连接简便、工效高、承载力大。其中盘销式钢管脚手架、插接式钢管脚手架节点可进行斜向拉结，构造为空间独立稳定性极佳的支撑架体，尤其适合用于桥梁等高大、需要自稳定性强的现浇模板支撑，以及没有连墙件附着条件的高大架体。键槽式钢管支架节点可靠、架体稳定性好，适合做现浇混凝土支撑架体。

销键型钢管脚手架按立杆直径分为 $\phi 60$ 系列重型支撑架和 $\phi 48$ 系列轻型脚手架两大类。全部杆件系列化、标准化、搭拆快、易管理；由于横拉杆、斜拉杆为定制长度，且起步位置要求在一个水平面上，在架体纵横距、步距随意，场地高低不平等方面适应性不如扣件钢管脚手架。

3.1.2 工程案例

京承高速公路××河桥盘销撑架施工方案

1. 工程概况

×××桥位于京承高速公路 K129＋040.00 处。桥梁上部结构为 3×33＋18×30m 现浇预应力混凝土连续梁，下部结构桥墩为实心板墩接承台，接钻孔灌筑基础。桥跨全长 639m，桥梁全宽 24.5m。3×33m 一联，4×30m 三联，3×30m 二联，全桥共六联。本方案为左右跨 6 轴～9 轴 3×30m 连续梁，长 90m，宽 24.5m 箱梁支撑架体的搭设施工。

详见架体支设平面、立面、剖面示意图，如图 3-1、图 3-2、图 3-3 所示。

2. 脚手架设计

盘销支撑架的搭设方式为满搭，架体横向间距为 1500mm、1200mm、1500mm、1500mm、600mm、1500mm、1500mm、1200mm、1500mm 间隔布置；纵向支撑架最大间距为 1500mm，主龙骨采用双根 S-150 型铝合金梁，次龙骨采用单根 S-150 型铝合金梁。如图 3-4 所示：

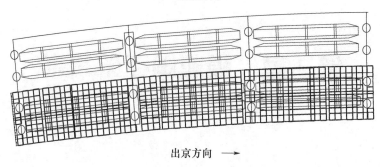

图 3-1 架体搭设平面示意图

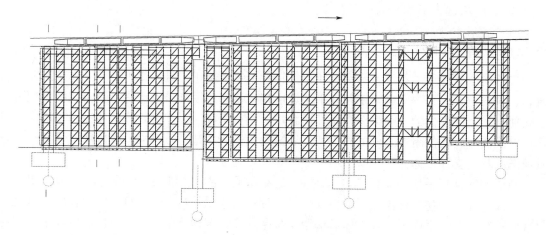

图 3-2 架体搭设立面示意图

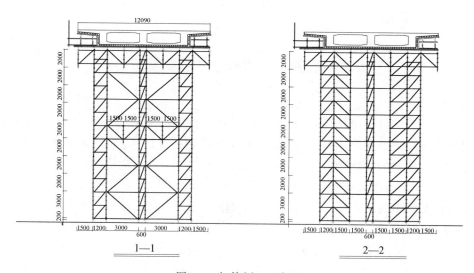

图 3-3 架体剖面示意图

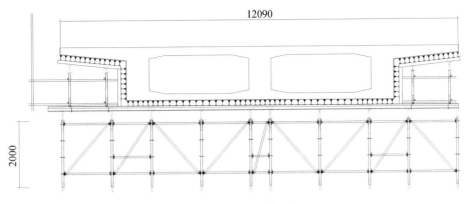

图 3-4 箱梁断面截图

3. 盘销式脚手架构件特性

(1) 盘销式脚手架分类

盘销式脚手架的主要构成由主杆、平主杆、横杆、斜杆、定位杆、标准基座、辅助杆、下调基座、U 型顶托、扶手、爬梯、销板以及连接棒等组成，见图 3-5、图 3-6。

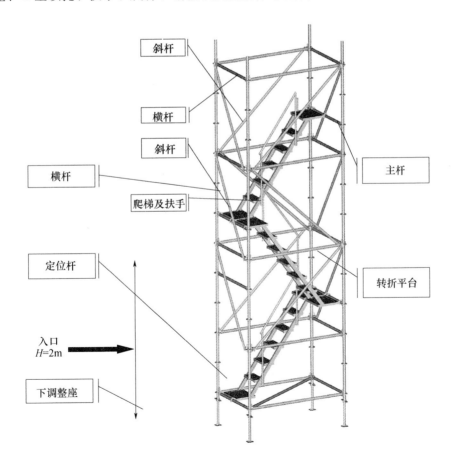

图 3-5 盘销式脚手架施工爬梯各构件名称

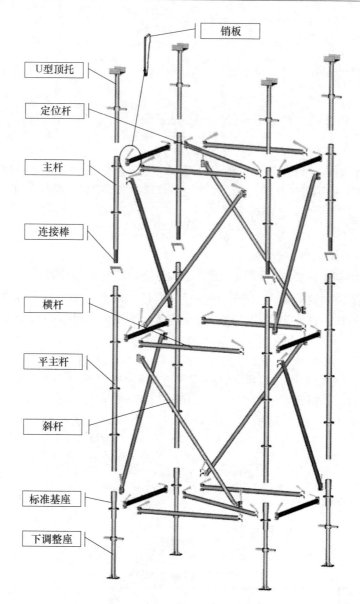

图 3-6　盘销式脚手架各构件名称

（2）主杆与平主杆

主杆、平主杆为整个系统的主要受力构件，依其规格可区分为平主杆（不含连接棒）及主杆（含连接棒），以四方管或是圆管连接棒作为主杆连接方式。而平主杆使用于标准基座上第一支主杆。主杆、平主杆上的盘销间距为 500mm；主杆长度有 1.0m、1.5m、2.0m、3.0m 等四种规格，主杆为 $\phi60.2$mm，管壁厚为 3.1mm（壁厚±0.15mm），材质为 Q345B。

（3）标准基座与辅助杆

标准基座及辅助杆主要都是以套筒方式连接平主杆（内插式），以达到快速组装及调整至任意高度的目的。标准基座管径为 $\phi60.2$mm，厚度为 3.1mm（壁厚±0.15mm），材质为 Q345，受力轴长为 200mm，放置于下调整座上。辅助杆管径为 $\phi60.2$mm，厚度为 3.1mm

（壁厚±0.15mm），材质为 Q345；受力轴长有 250mm 及 500mm 等两种规格，辅助杆连接于主杆上方（外插式），主要作用在使主架调配高度时，更加灵活以弥补主杆之不足，尤其是用在支撑物有高度渐变时更可发挥极大的功用。

（4）横杆与定位杆

横杆用于连接各主架而成一支撑架组，使各主杆间受力平均分布并相互支持，不易产生弯曲变形。横杆材质为 Q235（2.4m 以上长度规格的材质为 Q345），管径为 $\phi48.2$mm，管壁厚为 2.75mm（±0.275mm）。横杆尺寸有 0.6m、0.9m、1.2m、1.5m、1.8m、2.4m、3.0m 等七种规格，而定位杆用以固定单组支撑架，使之不致产生扭曲，可增加支撑架的稳定度。定位杆材质为 Q235（3.0×1.5m 以上规格材质为 Q345），管径为 $\phi48.2$mm，管壁厚为 2.75mm（±0.275mm）。定位杆尺寸有 1.5×1.5m、1.8×1.5m、2.4×1.5m、1.8×1.8m、3.0×1.5m、3.0×3.0m 等六种规格，可根据需要制定其他规格。

（5）斜杆

斜杆用于承受水平力，分散各脚架之承载重，并可使整座之盘销架不扭曲变形。斜杆材质为 Q235，管径为 $\phi48.2$mm，管壁厚为 2.75mm（±0.275mm）。斜杆主要尺寸有 0.6×1.0m、0.6×1.5m、0.9×1.0m、0.9×1.5m、1.5×1.0m、1.5×1.5m、1.8×1.0m、1.8×1.5m、2.4×1.5m、3.0×3.0m 等十种规格，可根据需要制定其他规格。

（6）上、下调整座

主要用于各主杆调整水平、高低。牙管设立冲压点，用以防止螺母松脱并保持牙管与平主杆或标准基座连接。牙管规格管径为 $\phi48.2$mm，牙管长为 600mm，牙管厚为 5.0mm（±0.5mm），材质为 Q235，螺母材质为 FCD450。上、下调整座的可调整长度范围皆为 100～500mm。

4. 施工安排

（1）技术准备

略

（2）机具准备

机具准备见表 3-1。

表 3-1　机具准备表

序号	名称	规格型号	数量	单位	备注
1	锤子	普通	20	把	
2	棕绳	$\phi15$mm	100	m	合格证
3	墨斗	普通	1	个	
4	红蓝铅笔	普通	5	支	放样用
5	50m 布尺	普通	1	把	合格证
6	水平尺	1m	3	把	合格证
7	水平仪	AL322-A	1	台	合格证
8	经纬仪	DJD2-2PG	1	台	合格证
9	安全带	耐重 100kg	30	条	合格证

（3）施工条件

施工面上的物料已清理干净并且无积水，地面较为平整，凸凹高差不大于 200mm。为确保地面的耐力达到 12t/m² 以上（沉降量微），对不同的地基处理应保证：①基础为原地面时，压实度≮95％；②回填土时，灰土配合比≮2∶8，且每隔 500mm 分层必须滚压夯实。③砂石料时，集料≯100mm，并经压实，上垫 250×250 木方；④混凝土地面时，为 C15 的素混凝土，厚度不小于 150mm；⑤混凝土梁基础为 C30 的素混凝土，高×宽＝300mm×250mm。

（4）施工流程

① 基础放样：依照支撑架配置图纸上尺寸标注，正确放样并使用墨斗弹线。

② 检查放样点是否正确。

③ 备料人员依搭架需求数量，分配材料并送至每个搭架区域。

④ 按脚手架施工图纸将调整底座正确摆放。

⑤ 按脚手架施工图纸搭设脚手架。（高处作业人员需配戴安全帽、安全带并临时在架体上铺设脚手板）

⑥ 搭架高程控制检测及架高调整。

⑦ 检查各构件连结点及固定插销是否牢固。

⑧ 各种长短脚手架材料检查是否变形或不当搭接。

⑨ 架设安全网并检查是否足够安全。

5．盘销脚手架的检查

（1）脚手架检查、验收的时间

略

（2）脚手架检查、验收的程序和要求

略

（3）脚手架检查、验收项目

① 检查脚手架斜杆的销板是否打紧，是否平行与主杆；横杆的销板是否垂直于横杆；检查各种杆间的安装部位、数量、形式是否符合设计要求。脚手架的所有销板都必须处于锁紧状态。

② 在设置操作平台的范围，脚手板应在同一步内连续设置，脚手板应铺满，上下两层主杆的连接必须紧密，通过观察上下主杆连接处或透过检查孔观察，间隙应小于 1mm，见图 3-7。

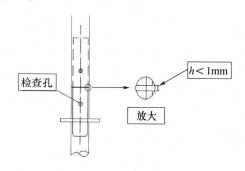

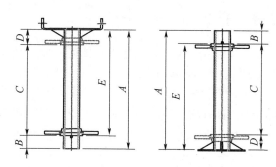

图 3-7　主杆及平主杆连接处的检查　　　图 3-8　U 型顶托和下调整座的调整范围

③ 不配套的脚手架和配件不得混合使用。

④ 悬挑位置要准确，各阶段的横杆、斜杆安装完整，销板安装紧固，各项安全防护到位。

⑤ 脚手架的垂直度与水平度允许偏差应符合表 3-2 的规定要求。

表 3-2　盘销脚手架搭设垂直度与水平度允许偏差

项目		规格	允许偏差
垂直度	每步架	$\phi60$ 系列	$\pm 2.0mm$
	脚手架整体	$\phi60$ 系列	$H/1000mm$ 及 $\pm2.0mm$
水平度	一跨内水平架两端高差	$\phi60$ 系列	$\pm I/1000mm$ 及 $\pm2.0mm$
	脚手架整体	$\phi60$ 系列	$\pm L/600mm$ 及 $\pm2.0mm$

注：H—步距；I—跨度；L—脚手架长度。

⑥ $\phi60$ 系列脚手架的 U 型顶托和下调整座的调整范围如表 3-3、图 3-8 所示。

表 3-3　$\phi60$ 系列脚手架的 U 型顶托和下调整座的调整范围

可调范围 规格长度（mm）		U 型顶托			下调整座		
（A）	（B）	最长（E）	最短（D）	可调距离（C）	最长（E）	最短（D）	可调距离（C）
600	100	500	80	420	500	80	420

7. 盘销式脚手架的安全使用

略

8. 盘销式脚手架的拆除

略

9. 安全管理

略

3.2　组合铝合金模板施工技术

3.2.1　技术简介

铝合金模板自重轻，便于人力倒运；加工精度高，门窗洞口位置尺寸准确，结构成型效果可达到免除抹灰工序，直接刮腻子；一般铝合金模板施工均采用整层浇筑工艺，一个楼层只有 4 道工序：即绑墙、柱钢筋→安装（墙、楼板、楼梯）模板→绑梁、楼板钢筋→浇筑混凝土。工艺简便；具有施工速度快、施工安全、质量可靠、节约设备（塔吊吊次少）、节省人工诸多优点，具有较好的综合经济效益；同时，铝合金模板符合建筑工业化、环保节能的要求。

3.2.2　工程案例

本工程由 1#、2# 住宅楼组成，地下 3 层，地上 30 层。标准层高为 2.9m，建筑高度

88.8m。地下室结构采用胶合板模板，地上标准层，墙、板采用铝模板，施工效果达到清水混凝土质量。

铝合金模板系统选用说明：采用快拆式铝合金模板 65 体系施工，当板厚 100mm 处内墙配模：150mm 楼面 C 槽＋2500 墙板＋100 接高板＋40mm 铝角，内墙其他板厚按需配置；外墙配板：2500mm 外墙板＋100mm 接高板＋300mm（K 板）。铝合金模板构造示意见图 3-9。

楼面系统结构主要包括楼面板、楼面龙骨、转角型材和支顶。墙身系统结构主要包括墙身板、穿墙螺丝、钢背楞、K 架板（图 3-9）。铝型材（型号 6061-T6），钢背楞（Q235）。

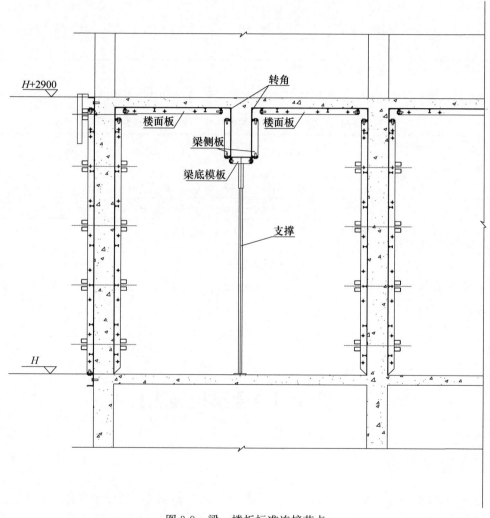

图 3-9　梁、楼板标准连接节点

1. 模板设计

（1）模板分区

本工程为方便设计、安装以及现场组织施工，根据项目实际情况将铝合金模板划分为若干作业区域，按区域进行劳务分组施工。

（2）楼面顶板设计

① 楼面顶板标准尺寸 600×1100mm，局部按实际结构尺寸配置。楼面顶板型材高

65mm，铝板材 4mm 厚。

② 楼面顶板横向间隔≤1200mm 设置一道 100mm 宽铝梁龙骨，铝梁龙骨纵向间隔≤1200mm 设置快拆头。

③ 楼面顶板安装图见图 3-10、图 3-11。

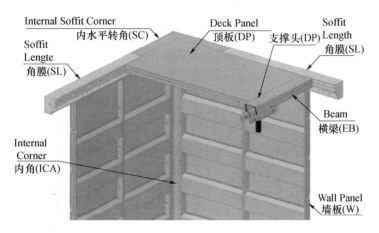

图 3-10　楼面顶板安装示意图

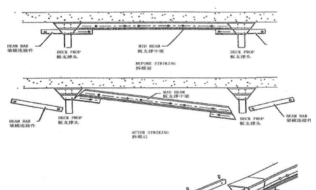

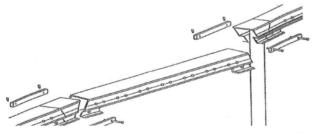

图 3-11　楼面龙骨（横梁）装拆示意图

（3）梁模板设计

① 梁模板按实际结构尺寸配置。梁模板型材高 65mm，铝板材 4mm 厚。

② 梁截面宽度小于等于 400mm，梁底设单排支撑，梁底支撑间距 1200mm，梁底中间铺板，梁底支撑铝梁 100mm 宽，布置在梁底。

③ 梁截面宽度大于 400mm，梁底设双排支撑，梁底支撑间距 1200mm，梁底中间铺板，梁底支撑铝梁 100mm 宽。

④ 梁模板安装节点大样见图 3-12、图 3-13：

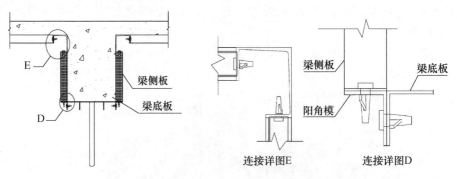

图 3-12　梁底单排立杆　　　　　　　图 3-13　连接详图

（4）墙模板设计

① 本工程墙板模板标准尺寸 400×2500mm。内、外墙超出标准板高度的部分，制作加高板与标准板上下相接。墙模板型材高 65mm，铝板材 4mm 厚。

② 外墙顶部加一层 300mm 宽的模板，起到楼层之间的模板转换作用。

③ 墙模板处需设置对拉拉杆，其横向设置间距≤800mm、纵向设置间距≤900mm。对拉拉杆起到固定模板和控制墙厚的作用。

④ 墙模板背面设置有背楞，背楞竖直方向设置间距≤900mm。背楞材料为矩形钢管。本工程内墙面设置 4 道背楞，背楞竖直间距 250＋450＋700＋800mm，外墙加设第五道背楞（图 3-14）。

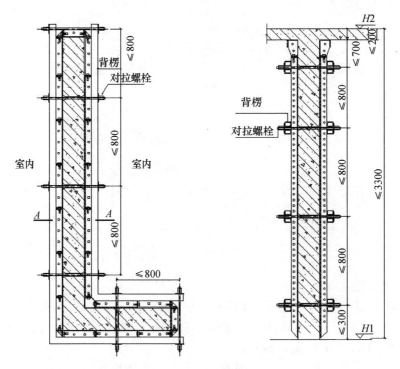

图 3-14　墙模设计

　　⑤ 本工程在第 1 道和第 4 道背楞上加装可调斜撑，用来调整墙面竖向垂直度，斜撑间距根据墙面长度来定，间距应≤2000mm，见图 3-15。

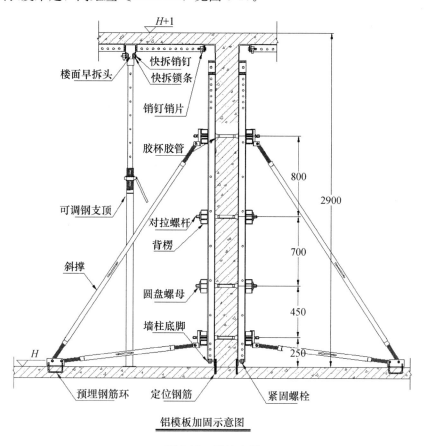

铝模板加固示意图

图 3-15　墙体支撑

（5）楼梯模板设计

　　① 楼梯模板包括踏步模、底模、底龙骨、墙模、狗牙模及侧封板等组成部分，见图 3-16、图 3-17。

图 3-16　楼梯模板

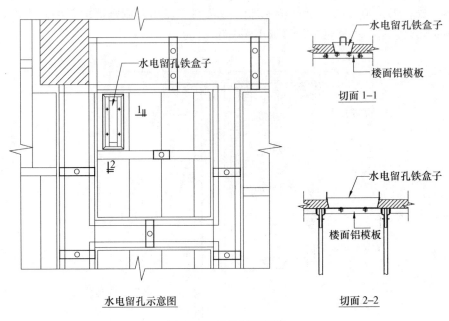

图 3-17 楼梯异形模板

（6）飘窗模板设计

铝模板位置准确的优越性以及对混凝土结构观感的表达，在飘窗部位可以得到集中体现，故飘窗位置模板均全部配置。

（7）本工程特殊部位的模板设计处理

① 沉降板处的设计处理

当沉降高度小于 100mm 时，采用角铁或者方钢来做吊模；当沉降高度大于 100mm 时，采用铝模来做吊模，吊模使用时需用吊架将吊模吊起至指定高度。

② 电梯井、采光井等位置的设计处理

电梯井、采光井等位置根据外墙板来配模，需要注意的是其上方需用角铁或者槽钢对其加固，以保证电梯井尺寸。

③ 不规则梁的设计处理

不规则梁处多采用的是异形板，异形板设计时应尽量避免零散化、尖角化的设计，以方便施工安装以及保证加工拼装精度。

④ 预留孔洞的处理见图 3-18。

（8）支撑系统设计

① 本工程在使用铝合金模板施工时，配置铝合金模板 1 套，楼面支撑 3 套，梁底支撑 3 套，悬挑支撑 4 套。

② 本工程标准层层高 2.9m，支撑系统选用工具式钢支柱。

2. 模板安装

（1）施工流程

放墙柱位线→标高抄平→安装墙柱模板→安装背楞→检查垂直度及平整度→安装梁模板→安装楼面模板→检查楼面平整度及复核墙柱垂直和平整度→楼板、楼梯、阳台、雨篷绑

传料预留孔

图 3-18　预留孔

扎钢筋→混凝土浇筑。

铝合金楼板模板，板底支撑立杆间距一般不大于 1.3m，故混凝土强度达到 50% 即可拆除板底模（支撑保留不拆）；梁底支撑立杆间距 1.2m，混凝土强度达到 75% 即可拆除梁底模（支撑保留不拆）；支撑拆除时，混凝土强度应满足规范规定的拆模强度要求：

（2）安装模板

初始安装模板时，可把 50mm×18mm 的木条用钉子固定在混凝土面上直到外角模内侧，以保证模板安装对准放样线。所有模板都是从角部开始安装，这样可使模板保持侧向稳定。

安装模板之前，需保证所有模板接触面及边缘部已进行清理和涂油。当角部稳定和内角模按放样线定位后继续安装整面墙模。为了拆除方便，墙模与内角模连接时销子的头部应尽可能地在内角模内部。

封闭模板之前，需在墙模穿墙螺杆上预先外套 PVC 管，同时要保证套管与墙两边模板面接触位置准确，以便浇筑混凝土后能收回对拉螺丝。当外墙出现偏差时，必须尽快调整至正确位置，这只需将外墙模在一个平面内轻微倾斜，如果有两个方向发生垂直偏差，则要调整两层以上，一层调整一个方向。不要尝试通过单边提升来调整模板的对齐。

（3）墙柱板的安装

安装墙柱模板有两种方法，即"双模"及"单模"安装。外围墙体和大面积区域通常采用双模法安装，中间间墙等小面积区域采用单模法安装。外墙双模法施工，在外墙后变形缝外墙、电梯洞口等处，可将外墙模板连成整体采用塔吊整体吊装的方式提高施工速度。

① 在"双模安装"方法，即成对的模板先用对拉螺丝和销子连接，后一组模板用销子、楔子与前一组相连。

② 单模安装较之双模安装的优点：

a. 单边模板闭合成方形空间，有错误时，调整单面模板比调整双面模板要方便。

b. 如果钢筋挡住对拉螺丝，因为可以看见，所以易于纠正，从而不耽误模板安装。

c. 当模板封闭时，能够第一时间开始楼板模的安装。

要特别注意电梯井处，因为其四周的模板必须正确地安装在下层的平模外围护板上，保证平模外围护板水平以不影响电梯井的垂直度。墙的端部和门洞开口处模板应用木条定位在混凝土板上，墙模板需要拉线保持安装平整并且用木板定位在混凝土地板以挤紧其底部。

（4）安装顶板模

安装墙顶边模和梁角模之前，在构件与混凝土接触面处涂脱模剂。

墙顶边模和边角模与墙模板连接时，应从上部插入销子以防止浇筑期间销子脱落。安装完墙顶边模，即可在角部开始安装板模，必须保证接触边已涂脱模剂。

每排第一块模板已与墙顶边模和支撑梁连接。第二块模板只需与第一块板模相连，（通常两套销子就够了）。

第二块模板不与横梁相连是为了放置同一排的第三块模板时有足够的调整范围，把第三块模板和第二块模板连接上后，把第二块模板固定在横梁上。用同样的方法放置这一排剩下的模板。

可以同时安装许多排，铺设钢筋之前在顶板模面上完成涂油工作。顶板安装完成以后，应检查全部模板面的标高，如果需要调整则可在支撑杆底部加垫块调整水平度。

（5）安装平模外围护板

在有连续垂直模板的地方，如电梯井、外墙面等，用平模外围护板将楼板围成封闭的一周并且作为上一层垂直模板的连接组件。

第一层浇筑混凝土以后，二层平模外围护板都是必须安装的，一个作用是固定在前一层未拆的模板上，另一个作用是固定墙模的上部围成楼板的四周。浇筑完混凝土后保留上部平模外围护板，作为下层墙模的起始点。平模外围护板与墙模板连接：安装平模外围板之前确保已进行完清洁和涂油工作。在浇筑期间为了防止销子脱落，销子必须从墙模下边框向下插入到平模外围护板的上边框。平模外围护板上开 26mm×16.5mm 的长形孔，浇筑之前，将 K 板预埋锥体安装在紧靠槽底部位置，这些螺栓将锚固在凝固的混凝土里。浇筑后，如果需要可以调整螺栓来调节平模外围护板的水平度，也可以控制模板的垂直度。

3. 模板拆除

（1）拆除墙模之前保证以下部分已拆除：

① 所有钉在混凝土板上的垫木；②横撑；③竖直钢楞；④所有模板上的销子和楔子都已拆除；⑤在外部和中空区域拆除销子和楔子时要特别注意安全问题。

（2）拆除梁、板模板

拆除工作开始之前应架设工作平台以保证安全。拆除钢木模板及全钢板梁时至少要两人协同工作。每一列的第一块模板被搁在墙顶边模支撑口上时，要先拆除邻近模板，然后从需要拆除的模板上拆除销子和楔子，利用拔模具把相邻模板分离开来。在没有板梁而模板是从一墙跨到另一墙的地方，要先拆除有支撑唇边的墙顶边模。只能拆除有拆除标志部件的销子和楔子。严禁站立施工面，粗暴拆模，保护模板整体平整及边框。

楼板模板比墙模与混凝土接触时间更长，除非浇筑之前有适当的清洁和涂油工作，否则顶模更不容易脱开。拆除下来的模板应立即进行清洁工作。

（3）拆除支撑杆

拆除每个支撑杆时，用一只手抓住支撑杆后用木槌沿支撑梁方向打击支撑杆下部。

（4）拆除平模外围护板（K 板）

只拆除与墙模板下部相连的平模外围护板，上部平模外围护板不拆除而用于支撑下一层的墙模。墙模拆除以后，去除锚固螺栓，拆下下层平模外围护板，然后进行清洁和涂油工作，以备下次使用。锚固螺栓每次使用后都要用钢刷清洁，每一层平模外围护板都跨层使用。

其余施工管理措施与常规模板施工差异不大。（略）

3.3　预制节段箱梁模板技术

3.3.1　技术简介

预制节段拼装钢筋混凝土箱梁的施工技术上个世纪首先出现在欧美，20 世纪 80 年代首次被引到香港，90 年代开始，香港的大部分桥梁都是采用预制节段拼装施工技术，并且结构型式呈复杂多样化趋势。由于该施工技术有着较好的经济效益和美学效果，逐渐推广到世界各地。我国最早采用预制节段逐跨拼装施工工法建成的桥梁是福州洪塘大桥 31m ×40m 的预应力混凝土连续箱梁桥，该桥于 1990 年建成。2001 年建成的上海浏河大桥，以及之后建成的上海沪闵高架二期工程、苏通大桥和广州轨道交通四号线等工程相继采用预制节段拼装法施工工艺。

3.3.2　技术案例

预制节段拼装箱梁模板设计与制造

1. 工程概况

××市快速公交系统（BRT）一号线为全线高架桥。本工程下部结构采用钻孔灌筑桩基础、矩形承台、圆弧形墩身；上部结构为预制拼装箱梁、现浇箱梁及钢箱梁三种型式，其中预制拼装梁为单箱单室箱梁。箱梁的梁顶面宽度为 9.8m，底板宽度 4.45m，翼缘悬臂长 2m；顶板厚度 28cm，底板厚度为 25cm，翼缘端部高 18cm；腹板厚度 40～60cm，腹板斜度 2∶1，梁段预制节段长度有 2.5m、3m、3.25m 三种，采用密齿型剪力键。预制节段箱梁断面尺寸如图 3-19 所示。

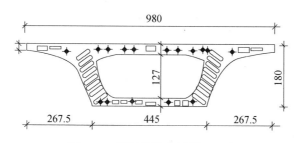

图 3-19　预制节段和梁断面尺寸

2. 节段拼装箱梁模板系统设计

根据本工程节段箱梁预制采用长线短线匹配的工艺原则，以桥梁混凝土箱梁节段特征值为设计依据。通过对国内外同类模板系统的分析与研究，充分借鉴和融合其技术优势，同时充分考虑互换性，还着重考虑了对目前我国大型桥梁施工现有配套设备、施工工艺和施工技术特点的适应性，以及本系统的制造、使用等相关技术经济性进行设计。混凝土箱梁节段预制模板系统由外侧及侧模支架、端模、1 号块封端模、内模及内模滑动支架、1 号块内模、底模、可调撑杆，液压调整系统等组成。设计应考虑：底模、侧模立模时垂直于端模设置；底模在调整到位后支撑点应转换到底模支腿上；内模采用内模台车沿轨道进行纵向的水平移动，内模采用全液压控制系统进行安拆模板；侧模设翼缘挡板支架及底部对拉杆来平衡混凝土浇筑时的水平推力。本工程的预制台座设计为：1 号块为短线匹配台座，其余均采用长线匹配台座。

（1）外侧模及外侧模支架

外侧模及外侧模支架的设计应考虑：①模板及支模件具有足够的刚度、强度，确保预制混凝土箱梁外形尺寸准确，外观线形平滑光顺；②操作方便，功效高，有可靠的安全性；③易于保养及维修。采用有限元法对外侧模及外侧模支架进行设计，外侧模及外侧模支架系统示意图见图 3-20。

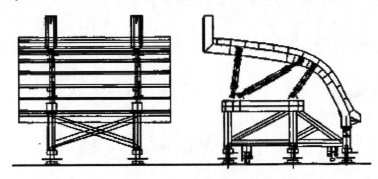

图 3-20　外侧模及外侧模支架系统示意图

（2）端模

端模作为整套模板系统的参数采集基点，其主要功能为：①在箱梁节段预制施工时，作为整套系统的箱梁整体拼装的数据采集基准；②在浇筑混凝土时，承受待浇节段混凝土的侧压力等施工荷载。

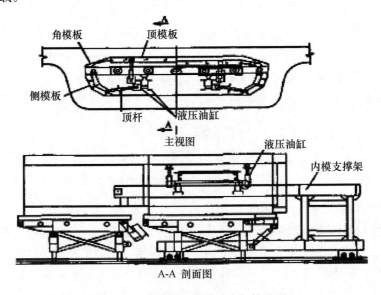

图 3-21　内模及内模滑动支架构造图

（3）内模及内模滑动支架

内模及内模滑动支架的设计需满足：①梁截面尺寸变化的需要；②轴向尺寸变化的需要；③下载空间模板安装就位、支撑、脱模的需要；④结构简单、操作方便。内模设计成小块的组合模板，组合模板分为标准块和异型块，根据各节段预制需要进行组合。

为此，设计的内模及内模滑动支架构造见图 3-21。当端模、底模、侧模及钢筋笼调整到位后，通过内模滑动支架将内模移入钢筋骨架内腔，然后利用安装在滑动支架托梁上的液压系统将内模展开并定位，最后安装可调撑杆固定内模。

（4）底模

底模由标准底模组成，标准底模底部有两个相对的调节支撑座。

（5）坡度垫块

坡度垫块用于在底模底部相对两个支撑架中，用来调整每跨梁的曲线要求。

（6）液压系统

本套模板内模液压系统设计是应考虑可随着整个支架移动。同时要求油缸动作同步，防止模板倾斜。

3. 预制工艺流程及质量控制要点

本模板系统以固定底模为基准，其他各部件的空间位置采用全站仪测量确定；内模及匹配节段位置的调节，有液压调整系统实施；支模件为可调撑杆，各模板位置调整就位后，锁紧可调撑杆，可调撑杆是承力部件，在浇筑混凝土过程中限制住各模板的变位，确保其位置准确。

（1）箱梁预制工艺流程

箱梁预制工艺流程图见图 3-22。

（2）节段预制箱梁预制质量验收标准

模板加工精度控制标准及模板质量验收标准（略）。

（3）节段箱梁预制质量控制要点

本工程质量标准高，国内无相应的设计和验收标准，故设计单位采用了欧洲的现行质量控制标准和国内铁路建设的部分标准，并根据业主要求对外观质量控制提出了更高的要求。要达到这些标准要求，除每一个工序都要严格把关外，还必须要求硬件条件足够先进，节段液压模板、三维控制软件、架桥机的设计先进性和使用的高效率等。

预制的技术、质量、管理水平要求非常高，必须控制好各道工序的技术质量关，以确保工程的实施。

（4）模板制作与安装

模板制作的质量直接关系着节段箱梁的预制质量，所以模板制作应选择具有丰富经验、信誉良好的专业厂家，其质量必须符合国家相关钢结构加工验收标准。

4. 模板安装

模板安装程序为：模板出厂前试拼装→模板到场后正式拼装→验收合格→交付使用。模板安装顺序为：固定端模系统→底模系统→侧模系统→移动端模系统→内模系统。模板安装前需先在基础预埋件上放样模板的安装控制轴线，然后依次安装模板并进行临时固定。根据模板安装精度要求调校模板，经检测合格后，与台座上基础预埋件固定。模板安装精度控制标准（略）。

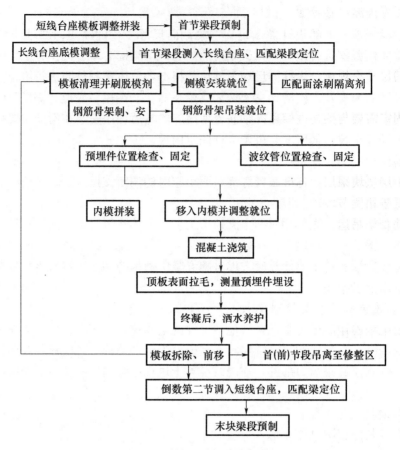

图 3-22　箱梁预制工艺流程图

5. 钢筋工程

钢筋工程工作内容包括：钢筋骨架绑扎、预应力管的安装、钢筋保护层垫块安装、钢筋骨架吊装入模等。

（1）钢筋骨架绑扎

为了加快施工进度，避免钢筋绑扎时对已安装模板的污染，箱梁节段钢筋采取先绑扎成型、再整体吊装入模的方式进行。钢筋在专用加工场制作成半成品，编号分类堆存。钢筋绑扎在固定的装配架上进行。钢筋绑扎时，实行在台座上定点放样绑扎，钢筋骨架的几何尺寸、钢筋型号、数量、规格、等级、间距及搭接长度及钢筋接头位置均须满足设计及规范要求。

（2）预埋管的安装、定位

在钢筋绑扎的同时，进行所有预埋管的埋设。主要包括：体内预应力波纹管（锚垫板）的埋设、预制节段临时吊点预埋件、预制节段临时预应力预埋件、架桥机所需埋件、其他附属设施预埋件及通风孔、排水孔的埋设。预埋管进场时，核对其类别、型号、规格及数量，并对其外观、尺寸等进行检验。安装时，要准确定位，管道要平顺，按设计给定的曲线要素安设，采用"♯"字型钢筋定位，直线段定位筋按 0.8m 的间距设置，曲线段适当加密。锚垫板与管道中心线垂直。垫板与波纹管接头处用胶带严密包裹，防止混凝土浇筑时漏浆，堵塞管道。为了保证波纹管位置及对接口的准确，波纹管与固定端模之间采用锥形硬塑料封堵，并用封口胶带密封，硬塑料塞通过螺栓锚固在固定端模上，固定端模上的螺栓孔根据设计图纸准确放样。波纹管与匹配梁间 PPR 管道连接，并用封口胶带密封。预埋件埋设前应检查预埋件的尺寸、规格、焊缝质量是否满足其技术规范。安装时进行测量放样，确保位置准确。

预埋件固定需要与钢筋骨架逐件可靠地焊接。同时对埋件的外露面按设计要求进行防护处理。

（3）钢筋保护层垫块安装

钢筋保护层垫块采用梅花形布置。垫块表面应保持洁净、无污染，颜色与结构混凝土一致，强度不低于箱梁节段预制混凝土强度。

（4）钢筋骨架吊运、入模

绑扎成型的钢筋骨架经验收合格后即可吊装入模，入模时应检查各预应力管道的堵头塑料塞有无松动或掉落。对于不能及时入模浇筑混凝土的钢筋骨架要用彩条布或其他覆盖物遮盖，防止日晒雨淋后生锈。

6. 混凝土施工

（1）混凝土配合比的要求

① 混凝土坍落度：底板 140～160mm、腹板及顶板 160～180mm，1h 后坍落度损失小于 20mm；②初凝时间大于 8h，终凝时间小于 14h；③48h 强度大于 40MPa（蒸汽养护）；④混凝土和易性、保水性及流动性良好，外观气泡较少，特别不能泌水。

（2）混凝土浇筑

①材料计量应准确，配料计量允许偏差应满足 JTJ 041—2000 规定；②砂石含水量应及时、准确的检测，严格控制施工水胶比；③混凝土搅拌时间应满足 JTJ 041—2000 规定，保证加掺合料的混凝土拌合程度；出厂混凝土必需检测混凝土坍落度，保证坍落度稳定一致，和易性良好；④混凝土拌合物运至浇筑地点时的温度应满足 CB 50164—92 规范要求；⑤混凝土浇筑应连续一次成型，各层混凝土不得间断，并应在前层或前段混凝土初凝之前；⑥将次层或次段混凝土浇筑完毕。操作人员需要休息，间隔时间在气候干燥、气温较高时，不应超过 30min；⑦混凝土浇筑后及时进行养护，确保混凝土浇筑质量。

7. 施工效果

采用预制节段拼装钢筋混凝土箱梁的施工技术，工程质量好，造价低，现场无需模板支架，无需大量现浇混凝土，无粉尘及无噪声，对城市的交通和周边环境影响小，桥梁线型优美。

3.4　管廊模板技术

3.4.1　技术简介

管廊结构一般是现浇或预制拼装的钢筋混凝土结构。施工方式根据环境条件可采用明挖或暗挖施工。明挖现浇施工管廊可采用水平移动的隧道模、钢制大模板或散支散拼的组合钢模板、铝模板；暗挖可采用盾构、隧道模等。

现浇混凝土管廊施工可采取：底板、墙板、顶板分别浇筑混凝土施工（三次成型）；或浇筑完底板后、墙板和顶板一起浇筑施工（两次）。考虑到混凝土收缩变形问题，现浇混凝土管廊施工宜采用跳仓施工方式；为加快模板周转，减少模板隧道内转运，管廊模架宜采用早拆技术。

3.4.2 技术案例

×××大道综合管廊散支散拼模板施工方案

1. 工程概况

综合管廊设计为三仓矩形断面，高压仓（净宽×净高）尺寸为 2.6m×3.2m，中压仓尺寸为 2.8m×3.2m，综合仓尺寸为 4.8m×3.2m；高压仓布置于最西侧，高压线路回数为 4 回 220kV 电力＋6 回 110kV 电力；中压仓内管线为 32 孔 10kV 电力，24 孔通信，通信下方预留 DN400 管道；综合仓管线为一根 DN1200 给水，一根 DN400 配水，3 根 DN300 再生水，预留一根 DN700 能源管道。

全线设投料口、通风口、出线井、交叉口及逃生口等附属结构，管廊主体结构安全等级为一级，防水等级为二级，抗震等级为二级，结构裂缝控制等级为三级，混凝土裂缝控制标准≤0.2mm，混凝土结构环境类别为二 b 类，设计使用年限为 100 年。综合管廊标准断面见图 3-23。

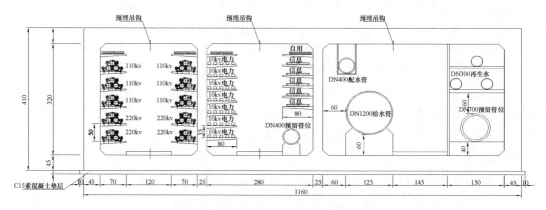

图 3-23 综合管廊标准断面图

2. 模板设计

××大道南二段综合管廊标准断面顶板厚度 0.45m，支架上部施工总荷载为 19.5kN/m²，集中线荷载为 29.3kN/m，属高大模板支架工程。全线设投料口、通风口、出线井、交叉口、逃生口等附属结构，附属结构顶板厚度有 0.3m、0.35m、0.4m、0.5m、0.55m、0.7m、1.0m 等；杭州路节点管廊顶板厚度有 0.6m、0.65m、0.7m、0.8m、0.95m、1.0m 等；结合项目进度、质量、成本等因素综合考虑（模板施工经济对比见表 3-4），承重支架采用多种布置形式。

表 3-4 管廊施工各类模板综合对比

项目	木模板	钢模板	铝合金模板	长纤维复合塑料模板
面板材料	15mm 厚覆膜胶合板	5mm 厚钢板	4mm 厚铝板	5.4mm 厚面板
模板厚度	15mm	55mm	65mm	80mm
模板重量	12kg/m²	70.6kg/m²	25kg/m²	15kg/m²
承载能力	30kN/m²	30kN/m²	60kN/m²	60kN/m²
环保节能	不环保、不节能	需熔炉和焊接	需熔炉和焊接	绿色环保、低碳节能
循环再生	不可再生	可循环再生但成本高	可循环再生但成本高	可循环再生成本低
周转次数	2~3 次	60 次	80 次	40~60 次
施工难度	易	较难	易	易
维护费用	低	较高	高	低
劳务资源	无需机械配合，现场开料加工，工人技术水平要求高	需要少量机械配合，模板笨重，搬运困难，难以操作	无需机械配合地，现场组合拼装	无需机械配合，简易式拼装，少量人工即可轻松操作
施工效率	中	低	高	高
成型效果	表面粗糙、易漏浆、错台、鼓胀等	表面粗糙、精度差、易漏浆	平整光洁，可达饰面及装饰清水要求	平整光洁，可达饰面及装饰清水要求
产品特点	不导电、吸水发涨、起皮、高温变形，材料浪费现象严重	易导电、易锈，每次施工前需进行打磨，变形后难校模	易导电，变形现象严重，易与混凝土发生反应，气泡多	安全绝缘、耐酸、耐碱、耐高温、防潮、轻质高强、尺寸精确不易变形

（1）顶板支架体系设计见表 3-5。

表 3-5 顶板支架体系设计

顶板厚度 H	立杆横距 L_a（m）	立杆纵距 L_b（m）	立杆步距 h（m）	备注
（$H \leqslant 0.3$m）	0.9	1.2	1.2	管廊标准断面根据管廊结构设计，立杆横距 L_a 采用 0.6m、0.65m、0.7m 三种。
（0.3m$< H \leqslant$0.7m）	0.6	0.9	1.2	
（0.7m$< H \leqslant$1.0m）	0.6	0.6	1.2	

注：管廊标准断面支架为满堂搭设，钢管采用 $\phi 48 \times 3.5$mm 扣件式钢管作为支架体系。

（2）顶板模板体系设计见表 3-6。

表 3-6 顶板模板体系设计

顶板厚度 H	主龙骨	次龙骨	模板厚度（mm）	备注
（$H \leqslant 0.3$m）	100×100mm 方木，布置间距 0.9m	100×50mm 方木，布置间距 0.3m	12	模板厚度为实际有效厚度，采用复合模板。
（0.3m$< H \leqslant$0.7m）	100×100mm 方木，布置间距 0.6m	100×50mm 方木，布置间距 0.25m	15	
（0.7m$< H \leqslant$1.0m）	100×100mm 方木，布置间距 0.6m	100×50mm 方木，布置间距 0.2m	18	

（3）侧墙、隔墙模板体系设计见表 3-7。

表 3-7　侧墙、隔墙模板体系设计

工程部位	竖向背楞	横向背楞	模板厚度（mm）	拉杆	备注
管廊侧墙	100×50mm 方木，布置间距 0.25m	⊏ 8 槽钢，布置间距 0.45m	15	M14，布置间距 0.45×0.45m	止水螺杆
管廊隔墙	100×50mm 方木，布置间距 0.3m	⊏ 8 槽钢，布置间距 0.45m	15	M14，布置间距 0.6×0.6m	对拉杆

3. 模板施工

（1）模板施工流程

支架搭设→安装可调顶托→放主龙骨→放次龙骨→铺复合板→模板校正→安装预埋件或设置预留洞→面板清理→模板验收

（2）模板安装要求

复合板使用前应根据图纸量好尺寸，锯过的复合板侧面锯口要刷封边油漆。顶板与梁（墙）相交部分，将多层板边贴好密封条后与墙体顶紧、挤死，防止漏浆。

顶板拼缝采用硬拼法，量好尺寸。板的拼缝宽度不得大于 1mm，复合板要用 50mm 的钉子按间距 300mm 钉牢在次龙骨上。板面翘曲的要在翘曲部位加钉子。

通过调整可调顶托来校正顶板标高，用靠尺找平，将小白线拴在钢筋上的标高点上，拉成十字线检验板的平整。

涉及施工缝的地方，模板安装前必须对混凝土结合面进行凿毛处理，以保证混凝土结合良好。所有模板安装、加固应牢固，接缝严密不漏浆，模板的竖直度和平整度应符合规范要求。

（3）模板安装及拆除

① 模板加工

模板加工完毕后，必须经过项目经理部技术负责人、施工员、质检人员验收合格后方可使用。对于周转使用的胶合板，如果有飞边、破损模板必须切掉破损部分，然后封面加以利用。

② 模板存放

模板进场后，必须堆放在模板加工场，加工场分为加工场所与木料堆场两个部分，模板堆放应整齐、稳固，按各种模板成品、半成品、废品等分门别类堆放，做到成垛、成堆、成捆并挂牌注明。模板加工场地面为硬地坪（混凝土地面），堆放时模板底部必须垫上枕木，以便塔吊吊运时方便穿绳。

③ 模板拆除

侧墙混凝土强度达到 2.5MPa 后才能拆除侧模（混凝土强度采用回弹仪检测确定），顶板底模待混凝土强度达到设计混凝土强度 75% 以上时才能拆除（支撑跨度不大于 8m），模板安装、拆除应经监理工程师同意，拆除的模板应清理干净、分类堆码整齐，严禁乱丢。

（4）模板验收

（略）

4. 模板支架施工

（1）支架材料要求

满堂扣件式支架采用 $\phi 48 \times 3.5 mm$ 钢管。

钢管进场后检查其使用材料质量说明、证明书及产品合格证，确保其钢管材料符合规范要求。

钢管架搭设前均需要对其规格、壁厚、长度、外观等进行检查，检查是否存在缺陷，是否能满足使用要求，若杆件损坏，有严重锈蚀、压扁或裂纹的不得使用。禁止使用有脆裂、变形及滑丝等现象的扣件。

支架严禁钢竹、钢木混搭，禁止扣件、绳索、铁丝、竹篾以及塑料混用。

使用的扣件必须 100% 检查，是否有裂纹、砂眼等质量缺陷，有缺陷的一律弃用。

（2）支架搭设

在支架搭设前先要测量定出结构中心线，以该中心线对称向两端搭设支架，搭设工作至少两人配合操作。

立好横向内外侧两根立杆，装好两根横向水平杆，形成一个方框。一人扶直此方框架，另一个人将纵向水平杆一端插入已立好的立管最下面一个扣件内，另一端插入第三根立管下扣件内，装上横向水平杆，形成一个稳定的方格。

（3）剪刀撑设置

纵向方向每隔 4～6m 设置一道剪刀撑，横向方向每个仓室设置一道剪刀撑；剪刀撑的斜杆除两端用旋转扣与支架立杆或大横杆扣紧外，其中间还应增加 1～2 个扣结点。支架顶部设置可调托撑，底部应根据管廊纵坡采用垫木进行调平。

（4）支架搭设要求

架子地基应平整结实，加设支架垫板，垫板宜采用长度不少于 2 跨，厚度不小于 100mm 的木垫板。

严格按照规定的构造尺寸进行搭设，控制好立杆的垂直偏差和横杆的水平偏差，并确保节点联接达到要求。

横向、纵向扫地杆应单独设置，不准用底部钢管代替，扫地杆距离底板顶面为 20cm。

现场支架搭设和拆除应符合《建筑施工扣件式钢管支架安全技术规范》（JGJ 130—2001）的相关规定，支架扣件必须拧紧。支架搭设、拆除应经监理工程师同意，支架拆除遵循先支后拆、后支先拆、自上而下、动作协调的原则进行拆除。拆除的支架应分类堆码整齐，严禁乱丢。

（5）支架监控量测

支架搭设完成后要对支架的沉降、变形和位移进行监测，及时反映出支架的安全使用状态。沿支架纵向每 15～30m 设置一监测断面，每个监测断面布设 2 个支架水平位移监测点、3 个支架沉降观测点和 3 个地基稳定性沉降观测点；监测点设于支架两侧及中部和受力较薄弱的位置。

（6）支架拆除

① 由于顶板荷载较大，在顶板强度没有达到 100%，不得拆除支架。

② 架体拆除前，必须察看施工现场环境，包括架空线路、地面的设施等各类障碍物，根据检查结果，拟订出作业计划，进行技术交底后才准工作。

③ 拆除支架时，由上向下逐步拆除。先将顶托松开，将模板挪出支架，人工将模板倒运至施工范围外。依次拆除方木、顶托、横杆和立杆。各种材料要人工向下传递，轻放于地面，不得扔抛杆件。

④ 拆架时应划分作业区，周围设绳绑围栏或竖立警戒标志，地面应设专人指挥，禁止非作业人员进入。

⑤ 拆除时要统一指挥，上下呼应，动作协调，当解开与另一人有关的结扣时，应先通知对方，以防坠落。

⑥ 拆架时严禁碰撞支架附近电源线，以防触电事故。

⑦ 每天拆架下班时，不应留下未拆完而留有隐患部位。

3.5 3D打印装饰造型模板技术

3D打印装饰造型模板采用聚氨酯橡胶、硅胶等有机材料，打印或浇筑而成，有较好的抗拉强度、抗撕裂强度和粘结强度，且耐碱、耐油，可重复使用 50～100 次。通过有装饰造型的模板给混凝土表面作出不同的纹理和肌理，可形成多种多样的装饰图案和线条，利用不同的肌理显示颜色的深浅不同，实现材料的真实质感，具有很好的仿真效果。

3.5.1 技术内容

（1）3D打印装饰造型模板是一个质量有保证而且非常经济的技术，它使设计师、建筑师、业主做出各种混凝土装饰效果。

（2）3D打印装饰造型模板通常采用聚氨酯橡胶、硅胶等有机材料，有较好的耐磨性能和延伸率，且耐碱、耐油，易于脱模而不损坏混凝土装饰面，可以准确复制不同造型、肌理、凹槽等。

（3）通过装饰造型模板给混凝土表面作出不同的纹理和肌理，利用不同的肌理显示颜色的深浅不同，实现材料的真实质感，具有很好的仿真效果；如针对的是高端混凝土市场的一些定制的影像刻板技术造型模板，通过侧面照射过来的阳光，通过图片刻板模板完成的混凝土表面的条纹宽度不一样，可以呈现不同的阴影，使混凝土表面效果非常生动。

（4）3D打印装饰造型模板特点：

① 应用装饰造型模板成型混凝土，可实现结构装饰一体化，为工业化建筑省去二次装饰。

② 产品安全耐久，避免了瓷砖脱落等造成的公共安全隐患。

③ 节约成本，因为装饰造型模板可以重复使用，可以大量节约生产成本。

④ 装饰效果逼真，不管仿石、仿木等任意的造型均可达到与原物一致的效果，从而减少了资源的浪费。

3.5.2 技术指标

3D打印装饰造型模板技术指标见表 3-8。

表 3-8 主要技术指标参数

主要指标	1 类模板	2 类模板
模板适用温度	+65℃内	+65℃内
肌理深度	>25mm	1~25mm
最大尺寸	约 1m×5m	约 4m×10m
弹性体类型	轻型 $\gamma=0.9$	普通型 $\gamma=1.4$
反复使用次数	50 次	100 次
包装方式	平放	卷拢

3.5.3 适用范围

通过 3D 打印装饰造型模板技术，可以设计出各种各样独特的装饰造型，为建筑设计师立体造型的选择提供更大的空间，混凝土材料集结构装饰性能为一体，预制建筑构件、现浇构件均可，可广泛应用于住宅、围墙、隧道、地铁站、大型商场等工业与民用建筑，使装饰和结构同寿命，实现建筑装饰与环境的协调。

3.5.4 工程案例

2010 世博上海案例馆、上海崇明桥现浇施工、上海南站现浇隔声屏、上海青浦桥现浇施工、上海虹桥机场 10 号线入口、上海地铁金沙江路站、杭州九堡大桥、上海常德路景观围墙及花坛、上海野生动物园地铁站、世博会中国馆地铁站、上海武宁路桥等。

3.5.5 3D 打印技术在建筑工程领域应用展望

建筑工程应用 3D 打印技术，借鉴其他行业研发结果，采用比较容易实施的油墨材料——聚氨酯橡胶、硅胶等有机材料，打印（或浇筑）装饰造型模板，相对比较容易实现，这是一个可喜的开端。3D 打印在建筑工程上的应用，不仅仅囿于模板，其和 BIM 相结合，个人认为是把建筑产品从"手工制品"转变为"工业产品"，促使建筑行业最终走上工业化的根本方向和必由之路，当然会有很长一段路要走。

"3D 打印"学名为"快速成型技术"，也称为"增材制造技术"。在工业制造领域，是一种不再需要传统刀具、夹具和机床，直接从原材料生成任意形状的零件、物品，即：根据零件或物体的三维模型数据通过成型设备以材料累加的方式制成实物模型的技术。只要一台打印机，配上相应软件，从设计到制造就可以一步完成。3D 打印也被称为推动"第三次工业革命"的重要力量。

传统的成品模型通过机械切割、手工等方式制造，在精度和表现形式上有一定局限性，而使用 3D 打印机，不管多么复杂的设计模型，只要有相关的三维数据，3D 打印机都可以精确地制造出来，而且速度要快很多。3D 打印的好处就是可以将计算机中的设计精确转化为实体，甚至直接制造零件或模具，一次成型整体样件。这不仅大大降低了制造的门槛和时间周期，同时也能够更好地满足消费者个性化、定制化的需求。理论上产品质量波动为零，制造过程中没有材料损耗。

要实现 3D 打印还需要克服很多困难，3D 打印技术擅长解决个性化、复杂化、高难度的生产技术。目前 3D 打印建筑的（油墨）材料大部分是特种混凝土，很难有钢筋、石材，钢构，这就要求在设计时要考虑材料的特性。并且由于 3D 打印施工是用喷头或者立体喷头输送材料，设计还要符合受力和机器成型的特点。除此之外舒适性、安全性以及相关建筑标准等问题也不容忽视，因此目前现有的建筑设计系统几乎都不能直接搬来运用，必须要重新建立一套符合 3D 打印要求的建筑设计体系。

在 3D 打印建造设备方面，国内外目前也没有成熟的商品可以使用，所应用的设备基本上还是打印产品要位于打印机框架范围之内。"建筑打印需要精度与自动化，相当于把现在的自动机床和建筑机械结合起来，实现建筑打印的'机器手'。这对于我国的制造工业，尤其是大型机床的制造工业是个很大的挑战，目前还是空白。建筑工程的多样性、建造高、面积大的特点，现场操作便于移动的产品要求，都会促使 3D 打印建造设备小型化、移动灵活，打印油墨也会从既满足建筑结构装饰要求，又能适应机具功能的角度进行研发。

在建筑材料方面，3D 打印的要求也非常高。3D 打印的速度很快，对材料凝固时间要求非常短，传统的建筑材料难以满足需求，需要专门研究开发，目前还只限于在实验室中使用。

目前无论是国内还是国外，3D 打印建筑都还停留在实验室阶段，国内 3D 打印企业在建筑领域的应用也大多是制造建筑模型，鲜有整体打造实体建筑的案例。不过随着关键技术研究的突破，用 3D 打印机建房子的案例将逐渐出现，但是离成熟化、产业化发展还有相当长的距离。

从发展而言，个人认为，机器人和 3D 打印在建筑行业的突破，有可能率先在室内装饰装修方面，取代人力手工操作。

在结构建造方面，机器人与 3D 打印相结合，是否可以用到预制构件节点处理上，应当是其在建筑行业可以预见的技术发展前景之一。

随着时代的进步，相信 3D 打印建筑离我们并不远，最终将成为现实并且普及。个人认为，3D 打印的建筑结构目前存在以下几个困难，其突破可能要相当长时间才能解决：

（1）钢筋问题

设想：水平钢筋像焊丝一样随打印头布设可能好解决，竖向钢筋比较困难。钢纤维可以解决构件整体性问题，能否等效竖向钢筋抗拉能力尚需理论研究和实验验证。

（2）目前试验用打印机，基本上是覆盖打印建筑物平面范围，体量大，高度受限。需要研制体积小、便于移动式的打印设备，满足对大体量建筑物的修建要求。以个体单元拼接整体建筑物，对于具有精确三维定位能力的 3D 打印技术没有任何困难。

（3）打印油墨：3D 打印，油墨材料用量不能太大，应研制打印材料具有足够强度和抗拉能力，可以用比较少的喷墨材料和较小的喷头，模拟结构天然土体蜂窝结构、絮凝结构打印出质轻、保温效果好、表面比较细腻的免除内外装修的实用结构。甚至可以更换打印材料将门窗框、防水材料、排水系统、地面材料等全建造功能，竖向一次性打印出来，最大限度减少人工用量。

比如：尝试在临时性建筑上应用。目前应用广泛的应数保温内芯轻型墙体装配式结构——"抗震板房"，有一个阶段，很时髦的充气结构（使用期间要不断充气，以维持压力平衡）都可以作为 3D 打印的建造思路。按此思路，可以先按工程构件形状，打印（轻薄）

绝热模板，模板内同时喷注水（含有大量气泡），急冷成型，不会对模板产生侧压力，形成承重结构。要是在南北极，模板都不必用绝热材料。其他地方如果绝热效果达不到要求，就像充气结构一样，在墙板外部设置循环维持的降温装置（类似地铁冷冻法施工）。待房屋完成临时性使命后，填充的水解冻，两侧打印模板自然瘫软下落，这样作出的房屋拆除工作量小、回收方便，废弃物也很少。

（4）理论上，需要相应全新的设计理念支撑和结构模型。目前 3D 试验项目的设计还局限于传统设计，这个突破可能难度最大。取得成果会显著推进 3D 打印房屋建造技术的发展。

（5）相关技术基础：建筑机器人技术、BIM 技术、三维激光扫描、测量机器人、液压爬架、监测系统等的综合应用。

第4章 装配式混凝土结构技术

装配式混凝土结构是由预制混凝土构件通过各种可靠的连接方式装配而成的混凝土结构。它在集约化、标准化和精细化等方面独具特色，非常适宜工业化生产与加工制作。装配式混凝土结构技术是全球建筑工业化潮流与发展方向之一。

4.1 装配式混凝土剪力墙结构技术

4.1.1 技术简介

装配式混凝土剪力墙结构是指全部或部分采用预制墙板构件，预制楼梯、预制或叠合阳台板，楼板采用叠合板或全现浇。构件竖向接缝一般位于结构（开间）边缘部位，采用现浇方式与相邻预制墙板形成整体；构件水平接缝位于楼面标高处，水平接缝处钢筋可采用套筒灌浆连接、浆锚搭接连接或在底部预留后浇区内焊接、搭接连接的形式，与楼板和下部墙板浇混凝土连接固定。

4.1.2 技术案例

北京××工程2号住宅楼全装配式混凝土剪力墙结构

1. 工程概况

北京××工程2号住宅楼为全装配式混凝土剪力墙结构，总高79.85m，是目前全国8度抗震区最高的全装配式住宅；地下2层，地上27层，总建筑面积11838m²，单层面积395.05m²，层高2.9m，其中2～6层为现浇墙体、预制叠合板，7～27层为预制墙体、预制叠合板。

2号住宅楼共采用9类预制构件，包括预制外墙、预制内墙、预制叠合板、预制楼梯、预制楼梯隔墙、预制阳台板、预制装饰挂板、预制女儿墙及PCF板。如图4-1所示。

2. 深化设计

（1）预埋预留设计

① 吊环预埋

利用叠合板上的桁架筋代替原有叠合板上单独设立的吊环，这样可以在生产叠合板时减少1道预埋吊环的工序，同时也可省掉吊环的材料成本。

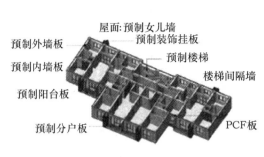

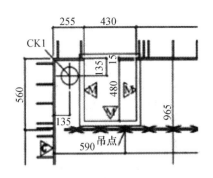

图 4-1　预制构件　　　　　　　　图 4-2　烟风道孔洞预留

② 烟风道孔洞预留

烟风道在叠合板上的预留洞口尺寸要比烟风道的外轮廓尺寸大 5cm 以上，以便于安装。如图 4-2 所示。

③ 附着式升降脚手架连接件预留洞

本工程采用附着式升降脚手架，脚手架的连接导座需在外墙预留直径为 500mm 的孔洞，每层预制外墙需要预留此孔洞 31 个。在预留孔洞深化设计过程中，施工单位需要与设计、脚手架厂家共同协商，解决预制外墙受力、预留孔洞位置是否准确、预留孔洞与墙体内钢筋或其他专业预留预埋冲突等问题。例如：在深化设计中若导座洞孔与电盒冲突，既要联合专业设计及专业工程师，又要联合爬架厂家技术人员，通过调节电盒位置或调节导座位置来解决。只有协调各专业提前做好深化设计，才能争取施工过程中的主动协调、减少窝工返工。

④ 墙顶模板对拉螺栓预留孔洞

本工程预制墙体与预制叠合板搭接处存在 50mm 高差（见图 4-3a），预制墙体深化设计时，对圈边龙骨螺栓的间距进行深化，预留模板穿墙螺栓孔（见图 4-3b）。预制墙体之间的现浇结构模板对拉螺栓孔洞预留，根据模板施工方案，确定模板对拉螺栓孔洞的位置及直径后，对图纸进行深化。

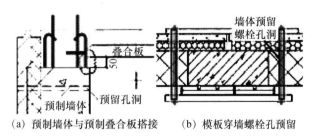

（a）预制墙体与预制叠合板搭接　　　（b）模板穿墙螺栓孔预留

图 4-3　墙顶模板对拉螺栓预留孔洞

⑤ 斜支撑螺栓预埋

预制墙体均有 4 道斜支撑的套筒需要留置在墙体内，套筒长度 80mm，内径 20mm，由专业厂家将斜支撑平面布置提供给设计院，设计人员负责进行复核。

⑥ 外窗木砖预埋

预制外墙窗口不需安装副框，采用断桥铝合金外窗主框与墙体内预埋木砖直接连接的方法固定主框，不论是在浇筑混凝土时还是在安装外窗主框后，确保木砖的预埋后牢固是深化设计的重点。

（2）配件工具深化设计

装配式施工中，各种构件的吊具、连接件、固定件及辅助工具众多（见图4-4），合理设计优化配件工具，可大大提升装配式施工的质量及速度。

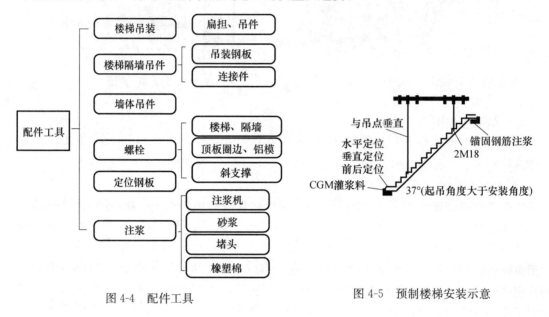

图 4-4　配件工具　　　　　　　　　　图 4-5　预制楼梯安装示意

3. 前期策划

（1）优化施工工序

根据装配式结构施工特点，编制标准层施工工艺流程，将非关键线路合理穿插，将原施工策划的大钢模板优化为铝合金模板，实现墙顶混凝土同时浇筑，有效缩短了施工工期。

（2）塔式起重机选型及锚固

① 塔式起重机选型及位置确定

与全现浇结构施工相比，装配式结构施工前更应注意对塔式起重机的型号、位置、回转半径的策划，根据工程所在位置与周边道路、卸车区、存放区位置关系，再结合最重构件吊装位置来确定塔式起重机型号及位置，以满足装配式结构施工需要。

② 塔式起重机锚固

塔式起重机锚固点不能设置在装配式预制外墙上，只能与现浇墙体连接节点、现浇内墙连接。根据塔式起重机与2号楼的位置关系，将塔式起重机的2个锚固点分别锚固在外墙现浇节点上，其中东侧锚固点设置在房间内，采用现浇节点预埋钢梁方式锚固。

4. 施工关键技术及质量控制措施

（1）构件进场验收

构件进场检验：构件进场时，项目栋号工长组织材料、质量、实测、技术共同对构件外观、质量、尺寸等项目进行联合验收，编制预制构件进场验收检查记录表，土建验收项目12项，水电验收项目5项。

（2）构件存放

① 水平构件存放

水平构件存放时应注意码放高度，每组构件最多码放 5 块；支点为 2 个，并与吊点同位；每块板垫 4 个支点；避免不同种类一同码放。

② 竖向构件存放

根据现场施工进度及存放场地等要求，设计了整体式插放架将预制墙体集中存放。整体插放架采用型钢底座与竖向围护架焊接成一体，通过构件自重荷载使架体实现自稳。

（3）构件安装

① 预制墙体安装

a. 墙体位置控制

墙体吊装前根据图纸及内控线，在顶板上放出墙体左右和内外控制线，左右控制线重点控制墙体之间竖向缝隙间距，内外控制线重点控制外墙内侧平整度和外墙外侧平整度，尤其外墙外侧平整度是墙体安装时控制的重中之重。

b. 墙体标高控制

采用预埋螺栓套筒的方法控制墙体标高，预埋螺栓套筒更加牢固，螺栓调节更加便捷，丝扣调整更加精准。

c. 钢筋位置控制

预留钢筋位置准确是确保墙体构件安装顺利及构件安装位置准确的基础。设计制作了专用钢筋定位卡具，对钢筋进行定位调整。定位钢板上加设竖向套筒，既保证钢筋定位准确，又起到了控制钢筋垂直的作用，为后续墙体安装施工创造了条件。

d. 墙体安装

墙体吊装入位时先利用引导大绳对构件进行有效引导、定向，提高安装速度，墙体初步定位后，利用墙体临时斜支撑调整墙体垂直度和微调墙身位置。

② 叠合板安装

a. 独立支撑定位

独立支撑的安装位置及数量通过叠合板受力计算确定，吊装叠合板前，根据平面布置图对独立支撑安放位置进行定位，在独立支撑安放时要严格按照方案中布置，避免在吊装后及后续工序中出现叠合板变形和裂缝。

b. 叠合板起吊

由于叠合板厚度只有 60mm，在运输、存放、吊装过程中比较容易出现裂缝，所以在吊装中根据叠合板的吊点位置，设计吊装扁担的吊孔，使吊绳与吊点位置垂直，确保受力平衡。

c. 叠合板入位

叠合板安装入位时，墙上圈梁的主筋应在叠合板入位后进行绑扎，避免叠合板伸出的胡子筋在吊装入位时与墙上圈梁主筋冲突，造成叠合板胡子筋弯折。

d. 叠合板位置控制

以平面位置线为基准，在墙体上口弹出叠合板位置线，为避免累积误差，进深方向叠合板入墙位置及板与板之间的位置均要进行控制及验收。

③ 预制楼梯安装（见图 4-5）

a. 楼梯定位

楼梯安装位置应满足3个方向要求，即水平定位、垂直定位、前后定位，分别利用墙体标高线和左右位置、内外位置界线来控制楼梯位置。

b. 吊装角度

预制楼梯吊装前，应设计合理的吊绳长度，使楼梯吊装角度大于图纸安装角度1°～2°，就位时使楼梯下部先就位，然后再调整上部楼梯位置以满足图纸安装位置要求。

c. 灌浆固定

在楼梯吊装且验收合格后，将上下休息平台与预制楼梯间缝隙用灌浆料进行封堵，保证灌浆料封堵饱满。

④ 预制悬挑板安装

悬挑板安装采用"四点、一平、一尺"法进行定位及安装，四点即外墙上部2个定位点，悬挑板内侧2个定位点，在安装时通过这4个定位点两两对位控制悬挑板位置；一平即在悬挑板定位安装完成后，通过板下支撑进行挑板标高和平整度控制；一尺即通过倒链装置调整悬挑板外伸长度。

在安装过程中选用一些简便安装工具来提升安装质量及安装效率，例如利用手动葫芦使悬挑板安装入位时一端先落下再调整另一端位置；利用倒链调整悬挑板外伸长度等。

（4）钢筋连接套筒灌浆施工

① 本工程竖向预制墙体与下部连接采用套筒灌浆连接技术。即在预制墙体中预埋套筒，采用高强灌浆料将套筒与顶板伸出钢筋及墙板下20mm空隙连接成为整体。

② 优化封堵材料，将橡塑棉改为聚乙烯棒对预制外墙板外侧封堵，使封堵更严密。

③ 将每道墙体需要灌浆的区域进行合理分仓，分区域进行灌浆，以保证灌浆饱满。

④ 制作坐浆填塞专用工具，控制坐浆料塞缝宽度小于30mm，避免坐浆料堵塞钢筋套筒。

⑤ 设立专职注浆负责人，注浆工经专业培训后上岗。灌浆作业前按要求制作套筒灌浆接头连接试件，试验合格后开始灌浆。灌浆作业通过控制灌浆压力及持续时间、计量灌浆料用量、全程视频监控出浆孔冒浆等多项控制措施确保灌浆饱满。

（5）现浇节点模板施工

现浇节点选用定型铝合金模板，实现墙顶混凝土一次性浇筑。在工程准备阶段，利用计算机三维模型对铝合金模板进行深化设计，并在生产厂家进行模板预拼装，保证模板与施工结构尺寸全吻合。

在构件深化设计时，将墙体构件预留30mm宽、8mm深的企口，叠合板预留50mm宽、5mm深企口，并在预制墙体与现浇结构边缘预留对拉螺栓孔，模板安装时放置密封条，有效解决了预制构件与现浇节点间混凝土漏浆问题。

本工程预制墙体与预制叠合板搭接处存在50mm高差，利用对拉螺栓及木质圈边龙骨作模板，浇筑此部分混凝土。

5. 结语

本工程在项目前期进行了深入分析，细致策划；在施工管理过程中，实现了技术先行，样板引路；对全装配式混凝土剪力墙结构的关键技术进行了一些探索和创新；对构件安装质量进行了重点控制，取得了理想的预期效果。

4.2　装配式混凝土框架结构技术

4.2.1　技术简介

装配式混凝土框架结构连接节点单一、构件连接相对比较简单，质量相对可控。框剪结构布置灵活，容易满足不同建筑功能需求。预制框架结构与预制内外墙板、预制叠合楼板、阳台板、楼梯板相结合，预制率可以达到较高水平。

装配式混凝土框架结构一般采用装配整体式混凝土框架结构。即全部或部分框架梁、柱采用预制构件装配而成，连接节点现场后浇混凝土、水泥基灌浆料等，建造为整体的混凝土结构。

装配整体式框架结构中，预制柱的纵向钢筋可采用套筒灌浆、机械冷挤压等连接方式。当梁柱节点现浇时，叠合框架梁纵向受力钢筋应伸入后浇节点区锚固或连接，其下部的纵向受力钢筋也可伸至节点区外的后浇段内进行连接。当叠合框架梁采用对接连接时，梁下部纵向钢筋在后浇段内宜采用机械连接、套筒灌浆连接或焊接等连接形式连接。叠合框架梁的箍筋可采用整体封闭箍筋及组合封闭箍筋形式。

装配整体式框架结构同样需要进行施工深化设计，综合考虑机电安装、后期装饰装修与结构的矛盾，并应考虑构件钢筋的碰撞问题以及构件的安装顺序，确保装配式框架结构的易施工性。

4.2.2　技术案例

预制全装配式混凝土框架结构施工技术

1. 工程概况

××公建项目位于××市城东新区，是集餐饮、娱乐为一体的综合性大楼，总建筑面积2500多平方米，局部地下1层，地上2层，预制桩承台基础，梁、板、柱预制构件自保温装配整体式框架结构，采用工厂预制构件到现场安装的施工方法，框架为抗震等级1级，抗震设防烈度为6度，建筑使用年限为50年，结构安全等级为二级。

2. 预制构件制作与安装

项目所有主体构件都由工厂预制完成，包括预制钢筋混凝土承台基础、梁及柱连接节点、墙体与建筑结构连接件、钢筋混凝土预制组合整体楼板、钢筋混凝土楼梯、阳台、内隔墙、整体卫生间、厨房、柱梁板一体化构件等。大大减少了现场的湿作业，缩短了施工工期和提高了工程质量。

（1）工艺流程

承台模、承台钢筋、柱、梁、板工厂内预制→现场承台基础开挖、平整→预制承台运至现场并安装完成→承台基础混凝土浇筑→柱吊装（校正→定位→焊接）→梁吊装（校正→主筋焊接）→梁柱节点核心区处理→预制楼板安装→自保温墙板安装→叠合层楼板钢筋施工→

叠合层楼板混凝土施工。

（2）预制承台制作与安装

① 预制承台制作。本工程采用半预制承台，一般承台模壁厚为 100mm，内有单层 $\phi6$ 的Ⅲ级钢筋网片，并且方便现场安装时吊装操作，承台模各侧壁内需预埋吊装件。现场基坑开挖后，放入半预制承台，绑扎钢筋及安放柱连接埋件，混凝土浇筑完成后即可在其上进行立柱或连续梁、墙施工。其特点在于现场施工速度快，上部柱连接对接性好，振捣不易漏浆，密实度好，节省建筑材料，质量易于控制，通用性强。

② 预制承台安装。预制承台放至准确位置后，放入在工厂内绑扎完成的钢筋笼（钢筋配筋按图纸设计要求确定）。再根据柱的定位放置与柱连接的连接件或抗剪构件焊接牢固，在混凝土浇筑过程中确保不会偏位。

（3）预制梁制作与安装

① 预制梁制作。本项目预制梁的另一特点是：在梁两端各设有型钢连接构件，且连接型钢接头做成横 T 形结构（T 形横面至少等于预制混凝土梁内钢筋笼构成截面），其中其上对应梁中轴向主、副钢筋位置各有通孔，使钢筋混凝土梁中各主、副钢筋穿过并与该型钢接头横面形成穿孔塞焊或连接（如螺栓连接），T 形柄为与柱的连接件。此结构连接端头钢筋混凝土梁内主、副钢筋所受拉力和剪受力全部由型钢接头 T 形端板承担，提高型钢接头与钢筋混凝土梁的连接强度，从而显著提高组合整体梁钢结构节点的抗弯和抗剪能力。

② 预制梁安装及节点部位处理

梁与柱连接节点采用与预制柱相同的工字钢，使两者在同轴线连接，梁端头与柱上型钢接头采用螺栓夹板方式连接，使梁中轴向受力杆件与接头端板构成连接，从而使梁中受力杆件全部均匀受力，大大提高预制钢筋混凝土梁连接端部的抗剪、抗弯、承重能力，成为强节点结构。而钢筋混凝土梁中各主、副钢筋穿过型钢并与该型钢接头横面形成穿孔塞焊或螺纹套筒连接，成为与柱的连接件。此连接节点相当于弹性结构的钢结构梁，大大提高预制钢筋混凝土梁的抗震性及安全性。同时梁内可设张拉孔，两端接头钢板作为预应力张拉头支撑，设置预应力张拉，可以制作大于 8m 长的大跨度预制钢筋混凝土梁。

根据预制梁的实际受力情况，在梁两端的型钢接头端板钢筋混凝土内侧还可以固定若干短锚固钢筋、钢板、栓钉、型钢等增强抗剪、抗扭构件，进一步提高型钢接头与钢筋混凝土连接节点的抗剪、抗扭能力。

在预制主梁上预制有尺寸与预制混凝土次梁匹配的型钢安装位，次梁的端部与主梁安装位连接后，将梁两端伸出钢筋焊接，次梁与主梁之间的空隙采用现浇混凝土形成叠合层。

（4）预制柱制作与安装

① 预制柱制作

预制柱与预制梁相比，两端同样设有型钢连接构件，但不同的是预制柱与承台连接部位增加了可调螺栓组件，柱安装完成后可通过底部螺栓调节柱体垂直度。柱的上下端伸出钢筋是柱内配筋的延续，柱安装定位完成后柱内伸出钢筋与承台内伸出钢筋焊接固定后浇筑节点混凝土，增强柱与承台的连接强度。

② 预制柱安装及节点处理。预制柱与承台连接处设有连接受力构件，连接件下部拼装面位置设有可调螺栓，柱与承台安装连接后可通过拼装面底部的可调螺栓调节柱的垂直度。柱连接件周边伸出钢筋为柱内配筋的延续，且与下部承台预埋钢筋相互错位，柱垂直度调整

完成后焊接上下连接钢筋及调整件。本工程 1、2 层柱在工厂内预制并连接，运至现场后吊装安装。

（5）预制叠合楼板制作与安装

① 预制叠合楼板制作

本工程所用叠合楼板端部伸出大厚度侧翅及内置横向钢筋，使楼板端部成为承重端头结构，能确保有效搁置承重段长度，还可有效防止宽度不平整可能造成楼板横向折断的危险；搁置端部设置连接下层钢筋的抗剪斜钢筋，有效增强了楼板端部抗剪能力，大大提高了搁置端受力。运至现场吊装直接铺设放置后，能承受荷载且不需另加支撑，利用梁、板预留侧翅，相邻楼板钢筋搭接后浇筑混凝土。使预制铺设后形成整体结构，相当于现浇楼板。

② 预制板安装及节点处理

预制板厚度为 80mm，板底、楼面板下层正筋为双向 $\phi8@300$，现浇板厚度为 70mm，板支座、楼面板上层负筋为 $\phi8@300$，在支座钢筋方向板上部布置通长筋 $\phi8@300$，与支座钢筋间距 150mm 布置，分布钢筋为 $\phi6@200$。预制板四个角均设有预埋吊装件，安装时起吊方便，便于快速安装。板四周均有端部伸出大厚侧翅结构及伸出连接钢筋，使楼板端部成为承重端头结构，确保有效搁置承重段长度，楼板搁置在预制梁两侧边搁置空间上（搁置空间上预留 10mm 侧翅）。预制板安装搁置完成、相邻楼板伸出的钢筋焊接固定及面层钢筋绑扎后，浇筑填充混凝土形成整体结构，提高连接区强度，同时使其具有现浇楼板的高抗震性和防渗水性。

（6）预制保温墙板制作与安装

① 预制保温墙板制作。本工程预制保温墙板采用内设通风道，并可预埋管线的预制夹心墙板。具有保温、隔热、自重轻、检测方便、定位准确、精度高等特点。其质量可靠、强度高、观感质量高。

预制保温外墙板两侧面为浇筑的外护薄壳层，两薄壳层中间填充轻质隔热保温芯或中空，两侧薄壳层之间并列多道连接肋，组成 H 形组合结构钢筋混凝土中空墙体，为提高薄壳强度，还可以在浇筑薄壳壁的基材配料中加入增强剂和短纤维等。

为方便预制保温墙板吊装、固定安装、日后维护以及安装建筑附件，在预制保温墙板四角预埋与钢筋骨架连接且与墙板大致等厚、两端有内螺纹的中空金属管，在安装时可以作为吊装连接使用，吊装就位后作为与建筑结构件固定连接以及安装其他建筑附件或饰面固定连接孔，以及维修攀爬梯固定孔。还可以在预制墙板周边或中间连接筋位置，根据设计设置带内螺纹的中空金属管，用于建筑附件或饰面如雨篷、外墙饰面安装架等的安装固定。

组装房屋后，可以在室内墙面及室外通风道薄壳墙面通风道适当位置开口，安装室内空调用活动百叶窗式风口及相应的截止阀（实现风口开启和关闭），利用屋外与室内自然风压差，达到自然通风，也可以加装小型风扇强制通风。

② 预制保温墙板安装及节点处理安装时，在标高及尺寸确定后，将预制板上预留孔的保护塞取出，准备好吊装卡口，用螺栓穿好旋入预留子口内，将卡扣与墙板面紧密连接，将吊装用钢丝绳通过连接锁锁定，然后在中心位置挂在起重机吊钩上。为更好控制起吊位置，防止碰撞到梁柱，在吊点的位置两边各绑一根绳子由 2 名工人在两头拽住控制板的起吊路径。

吊至预定安装位置后，在墙板内侧预留套管内旋安装螺栓，将专用扣件固定好后吊装至预定位置，将连接扣件与柱的钢筋焊接固定，拆掉安装设备，用同样方法吊装第 2 块板。安装第 2 块板后，在板的接缝内塞入防水胶条，缝口用密封胶勾缝密封。若接缝内塞入防水胶条后缝隙仍过大，则用发泡剂填充。因框架柱节点为后浇，如柱没有后浇时，则应预埋钢板作为预埋件，然后将专用扣件与埋件进行焊接，螺栓连接到扣件上即可。

3. 施工注意事项

（1）预制构件进场后应会同业主、监理进行现场验收。预制钢筋混凝土梁、柱、板等构件均应有出厂合格证。其外观质量不应有严重缺陷；不应有影响结构性能、使用功能及安装的尺寸偏差；构件上的预埋件、插筋和预留孔洞的规格、位置和数量应符合标准图或设计要求。对有严重缺陷的残品应退场或按技术处理方案进行处理，并重新检查验收。

（2）堆放构件场地应平整坚实，并具有排水措施，堆放构件时应使构件与地面之间留有一定空隙。根据构件的刚度及受力情况，确定构件平放或立放，板类构件一般采用叠层平放，柱、梁一体构件宜选择立放。构件的断面高宽比＞2.5 时，堆放时下部应加支撑或有坚固的堆放架，上部应扭牢固定，以免倾倒；墙板类构件宜立放。

（3）对预吊柱伸出的上下主筋进行检查，按设计长度将超出部分割掉，确保定位小柱头平稳地坐落在柱子接头的定位钢板上。将下部伸出的主筋理直、理顺，保证同下层柱子钢筋搭接时贴靠紧密，便于施焊。

（4）构件起吊时的绑扎位置往往与正常使用时的支承位置不同，所以构件的内力将产生变化。受压杆件可能会变为受拉，因此在吊装前一定要进行吊装内力验算，必要时应采取临时加固措施。

（5）在吊装过程中被碰撞的钢筋，在焊接前要将主筋调直、理顺，确保主筋位置正确，互相靠紧，便于施焊。当采用帮条焊时，应当用与主筋级别相同的钢筋；当采用搭接焊时，应满足搭接长度的要求，分上下两条双面焊缝。

（6）梁和柱主筋的搭接锚固长度和焊缝必须满足设计图纸和《建筑抗震设计规范》GB 50011—2010 要求，顶层边角柱接头部位梁的上铁除去与梁的下铁搭接焊之外，其余上铁要与柱顶预埋锚固筋焊牢。柱顶锚固筋应对角设置并焊牢。

（7）箍筋采用预制焊接封闭箍，整个加密区的箍筋设置应满足设计要求及规定。在叠合梁的上铁部位应设置 1ϕ12 焊接封闭定位箍，用来控制柱主筋上下接头的正确位置。

（8）焊工应有操作证。正式施焊前须进行焊接试验以调整焊接参数，提供模拟焊件，经试验合格者方可大面积操作。

（9）预制叠合楼层板侧面中线及板面垂直度的偏差应以中线为主进行调整。当板不方正时，应以竖缝为主进行调整；当板接缝不平时，应以满足外墙面平整为主，内墙面不平或翘曲时，可在内装饰调整；板阳角与相邻板有偏差时，以保证阳角垂直为准进行调整；若板拼缝不平整，应以楼地面水平线为准进行调整。

（10）节点区混凝土的强度等级应比柱混凝土高 10MPa。也可浇筑掺 UEA 的补偿收缩混凝土。

4. 结语

本工程为预制全装配框架结构公建项目，设计采用大量的新方法及新技术。预制承台、柱、梁、板、墙之间的相互连接方式、自保温预制墙体、配筋叠合楼板的设计，连接节点部位的特殊处理等均为首次设计使用。工业化生产，质量更易得到保证。构件定型和标准化的机械化生产方式可有效缩短工期，装配式施工可有效减少施工噪声以及能源和材料的浪费，实现绿色施工；将保温、隔热、水电管线布置等多方面要求功能结合起来，取得了良好的技术经济效益。

4.3　混凝土叠合楼板技术

4.3.1　技术简介

混凝土叠合楼板充分利用预制工厂和施工现场两方面的优势，免除了繁琐费工、长时间占用周转材料的现场支模工作（只加部分支撑），又通过现浇叠合楼板上部混凝土，加强了结构整体性，加快了施工进度，提高了工程质量。

跨度大于 3m 的叠合板宜采用桁架钢筋混凝土底板或预应力混凝土平板，叠合楼板厚度大于 180mm 时宜采用预应力混凝土空心叠合板。

保证叠合面上下两侧混凝土良好结合、协调受力是预制混凝土叠合楼板施工的关键，应做好储运防污染、现场浇筑混凝土前清理等环节，实现其结构整体性。施工阶段应核算实际施工荷载，叠合板吊装就位前，应按浇筑混凝土荷载设置可靠支撑。

4.3.2　技术案例

预应力混凝土叠合板施工技术及质量控制

本节所介绍的预应力混凝土叠合板施工技术是由法国 KPI 公司引进的一种新型框架结构体系技术的一个部分，其原理是采用现浇或预制钢筋混凝土柱，预制预应力混凝土梁、板，通过钢筋混凝土后浇部分将梁、板、柱及节点连成整体的新型框架结构体系。结构体系由以下部分组成：预制钢筋混凝土柱，预制应力混凝土梁、板，现浇混凝土叠合层，现浇混凝土梁柱节点。梁、板一般采用预应力先张法施工工艺。

1. 工程案例分析

某建筑工程位于三条路交叉路口，建设规模为地下 1 层，地上 2 栋 15 层主楼，建筑高度 63m，地下建筑面积为 9649.86m²，地上建筑面积 41621.39m²。本工程部分楼层采用预应力混凝土叠合板技术，即柱、梁采用普通钢筋混凝土结构，板采用预应力混凝土叠合板。该工艺优点如下：

① 采用预应力技术，减小了构件截面尺寸，含钢量降低 20% 以上。

② 构件在工厂机械化生产，质量更易得到控制，构件外观质量好，后期不需粉刷。

③ 预制板施加预应力以后，减少了混凝土变形裂缝，提高结构耐久性。

④ 构件事先在工厂生产，施工现场直接安装，既方便又快捷，工期可节约 50%。

⑤ 施工现场模板用量减少 80%，支撑减少 50% 以上，节省周转材料总量达 60%。

⑥ 减少施工现场湿作业量，降低工人劳动强度，减轻噪声污染，有利于环境保护，文

明施工。

2. 预应力混凝土叠合板的施工流程

（1）构件堆放

构件堆放场地的大小，应满足施工方案中日最大构件需求量的堆放。堆放构件时应平整坚实，并且有排水措施，使构件与地面之间留有一定空隙。构件底层的搁置木枋应通长设置，最底层木枋不小于 $100 \times 100mm$ 通长木枋，其余各搁置 $200 \sim 300mm$ 长。板搁置位置在板的吊钩外侧，紧靠吊钩，搁置木枋应上下对齐，堆放层数视地基情况验收确定，最高不宜超过 12 层。

梁搁置位置在吊钩外侧，搁置木枋应上下对齐，堆放层数视地基情况验收确定，最高不得超过 3 层，垫木位于箍筋加密区外侧，上下垫木垂直。

（2）临时支撑系统

采用叠合板的只需在板跨中设置如下支撑，防止下挠：垂直于面板下木枋方向布置，立杆间距 $1500 \times 1500mm$，水平杆步距约 $1800mm$，扫地杆距楼地面不大于 $200mm$，并按规范要求设置剪力撑。材料：宜优先采用独立可调顶撑，亦可采用普通钢管 $\phi 48 \times 3.5mm$ 满堂脚手架，本工程采用后者，横肋木枋采用 50×100 木枋或钢管。

（3）叠合板搁置处梁钢筋的绑扎

预应力叠合板搁置处的梁上层钢筋的绑扎是叠合板安装过程中的一个重点，也是一个难点，梁侧钢筋保护层厚度为 $25mm$，采用预制水泥块进行控制，梁钢筋绑扎作为本工程一关键工序，施工前在图纸上标明：钢筋需全部绑扎的梁，需部分绑扎的梁，以便吊装时，预应力板胡子筋顺利插入，避免二次吊装。叠合板锚筋应插入架立筋下方，锚固筋长度为 $150mm$，当无法直接插进时，可用撬棍撬起架立筋。确保叠合板搁置于梁侧板上，深入梁内距离为 $15mm$，叠合板吊装后先搁置一端的侧梁架立筋及箍筋正常绑扎，内侧架立筋临时绑扎于外侧架立筋下方，箍筋临时固定。

（4）吊装

叠合板搁置在预制梁上，搁置点应坐浆处理；叠合板搁置在现浇梁（叠合层与同时浇筑）时，应采取措施防止漏浆。叠合板尽可能一次就位，以防止撬动时损坏叠合板。叠合板之间拼缝应严密。叠合板水电预留洞，可在工厂生产时留设，亦可在现场安装时后开，但宜用机械开孔，且不宜切断预应力主筋。对叠合板的安装质量加强控制，主要控制底板的水平度、平整度。叠合板吊装时安排专人进行指挥，当叠合板到达楼面高度时，应按图纸要求调整好板的方向，并按支撑结构上的标志中心线，将板底的一端轻轻放入梁内，然后将高的一端落低后放入梁内，此时应做好板锚固筋与梁钢筋节点的处理。

叠合板就位后，及时检查板的锚固长度、侧边与梁的距离及板缝的大小，根据设计要求，每端混凝土锚入梁内为 $15mm$，板侧边与梁模板侧边应在统一平面上，板的接缝采用密拼，经检查合格后，取下吊钩。

叠合板安装完成后，采用激光扫平仪对板底的平整度、水平度进行全数检查，发现不合格点及时调整排架支座至符合要求，并在混凝土浇筑后对板底的指标再进行一次实测。

（5）叠合层混凝土浇筑

浇筑叠合层混凝土必须满足《混凝土结构工程施工及验收规范》GB 50204—2015 中规定的要求。浇筑叠合层混凝土前，预制叠合板表面必须清扫干净，并浇水充分湿润，但不能积水，这是保证叠合层成为整体的关键。浇筑叠合层混凝土时，应特别注意用平板振动器振捣密实，以保证与叠合板结合成一整体。同时要求布料均匀，布料的堆积高度严格按现浇层厚度加施工荷载 1000N/m 规定控制；浇筑后，采用覆盖浇水养护，混凝土成型 12h 后开始进行养护，养护时间不得少于 7 个昼夜。

（6）预应力张拉

（略）

3. 预应力混凝土叠合板施工质量控制

（1）填补拼缝。拼缝内应用钢丝刷清理干净。填缝材料可选用掺纤维丝的混合砂浆，亦可使用其他经业主或监理认可的材料。填缝材料应分两次压实填平，两次施工时间间隔不小于 6h。板底批腻子时，在板缝处贴一层 100mm 宽的纤维网格布等柔性材料。

（2）叠合板成品保护。应尽可能避免或减少叠合板到场后的临时堆放与二次搬运，堆放与堆放场地应严格符合规定要求。叠合板在装卸、搬运、叠堆时应小心轻放，严禁撞击。吊装叠合板不得采用兜底多块吊运。应按预留吊环位置，采用单块吊的方式。

叠合板上甩出钢筋（锚固筋）在堆放、运输、吊装过程中要妥为保护，不得反复弯曲和折断。在叠合板楼盖的施工过程中，不允许将钢筋、钢管、扣件以及施工机具集中放置在叠合板上，如有需要临时放置，应垫放模板或木楞进行保护后分散放置，且钢筋、钢管等重物堆放必须是叠合板的下部设有牢固临时支撑的部位。不得在叠合板上任意凿洞，板上如需要打洞，应用机械钻孔，并按设计和图集要求做相应的加固处理。

（3）安全文明施工和环保措施。作业人员必须正确佩戴安全帽。塔吊司机、塔吊指挥及其他操作人员必须按操作规程执行，严禁违规操作。现场吊装时，应用对讲机指挥，塔吊臂下不得站人。高空施工，当风速达 10m/s 时，吊装作业应停止。施工过程中，应注意环境保护，不得乱扔垃圾。不宜夜间施工，控制噪声污染。

4. 结束语

综上所述，预应力混凝土叠合板施工技术是一种新型框架结构体系技术，本文介绍该技术优点。结合预应力混凝土叠合板工程实例，总结了施工流程、施工质量控制要求。结论如下：

（1）预制预应力混凝土装配整体式结构具有质量好、工期快、环境污染少、造价合理等优势，具有广阔的发展前景。

（2）预制预应力混凝土装配整体式结构可根据需要自由组合，满足各种需求。

（3）严格进场验收，把关进场构件质量。

（4）预制板的吊装施工仍需要架设支撑，为预制板提供保护和承受施工荷载。

（5）叠合面的清理是保证整体受力性能的关键。

4.4　预制混凝土外墙挂板技术

4.4.1　技术简介

预制混凝土外墙挂板是起围护、装饰作用的非承重预制混凝土外墙板。可根据工程需要与外装饰、保温、门窗结合，制造一体化预制墙板系统。外墙挂板与主体结构连接可分为点支承连接、线支承连接两种形式；预制混凝土外墙挂板具有施工速度快、质量稳定、维修费用低的优点，是预制混凝土结构施工的重要组成部分。

4.4.2 技术案例

全预制装配整体式框架结构外挂墙板的设计及施工技术

1. 工程概况

××市龙信老年公寓项目外围护体系采用厚150mm预制装配式混凝土外挂墙板（NALC板），通过顶部二合一挂件进行外挂墙板的安装。

2. 外挂墙板及挂件的设计

（1）外挂墙板的设计

根据《装配式混凝土结构技术规程》JGJ 1—2014的要求，龙信老年公寓预制外挂墙板采用线支承式外挂墙板，按非结构构件设计。在预制外挂墙板设计时，考虑避开梁塑性铰区域（梁端部长600mm范围内）。外挂墙板顶部布置剪力键及连接钢筋，连接钢筋锚入叠合板，2个承重节点用于安装墙板；下部布置2个面外拉结节点，限位连接件（面内水平向可滑动）。老年公寓预制外挂墙板采用3道防水板，外侧为耐候胶加ϕ30mm的泡沫条，内侧为ϕ22mm的三元乙丙胶条加建筑密封胶，中间留设滴水槽，选用平移式外挂墙板。

在建筑设计方案中，龙信老年公寓采用厚150mm、长6680mm的外挂墙板，其洞口宽为900mm，洞口高为1500mm。墙板净面积（去掉窗洞口）为20.03m²，墙板重量为7.6t。

根据风荷载、地震作用和工况组合的计算，厚150mm外挂墙板内配ϕ8mm@200mm双向双层钢筋，双层配筋率为0.34%（单层配筋率为0.17%），纵筋保护层厚度内侧15mm，外侧20mm，采用等代梁法计算，见图4-6。

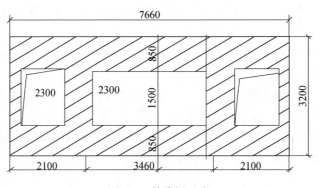

图4-6 等代梁示意

（2）墙顶挂件的设计

预制外挂墙板顶部布置剪力键、连接钢筋及2个承重节点；底部布置2个面外拉结节点，面内水平向可滑动，见图4-7。外挂墙板顶部采用新型二合一挂件，该金属挂件通过限位片与结构体系现浇部分的预埋件连接，再通过锚筋连接外挂墙板，见图4-8。

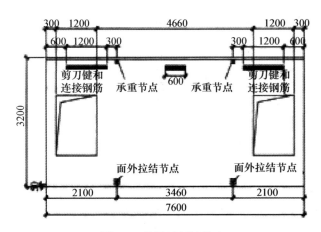

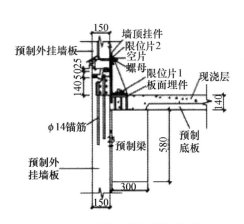

图 4-7　外挂墙板连接点　　　　　　　图 4-8　外挂墙板连接处大样

为了确保建筑的安全性能，预制外挂墙板连接件应能满足预制梁上现浇混凝土部分局部承压的需要，以及外挂墙板锚板与角钢焊缝连接强度的需要。通过对梁上板面混凝土局部承压、外挂墙板锚板与角钢焊缝连接强度、锚板抗剪、锚筋与锚板焊缝强度、锚筋强度、剪力键抗剪等方面的计算，确保所有的连接件满足临时固定安装、最不利工况和其他特殊情况下外挂墙板施工和使用的安全。

3. 外挂墙板的施工技术要点

预制外挂墙板设计与施工所要解决的技术问题在于克服现有技术缺陷，提供一种施工方便、受力简单，能有效提高预制外挂墙板吊装效率及外挂墙板寿命的墙顶埋件。

外挂墙板的施工既可以与结构同时进行，又可以根据需要不与结构同时施工。两种施工方法的施工步骤和要求有所不同，各有其优势。

外挂墙板的预埋挂件受力简单、施工方便，外挂墙板顶部和同位置主体结构梁保持水平变形一致，而外挂墙板底部和同位置主体结构柱水平变形不一致，故适应主体结构变形能力良好，有效提高了建筑寿命。同时采用本挂件的外挂墙板可以与主体结构 PC 构件同时施工，也可以先施工主体结构 PC 构件，于后期错层施工外挂墙板。

（1）外挂墙板与结构同时施工的技术要点

① 与结构同时施工的步骤

a. 完成预制柱、梁、板吊装；

b. 吊装外挂墙板，剪力键及连接钢筋锚入叠合板内，见图 4-9；

图 4-9　剪力键及墙顶挂件、板面埋件示意　　　图 4-10　外挂墙板与楼层同时施工浇筑前状态

  c. 将预埋在预制外挂墙板上的墙顶挂件插入预埋在板面的埋件内；

  d. 通过斜撑调节外挂墙板垂直度；

  e. 利用限位片 2 调节水平高度；

  f. 利用插片调节外挂墙板内侧与主体结构的间距，提高外挂墙板的安装精度；

  g. 将限位片 1 与墙顶埋件焊接；

  h. 绑扎现浇层钢筋；

  i. 浇筑现浇层混凝土，使预制柱、预制梁及预制叠合楼板及预制外挂墙板连成整体，见图 4-10。

  ② 与结构同时施工技术的优势

  外挂墙板与结构同时施工时，施工吊装方便，外挂墙板可以垂直起吊安装，施工难度小，梁上部钢筋未穿，预制外挂墙板预留钢筋不需穿梁上部主筋，只需将预制外挂墙板顶部挂件插入梁预埋件，通过斜撑调节垂直度，利用限位片调节水平高度，就位后将限位片与墙顶挂件焊接，然后绑扎现浇层钢筋，浇筑混凝土。

  （2）外挂墙板不与结构同时施工的技术要点

  ① 不与结构同时施工的步骤

  外挂墙板不与结构同时施工时，应在板面留设后浇带。其步骤为：

  a. 在结构现浇层先固定板面埋件；

  b. 预制外挂墙板预留钢筋穿过梁主筋；

  c. 预制外挂墙板墙顶挂件插入板面埋件；

  d. 通过斜撑调节垂直度；

  e. 利用限位片 2 调节水平高度；

  f. 利用插片调节外挂墙板内侧与主体结构的间距，提高安装精度；

  g. 将限位片 1 与墙顶埋件焊接；

  h. 浇筑后浇带。

  ② 不与结构同时施工技术的优势

  外挂墙板不与结构同时施工时，具有施工工期不受影响，每一层柱、梁、板吊装完成后，即可绑扎叠合梁、板钢筋，完成后即可浇筑本层混凝土，只需预留外挂墙板预留钢筋处的后浇带，待外挂墙板后期施工时再进行二次浇筑，上层吊装随即可以开始。外挂墙板可以安排在主体吊装间隙穿插施工，对工期影响小。

  （3）吊装机械的选用

  本工程 PCCW 板构件最大起重质量为 7.60 t（PCCW—01 板），离塔吊距离为 18m，结合相关塔吊说明，选择 1 台 STT553 塔吊，其大臂长 40m，端部起重能力为 12 t，满足 PCCW 板的吊装。

  （4）吊具与吊点预埋

  ① 预制构件吊钩、吊点

  在工厂加工预制构件时，根据构件质量，选择不同规格产品的预埋件作为吊点，预埋在预制构件内。根据构件尺寸及质量，一般设置 2 个吊点，尺寸大一些的外挂墙板构件需设置 3 个吊点，见图 4-11。

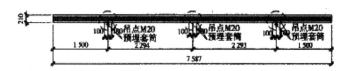

图 4-11　外挂墙板 PCCW-01 吊点平面布置示意

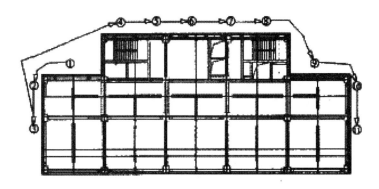

图 4-12　外挂墙板安装顺序

② 起吊钢梁

考虑到预制板吊装受力问题，采用钢扁担作为起吊工具，这样能保证吊点的垂直。钢扁担采用吊点可调的形式，使其通用性更强。

（5）预制外挂墙板安装施工工艺

① 预制外挂墙板构件定位

每块预制外挂墙板构件进场通过验收后，统一按照板下口往上 1000mm 弹出水平控制墨线；按照板左右两边各往内 500mm 弹出 2 条竖向控制墨线。PC 墙板、预制楼板、楼梯控制线依次由轴线控制网引出，每块预制构件均有纵、横 2 条控制线，并以控制轴线为基准在楼板上弹出构件进出控制线（轴线内翻 200mm）、每块构件水平位置控制线以及安装检测控制线。构件安装后楼面安装控制线应与构件上安装控制线吻合。

② 预制外挂墙板构件吊装

每层构件吊装应沿着外立面按顺序逐块吊装，不得打乱吊装顺序，如图 4-12 所示。

a. 预制墙板接缝处理。预制墙板接缝主要是指墙板之间的水平缝和垂直缝，接缝均采用柔性材料和微膨胀水泥砂浆进行填塞。水平缝采用双面胶带的胶条，在墙板吊装之前，将需粘贴胶条部位清扫干净，以免影响胶条的粘结。胶条粘贴到位后，再进行墙板吊装。当两块墙板吊装完成并固定牢固后，两者之间的垂直缝先用海绵条进行填塞，再在两面用微膨胀水泥砂浆塞实、抹平。

b. 预制构件就位及调节。构件安装初步就位后，对构件进行三向微调，确保预制构件调整后标高一致、进出一致、板缝间隙一致，并确保垂直度。每块预制构件采用两根可调节斜撑杆以及人工辅助撬棍等进行微调。预制构件从堆放场地吊至安装现场，由 1 名指挥工、2～3 名操作工配合，利用下部墙板的定位预埋件和待安装墙板的定位螺栓进行初步定位，由于定位螺栓均在工厂安装完成，精确度较高，因此初步就位后预制构件的水平位置相对比较准确，后面只需进行微调即可。

c. 高度调节。构件标高通过精密水准仪来进行复核。每块板块吊装完成后须复核，每个楼层吊装完成后须统一复核。高度调节前须做好以下准备工作：引测楼层水平控制点，每块预制板面弹出水平控制线，相关人员及测量仪器、调校工具到位。构件垂直度调节采用可调节斜拉杆，每1块预制构件设置2道可调节斜拉杆，拉杆后端均牢靠固定在结构楼板上。拉杆顶部设有可调螺纹装置，通过旋转杆件，可以对预制构件顶部形成推拉作用，起到板块垂直度调节的作用。构件垂直度通过垂准仪来进行复核。

d. 预制构件连接固定。预制构件吊装完成并验收合格后，须及时固定构件与构件之间的连接，使吊装的构件形成一个整体，增加其稳定性。

e. 拆除拉杆。对于外墙板的拉杆拆除时间，则需要等到连接部位套筒注浆后强度达到70%或连接件滑移件焊接完成，方可拆除拉杆。

f. 构件吊装验收。吊装调节完毕后，由项目质检员进行验收。验收通过后，方可进行墙板之间连接钢板的焊接固定操作。

4. 结语

外挂墙板设计及施工技术适应建筑主体结构变形能力良好，有效提高了建筑的寿命；其施工简单、操作方便，促进了预制外挂墙板在预制装配式混凝土结构中的推广，同时能节约材料和工期，减少环境的污染和资源的浪费，符合绿色建筑的要求。

4.5　无机夹心保温板技术

4.5.1　技术简介

夹心保温预制混凝土墙板，是在浇筑混凝土时把保温材料夹在两层混凝土墙板（内叶墙、外叶墙）之间形成的复合墙板，保温材料一般为 B1 或 B2 级有机保温材料，拉接件一般为 FRP 高强复合材料或不锈钢材质。夹心保温预制混凝土墙板适合作现浇或预制混凝土剪力墙结构的外墙，有利于保温效果整体闭合。

夹心保温预制混凝土墙板实现了与建筑主体同寿命，具有免除后期维护、符合绿色建筑理念，可减小外保温脱落和外墙火灾危险，提高墙板保温寿命。故其安装及施工工艺的优化研究，对确保预制构件与现浇混凝土的整体完整性和施工工艺的经济性有重要意义。

4.5.2　技术案例

无机夹心保温超薄预制外墙板施工

1. 工程概况

C-04-01 地块动迁安置房项目位于××市××区，东邻周阳路、南邻四号河、西邻周达路、北至瑞安路。本项目为保障性住房中的动迁安置房，项目占地面积为 24501m²。由 3 栋 18 层住宅楼、1 栋 17 层住宅楼、1 栋 14 层住宅楼、1 栋 13 层住宅楼，共计 6 栋住宅楼，1 栋社区服务用房及 1 个独立地下汽车库组成。

各住宅楼结构形式为剪力墙加装配式外墙预制板体系，地上 13～18 层，地下 1 层，采用现浇钢筋混凝土梁板式结构体系，预制桩筏板基础。外墙施工采用内浇外挂方法，外墙为厚 180mm 现浇墙体。

2. 技术特点

（1）无机夹心保温超薄预制外墙板

预制外墙保温体系由工厂化的预制无机夹心保温超薄外墙板与现场浇筑部分组成。保温材料采用泡沫混凝土，见图 4-13。

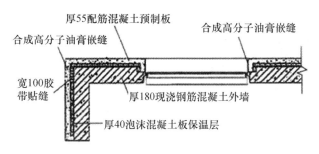

图 4-13　典型外墙板结构示意图

传统的混凝土之间的连接方式为钢筋连接，但是钢材导热性能好，若将其应用在板间可能产生"热桥"现象。而 FRP 连接件的导热系数低，为 0.35W/（m·K），同时具有强度高的特点，可有效避免墙体在连接件部位的热桥效应，降低墙体的传热系数，提高墙体安全性。综合考虑围护结构的保温、防潮防渗、连接可靠性与易操作性，在预制外墙板与承重结构接触面之间采用 FRP 连接件连接的方式。

无机夹心保温超薄预制外墙板相比于传统以现场湿作业为主的墙体保温技术，实现了与建筑主体同寿命，不存在剥离脱落、保温失效等问题，免除了后期维护，采用复合材料连接件，并具有适应建筑节能技术以及建筑施工简约化发展趋势等优点。新型预制外墙板突破了节能围护体系的耐久性问题，在安全等性能方面得到了加强。

（2）外墙连接及防水构造

外墙板与结构主体之间采用底部靠山连接件和螺栓固定，见图 4-14。相邻外墙板间水平方向采用横向连接板及螺栓连接，见图 4-15。墙板连接方式可保证外墙与结构连接成为一个整体。

图 4-14　竖向安装节点连接

图 4-15　横向安装节点连接

相邻外墙板安装就位后以自粘胶带密封缝隙，确保浇筑主体结构时水泥浆不至于阻塞空腔，保证空腔完整有效。板面拼缝处以弹性塑料密封条塞缝与合成高分子密封膏嵌缝，在凹槽深处形成空腔，预防水气进入墙体内部，保证外墙板接缝防水构造的可靠性。外墙洞口处以聚合物砂浆填缝，再以合成高分子密封膏嵌缝，形成水平和竖向的防水体系。

（3）外墙无脚手安全操作围挡

本工程中，研发出一种适应于预制装配式建筑的新型无脚手安全操作围挡作为安全防护手段，见图4-16。

图 4-16　安全围挡示意　　　　　　图 4-17　安全围挡连接示意

安全操作围挡利用预埋于预制墙板上的螺栓固定。安装时，首先将焊接有圆钢的槽钢利用固定螺栓和连接钢板固定在预制墙体上，而后将围挡直接插到定位圆钢上，围挡之间用 U 形卡固定，以增强围挡的整体性，见图4-17。

围挡在结构施工阶段，随着建筑物逐层升高，在每层外墙预制墙板装配完毕后搬运至施工层，并将其安装在预制外墙板上。

与常见的悬挑式围栏相比，安全操作围挡不需要为了固定围挡重新在墙上开孔，保证了墙体的受力性能。固定围挡的连接钢片还可作为下一阶段墙体安装的定位装置，提高墙体安装精确度。安全操作围挡构造简单、用料节省、质量轻、搭拆技术简单以及施工速度快。此外，制作、安装、提升等各阶段操作简便，除节省大量的人力、物力外，对加快施工周期也可起到积极作用。

3．施工技术

（1）构件运输与堆放

预制保温外墙板由工厂制作，运输至施工现场。预制保温外墙板采用竖立式运输，与运输车辆上底部倾斜角度大于80°。外墙板与运输拖车钢框接触部位用软布垫起，下部铺设厚黄砂，做好易碰部位的边角和泡沫保温混凝土的保护，防止预制墙体运输过程中的碰撞。

预制外墙板使用插放架堆放，见图4-18。预制叠合墙体构件堆放场地需要硬化，如果构件堆放在地下车库顶板，则需进行地下车库顶板受力情况验算并采取加固处理措施。

图 4-18　预制外墙板堆放　　　　　　图 4-19　临时支撑固定示意

（2）安装与施工流程

测量放线→调节标高调节点→拆除安全围挡→粘贴防水胶带→吊装预制叠合外墙→与底部竖向连接板校正、连接→支设斜撑杆件→调整预制外墙板→施工另一块预制保温外墙板→粘贴防水胶带→固定横向连接板→绑扎墙柱钢筋→支设墙模板→搭设摊架→安装预制空调板→安装安全围挡→封顶板模板→绑扎钢筋→浇筑混凝土→养护

（3）测量放线

测量放线人员将控制点引到结构楼面模板面上，将引入的纵横控制点弹出墨线，形成该楼层的纵横控制轴线。根据弹出的轴线，弹出埋件纵横方向的定位线。

在钢筋绑扎好后，采用水准仪将楼层标高线弹到埋件左右墙体的钢筋上。在埋件中心用油性笔做好标记，安装埋件时对应到模板或钢筋的定位点上。同时，在预埋件底面的脚部，预先焊好 L 形钢筋，用于初步固定预埋件的位置。

用细线拉通 2 根预先弹好标高的钢筋，利用水准仪确定预埋件在高度方向的位置。在预埋件准确位置全部校准后，采用钢筋焊接于梁板钢筋上，保证预埋件的位置固定不变。

（4）安全操作围挡的拆除

安全操作围挡按外墙装配式预制墙板平面尺寸定型制作，每块长度一般不大于 1.3m，以使围挡质量不至于太大，有利于操作工人搬运和安装，阳台围挡按结构尺寸另行定型制作。安全操作围挡高度 1.8m，其中阳台围挡 2.2m，以满足安全技术施工要求。材料分别选用圆型钢管，钢丝网选用方空镀锌网。利用在预制墙板上口的连接钢片连接、固定，通过角钢与结构连接。

当上一层施工完成，浇捣混凝土后，将首块安全操作围挡随楼层外墙板吊装顺序拆除。之后，吊装该处预制外墙板，并进行定位和安装。下一块预制外墙板的吊装，需要在对应位置防护栏杆拆除之后进行。所有的安全操作围挡根据吊装顺序，按拆除一块、吊装一块的方式进行。

（5）外墙预制保温板吊装施工

首层外墙预制保温板吊装前，地下室顶板外墙边做一道高 35mm 防水反坎，下部用水平仪找平，根据底部定位线吊装外墙预制保温板至安装位置。

（6）墙体预制板定位施工措施

待墙板吊装就位后，根据预先放好的楼层控制线，首先确定好墙体在室内外方向的位置及垂直度。

其次，预先在左右两侧的墙柱钢筋上与预制构件上弹出的标高线对准，调节标高调整卡件使其在同一高度。在预制墙体的侧移方向上，人工采用撬棒在偏出方向一侧顶推墙体，根据预先在楼层上和构件上弹好的侧向定位线，确定构件在侧面方向的位置。在墙体的上下口基本调整完毕后，利用斜撑杆微调，见图 4-19。

（7）构件连接

支设斜撑杆件后，固定底部靠山连接件，校正预制墙板，底部贴防水密封条，松开塔吊吊钩，吊装另一块外墙保温板后，两块板拼缝粘贴防水胶带，见图 4-20，安装横向连接板。

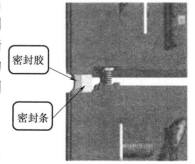

图 4-20 防渗节点剖面

93

（8）安全操作围挡安装与提升

构件吊装、内支模架搭设完成后，方可进行安全操作围挡安装。安装时，利用已搭设好的脚手架，使用定型化钢梯上下支模架，在架体上部铺设可行走的钢竹笆，便于操作人员平行站立行走。按顺序安装安全操作围挡，直至本层围挡全部安装完成。

待安全操作围挡安装完成以后，可进行楼层模板安装、楼层钢筋安装、楼层混凝土浇筑等后续施工工序。

（9）外墙预制保温板标准层施工

吊装时下部与上一层的竖向连接件固定，支设斜撑杆件，其余步骤同首层施工。所有外墙板安装结束后，进行密封胶嵌缝作业。

4. 结语

国家有关部门高度重视建筑节能工作，住宅节能和建筑工业化已经成为一个热点领域。新型无机夹心保温超薄预制外墙板的出现不仅丰富了建筑结构体系，也较好地解决了节能围护体系的耐久性问题，在抗震、安全等性能方面得到了加强。这种保温效果优良、施工过程简便，同时又具有较好耐久性的新型无机夹心保温超薄预制外墙板保温技术具有大面积推广使用的价值。

4.6　叠合剪力墙结构技术

4.6.1　技术简介

叠合剪力墙结构采用预制与施工现场现浇混凝土相结合的方式施工，旨在最大限度减少施工现场支模工作。施工时，将两层由格构钢筋（桁架钢筋）相联系的预制墙板作为永久模板，安装就位后浇筑混凝土，辅以必要的现浇混凝土剪力墙、边缘构件、（叠合）楼板，形成的叠合剪力墙结构。与其他装配式结构体系相比，整体性好，板与板之间无拼缝，防水性好。通过深化设计，可将水、电、消防等的穿墙套管、开关盒、线管在叠合板生产时预埋在墙内。

由于构件形状可自由变化，在满足个性化设计方面，比其他预制混凝土结构更为灵活。

4.6.2　技术案例

1. 工程概况

本工程为 18 层内廊式宿舍，底层部分架空自行车库，层高 3.3m；建筑总高度 59.40m，建筑面积 16978.9m²，占地面积 1035.3m²。工程采用叠合板剪力墙结构体系（典型墙体构造见图 4-21）。

2. 总体施工顺序

总体施工顺序见图 4-22。

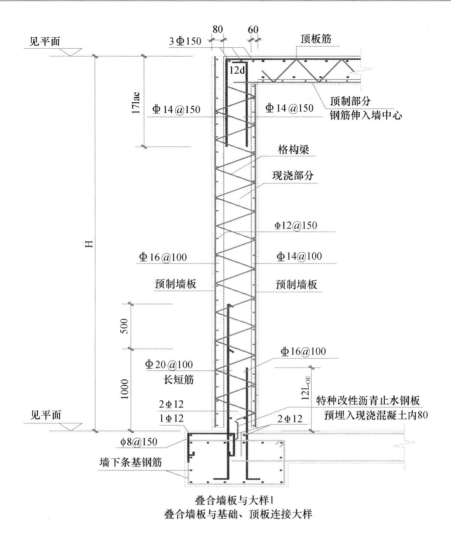

图 4-21　叠合板剪力墙结构

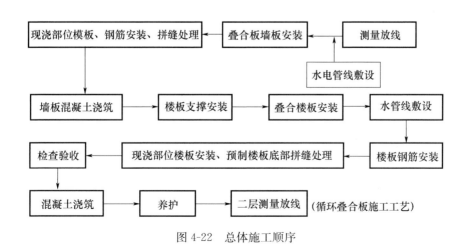

图 4-22　总体施工顺序

3. 作业条件

(1) 基础底板已按要求施工完毕,混凝土强度达到80%以上。并经建设单位专业工程师和监理工程师验收合格。

(2) 必须保证安装叠合墙板部位底板按设计标高施工且上表面平整。

(3) 特种止水钢板露出底板面的高度应在90mm左右为宜。

(4) 楼层平面放线已完成,并经验收合格。

(5) 相关材料机具准备齐全,作业人员到岗。

(6) 进入基础底板的临时施工通道已修好,运输车辆的通行要求,路面需要硬化且坡度不大于25度。

4. 叠合墙板安装

(1) 测量放线,见图4-23。

① 根据工程平面测控网,定位建筑物的轴线、控制线、水平高线、叠合板的分隔线及水平标高控制线。

② 设立两个控制点。所有轴线、标高测定后均要经过多次复核,复核结果要小于国家规定误差的一半。测量和复核均应做好记录,并保存存档。

(2) 检查校准墙体竖向预留钢筋。

① 在基础底板施工阶段做好墙体竖向钢筋的预留工作,本工程墙体厚度内墙为240mm,外墙为240mm,预制墙板的外侧厚度一般为50±5mm,内侧厚度为50±5mm,所以内墙两排竖向预留钢筋的尺寸不大于100mm,外墙两排竖向预留钢筋的尺寸不应大于100mm。

② 吊装墙板前作业人员应先根据墙边线检查墙体竖向钢筋预留位置是否符合标准,如有偏差需先进行调整,应比两片墙板中间净空尺寸小20mm。

③ 将所有预埋件及板外插筋、连接筋等整理并调直,清理浮浆。

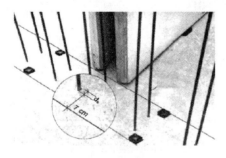

图4-23 墙线示意   图4-24 固定墙板位置控制方木

(3) 固定墙板位置控制方木,见图4-24。

① 竖向预留钢筋调整完后,根据设计图纸将相关轴线、墙边线、控制线等在基础底板上放好后,清理基础面的杂物。

② 叠合板安装作业人员应根据叠合墙板安装布置图,将图纸上的墙板编号及位置在基础底板上相应的位置做出明确标记。

③ 根据已放出的每块预制墙板的具体位置线,固定墙板控制方木,在每块墙板两端距端头200mm处两侧墙边位置固定定位木方,清理表面。

（4）测量放置水平标高控制垫块

① 预制墙板下口留有 40mm 左右的空隙，采用专用垫片调整预制墙板的标高及找平。

② 在每一块墙板的内墙板两端底部放置专用垫块，并用水准仪测量，使其在同一个水平标高上。

（5）墙板吊装

① 叠合板进场后，安排材料员接收预制板，并检查叠合板的质量是否符合《叠合板式混凝土剪力墙结构施工及验收规程》的要求，见表 4-1，表 4-2。

表 4-1　预制叠合墙板内外板长宽尺寸允许偏差　　　　单位：mm

叠合墙板（m）	≤1.5	1.5～3	3～6	6～10	10～15
内墙板的长宽	±5	±5	±8	±10	±15
外墙板的长宽	±5	±8	±8	±10	/

表 4-2　预制叠合墙板厚度尺寸允许偏差　　　　单位：mm

叠合墙板（m）	≤0.3	0.3～0.6	0.6～1.0
墙板厚度	±4	±6	/

② 本工程直接从汽车上进行吊装。为了防止突发事件或施工要求，我们在现场设置叠合板专用堆放区。

a. 预制叠合墙板和楼板按安装顺序存放，标明叠合板的编号。堆垛之间设置 1m 的通道。

b. 叠合楼板和叠合墙板都采用多层平放，每垛堆放为 5 层，根据板的受力情况选择支垫位置，最下面一层垫 2 根通长的方木，其长度稍比板宽长一点；层与层之间垫平、垫实，各层垫木保持在一条垂直线上。

c. 避免门窗洞口和边角部位受到损伤，采取保护措施。

③ 叠合墙板的吊装分为班组进行作业，采用两台 QTZ80 塔吊进行吊装。每个班组由 9 人组成，其中墙板安装 6 人，测量定位 2 人，塔吊指挥 1 人。两个班组的测量人员测量定位好以后，相互交换复核测量。

④ 墙板吊装应按照安装图和事先制定好的安装顺序进行吊装；吊装预制墙板时，起吊就位应垂直平稳，吊具绳与水平面夹角不宜小于 60 度，吊钩应采用弹簧防开钩；墙板起吊时，应通过采用缓冲块（橡胶垫、木方等）来保护墙板下边缘角部不至于损伤；起吊后要小心缓慢地将墙板放置于垫片之上，先调整安装位置再调整水平度和垂直度。图纸上相邻两块叠合墙板间的竖向缝隙为 20mm，预留此缝隙的主要作用是给现场吊装留有一定的调整空间，尽量满足叠合墙板本身的格构钢筋与现场墙体插筋之间的位置冲突，施工时应尽量均匀分配，避免个别缝隙过大。

⑤ 墙板安装过程中，作业人员必须在确保两个墙板斜撑安装牢固后方可解除塔吊吊钩。

（6）安装固定墙板支撑

① 叠合墙板吊装就位后，每块墙板需要两个斜撑来固定，在每块预制墙板上部 2/3 高度处有事先预埋的连接件，斜撑通过专用螺栓与墙板预留连接件连接，斜撑底部与地面用地脚螺栓进行锚固；支撑与水平楼面的夹角在 40°～50°。外叠合墙板考虑施工高层时风荷载，在叠合墙板下方增加一道支撑，见图 4-25。

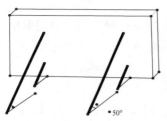
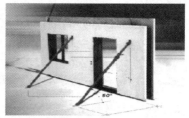

图 4-25　叠合墙板斜撑

② 安装过程中，作业人员必须在确保两（四）个墙板斜撑安装牢固后方可解除吊车吊钩；垂直度的调整通过两个斜撑上的螺纹套管调整来实现，两边要同时调整。所有的墙板都按此顺序进行快速安装就位。

（7）暗柱钢筋绑扎及安装附加钢筋

在墙板安装调整完毕后，按照施工图纸同时进行暗柱钢筋的绑扎及附加钢筋的安装。

① 竖向钢筋采用焊接连接，错开距离符合规范要求。

② 附加筋与箍筋同时安装，并采用绑扎的方法固定在箍筋上。

（8）暗柱支模

待现浇暗柱钢筋和附加连接钢筋安装完成并经检查验收后，开始进行模板安装。

① 现浇部位的模板应采用事先配制好的木模，安装时要达到精准的标准，以保证现浇部位的表面质量及与预制墙板的接茬质量。

② 与生产厂家沟通好，在叠合墙板两面离叠合板上下端各 200mm 处预留螺杆螺帽及中间平均距离预留三个螺杆螺帽，见图 4-26。

③ 异形柱模板示意图，见图 4-27～图 4-29。

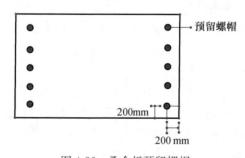

图 4-26　叠合板预留螺帽

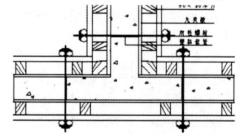

图 4-27　"T"形柱模板拼装示意图

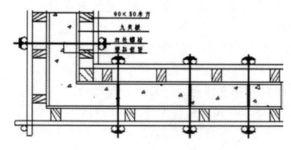

图 4-28　"L"形柱模板拼装示意图

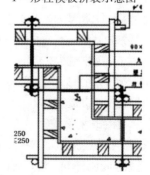

图 4-29　"Z"形柱模板拼装示意图

（9）预制墙板底部、墙板之间及拼缝支模

① 预制墙板与地面间预留的 50mm 的水平缝，用 50mm×50mm 的木方进行封堵，并用射钉将其固定在地面上。

② 二层以上叠合墙板间预留的 50mm 水平缝，用 90mm×50mm 的木方进行封堵，封堵木方的两端固定在暗柱的支撑体系上，或采用对拉的形式将其固定。

（10）检查验收

① 墙板安装施工完毕后，首先由项目部质检人员对墙板各部位施工质量进行全面检查，如：预制墙板是否垂直水平、墙板支撑是否牢固、现浇部位模板安装是否牢固、墙板底部缝隙和竖向缝隙封堵是否严密等。

② 项目部质检人员检查完毕并合格后报监理公司，由专业监理工程师进行复检，见表 4-3。

表 4-3　叠合式预制墙板安装允许偏差

序号	项目		允许偏差（mm）	检验方法
1	基础顶面标高		±10	水准仪或拉线、钢尺检查
2	楼层高度		±5	水准仪或拉线、钢尺检查
3	预制墙板轴线位移		3	钢尺检查
4	预制墙板垂直度		5	经纬仪或吊线、钢尺检查
5	预制墙板水平缝、竖缝宽度		5	钢尺检查
6	各楼层伸出插筋位置偏离		10	钢尺检查
7	每层山墙内倾		2	钢尺检查
8	电梯井壁板	轴线位移	3	经纬仪或吊线、钢尺检查
		墙板垂直度	3	经纬仪或吊线、钢尺检查
		全高垂直度	10	经纬仪或吊线、钢尺检查
9	预制楼梯段（阳台板）标高		±3	水准仪或拉线、钢尺检查
10	建筑物全高垂直度		$H/2000$	经纬仪或吊线、钢尺检查
11	建筑物全楼高度		±60	经纬仪或吊线、钢尺检查

5. 叠合墙板浇筑混凝土

（1）监理工程师及建设单位工程师复检合格后，方能进行叠合墙板混凝土浇筑。

（2）本工程的叠合墙板混凝土浇筑与叠合楼板、暗柱、框架梁一起浇筑。

（3）混凝土浇筑前，清理叠合墙板的内部空腔，并向叠合墙板内部洒水，保证叠合板内表面充分湿润。

（4）本工程采用微膨胀细石混凝土，从原材料上保证混凝土的质量。

（5）混凝土浇筑时，采用水平向上分层连续浇筑，每层浇筑高度控制在 800mm 以内且保证每小时浇筑高度不超过 800mm。

（6）因叠合墙板的厚度只有 240mm，在振捣时特别仔细，控制要严格，混凝土振捣采用 φ30mm 以下的微型振捣棒。

（7）叠合墙板浇筑第四层前，按图纸要求插入叠合板墙间的插筋，按要求安装好插筋后浇筑剩余部分混凝土。

（8）本工程因叠合板内浇筑采用膨胀细石混凝土，暗柱采用普通混凝土，浇筑时考虑到施工的快捷、方便，本工程的暗柱混凝土也采用微膨胀细石混凝土浇筑。浇筑顺序为整体浇筑。

（9）混凝土内部缺陷检测采用混凝土结构多功能无损测试仪测试，测试方法为层析扫描（CT）法：采用仪器系统中的弹性波（包括超声波）CT 技术的测线源为弹性波，通过对被检测对象扫描，测试的数据信号经采用反演重建得到能真实反映结构内部情况不失真的图像，达到检知结构物内部缺陷的目的。

6. 调整叠合板墙间插筋

（1）混凝土浇筑完成后，立即按照图纸要求对插筋进行调准，确保上一层叠合板能顺利安装。

（2）调整后，在两端将两根 ϕ14 的钢筋固定牢固，再用两根 ϕ14 的钢筋连接，将所有的插筋都固定在两根连接钢筋上，避免插筋在调整后发生位移。

注：在叠合墙板内的水、电、消防等的穿墙套管、开关盒、线管在叠合板生产时已预埋在墙内。

4.7 预制预应力混凝土构件技术

4.7.1 技术简介

预制预应力混凝土构件指在工厂生产的预应力混凝土空心板、双 T 板、预应力梁以及预应力墙板等。由于水平结构（楼板、梁、楼梯、阳台板等）支拆模工作耗费人工多、占用周转材料时间长、质量不稳定，所以混凝土结构施工优先、大量选用预制混凝土水平构件。预应力水平构件生产有很多种，本节介绍装配式混凝土楼面结构采用预制预应力混凝土叠合板短线法生产和安装施工技术。与长线法预应力叠合板相比，短线法具有技术先进、工作效率高、节约材料与人工等特点。产品经力学性能检测和实践应用，效果良好。重点介绍叠合板钢模台支设、短线台座法预应力张拉、混凝土浇筑、养护、运输堆放、施工现场安装等工艺。

4.7.2 技术案例

预制预应力混凝土叠合板短线法生产与安装技术

目前，对于装配式混凝土楼面结构，钢筋桁架叠合板和预应力叠合板是两种主要的预制构件。××大地建设集团 2000 年前后从法国引进了长线法先张预应力台座，并生产了预应力叠合板，起到了很好的引领作用。先张法预应力叠合板因其良好的经济性和生产便利性，受到关注者的青睐。

但是，利用长线法台座上生产预制预应力混凝土薄板件，其整体张拉和放张都必须利用长线台座两端的固定地锚承力台座，并利用两端固定台座间的混凝土底板、地梁或钢台模进行传力。

因此，传统的叠合楼板的长线法预制流水线上预应力底板只能在单一的生产线上进行生产，不能在具有立体养护窑的移动模台上与预制墙板共线生产。针对这一缺陷，××建设集团、××大学共同组成课题研究技术攻关组，利用产、学、研结合的优势，研发了短线法移动台模并能实现预制墙板和预制预应力叠合板共线的单模台整体张拉装置。

通过创新的浮动梳子板整体张拉和整体放张装置，成功实现了在 9m 长移动模台上高效率制作预应力叠合板构件，在位于××建筑工业化产业基地的流水生产线上得到成功应用，该技术先进，具有很好的应用前景。

短线法移动台模上整体张拉和整体放张预应力钢丝的关键设备于 2015 年 3 月 31 日申请了核心技术发明专利"单模台非预张整体张拉装置"，2015 年 6 月 24 日获实用新型专利授权（专利号：201520188038.6）。

1. 工程概况

××工程建筑面积 7073.33m²，由地下 1 层，地上 3 层组成。预制装配式框架结构，柱、梁、叠合楼板、内外墙板、阳台、楼梯为预制构件。楼板使用单模台整体张拉预应力钢筋混凝土叠合板底板，使用面积 4840m²。

2. 技术特点

（1）采用预制构件流水生产线上的 9m 长单模台非预张整体张拉装置，多根预应力高强钢丝可一次性整体张拉，无需逐根预张拉。整体张拉可一次性张拉几十根钢丝，比传统的使用专用张拉千斤顶一次张拉一根钢丝并用单孔夹片锚锚固，效率可提高几十倍；放张也是整体放张，但不同于夹片锚单根放张后还要剪去多余外露的钢丝，并且要敲击夹片锚的锥形夹片，节约大量的人工和时间。

（2）传统先张法张拉技术为每根预应力钢丝张拉都由价格昂贵的单孔夹片锚锚固，本工艺采用钢丝镦头锚的锚固技术，经济效益显著。同时镦出的半球形头部和特制垫片在节点处可间接起到锚固的作用，加强了预制部分和现浇部分连接的锚固能力，类似于钢筋的端锚技术见图 4-30。

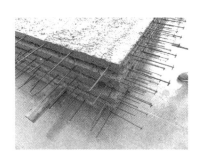

图 4-30　预应力底板的钢丝端部带镦头和垫片

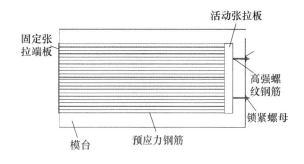

图 4-31　预应力底板张拉示意

（3）传统的夹片锚具需外露张拉的千斤顶工具锚夹持长度，此部分夹持钢丝长度至少有 100～150mm，并在放张后需切断，不仅消耗刀具和人工，而且浪费钢筋。

（4）长线台座法需浇筑大体积混凝土基础锚墩来承受张拉荷载，本装置利用钢模台自身的承载能力，张拉多根钢丝并锚固在端部钢板上的荷载通过特制垫片持荷并传递到模台上，由钢制模台承受张拉力，张拉由张拉端板和活动张拉端板实现。

（5）整体张拉和放张的装置为移动装置，可随模台移动，攻克了"游牧式生产"的最大技术难点，可以进入养护窑养护，提高了生产效率，尤其解决了短线法生产并以钢模台沿滚道环形封闭运转为特性的环形生产线上预应力张拉的实际应用问题。

3. 工艺原理

（1）预制装配整体式楼面结构的叠合板为施工阶段设有可靠支撑的叠合式受弯构件，预应力混凝土底板与叠合层混凝土完全粘结成整体，在使用阶段共同工作。

（2）预应力高强钢丝套上钢环垫片，两端做镦头处理，可形成简单易行的钢丝镦头锚。在钢模台上按设计要求设置若干平行排列设置的预应力钢丝，预应力钢丝一端由设置在钢模台上的锁筋板固定，另一端由设置在钢模台上的活动张拉板固定。两根高强精轧螺纹钢筋与活动张拉板连接固定，该精轧螺纹钢筋穿入固定在钢模台端部的固定端板，通过两台电动液压千斤顶对高强精轧螺纹钢筋施力，带动多根钢丝同步整体张拉，并锁紧螺母保持设计所需的张拉力。预应力底板张拉如图 4-31 所示。

4. 施工工艺流程及操作要点

1）叠合板生产施工工艺流程

清理模台、划线→预应力钢丝两端套入特制垫片→预应力钢丝两端在镦头机上镦头→固定末端锁筋板→安装预应力钢丝→固定张拉端张拉板→锁紧张拉端板→预应力张拉（应力检测）→绑扎分布筋→绑扎吊钩及安装洞口预埋件→浇筑混凝土→蒸汽养护→预应力钢丝放张→拆模→起吊堆放→构件质量检查和修补，在合格产品上设置标识。

2）操作要点

（1）施工准备

① 预制构件制作前应进行深化设计，深化设计文件应包括下列内容：预制构件模板图、配筋图、预埋吊件及各种预埋件的细部构造图等。

② 施工前，应由设计单位与总承包单位、构件预制单位等单位对深化设计文件进行会审，深化设计文件应经施工图设计单位批准后实施。

③ 原材料具有相应的产品合格证、出厂检验报告，经见证取样复试合格后方可使用。

④ 预制构件在制作前，应对其技术要求和质量标准进行技术交底，并应编制生产方案。生产方案应包括生产计划及生产工艺、模具方案及模具计划、技术质量控制措施、成品保护及运输方案等内容。

⑤ 人员的配置与管理根据预制构件各个分项工程任务计划，合理配置预制生产各分项工程的施工技术人员、质检人员和施工作业人员，对管理人员进行产品质量、成本及进度的教育，并明确各自岗位职责。

（2）模台

① 模台表面应光滑平整，2m 长度内平整度应≤2mm。模台表面不平整、模具磨损造成的变形等都会引起构件尺寸偏差过大。应对模台和模具建立严格的使用和保养制度，对台座及时清扫、保持表面光洁。使用划线机划模板和钢筋位置。

② 使用专用脱模剂：脱模剂涂刷均匀；不规则板的局部模板或模具清理干净，不变形：位置准确，安装牢固。

③ 锁筋板位置准确，底板的生产长度为净跨加两端搁置长度 30mm。

（3）钢筋

① 预应力钢丝采用 $\phi 5$ 螺旋肋高强钢丝，吊钩采用 HPB300 级钢筋。主筋间距应均匀，安装时先人工调直，让主筋的初始状态基本一致，以保证整体张拉后，各根钢丝张拉应力偏差在允许范围内。

② 预应力钢丝采用一次性张拉工艺，即超张拉，张拉力为（0～1.03）σ_{con}，σ_{con} $=0.6 f_{ptk}$。

③ 主筋张拉后，每台座抽检≥5 根钢丝的实际张拉应力。张控应力允许偏差控制在±5％内。预应力张拉如图 4-32 所示。

图 4-32　预应力钢丝张拉

④ 预应力主筋混凝土保护层厚度应满足设计要求。

⑤ 分布筋应均匀布置、平整，无扭曲变形，绑扎牢固。

⑥ 叠合板底板两端分布筋应按设计要求规定加密。

⑦ 吊筋的规格、位置应符合有关规范要求。

⑧ 洞口、拐角等薄弱位置应按构造要求加强配筋。

⑨ 叠合板底板模板配筋如图 4-33 所示。

（4）混凝土浇筑

① 混凝土的坍落度控制在 60～80mm，采用布料机进行布料，采用振动平台振捣密实、机械收光，不得采用振动棒，防止扰动预应力钢筋，且影响模具的整体稳定性。

② 叠合板底板厚度应严格控制在规范允许偏差范围内。

③ 叠合板底板上表面机械扫毛做成凹凸划痕深度为 4～6mm 的粗糙面。

④ 留置同条件养护试块和标准养护试块，在确定试块留置数量时，应考虑预应力放张、脱模起吊、构件出场等需要复核同条件养护试块的立方体混凝土强度。

⑤ 采用蒸汽养护，制定养护制度，对静停、升温、恒温和降温时间进行控制。常温下静停 2～6h，升温、降温速度不得超过 20℃/h，最高养护温度不得超过 70℃，叠合板底板出池的表面温度与环境温度的差值不得超过 25℃。

⑥ 叠合板底板如需开洞，需在工厂生产中先在底板中预留孔洞（孔洞内预应力钢筋暂不切断），混凝土浇筑时留出孔洞，混凝土达到强度后切除孔洞内预应力钢筋。洞口处加强钢筋及开洞板承载能力由设计人员根据实际情况进行设计。

（5）放张

放张预应力钢丝时采取整体缓慢放张，放张时的混凝土立方体抗压强度不应低于设计混

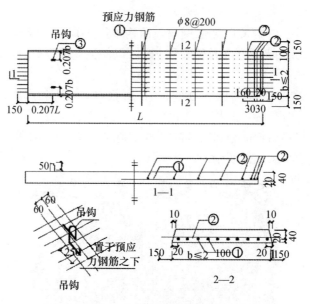

图 4-33 叠合板底板模板配筋

凝土强度等级值的 75%。

（6）脱模

脱模起吊时，混凝土立方体抗裂缝性能应进行计算。等效静力荷载标准值应取构件自重标准值乘以动力系数后与脱模吸附力之和，且不宜小于构件自重标准值的 1.5 倍。

（7）运输堆放

堆放场地必须平整夯实，堆放时应使板与地面间应有一定的空隙，并设有排水措施。板两端（至板端 200mm）及跨中位置均应设置垫木，当板标识长度≤3.6m 时跨中设 2 条垫木，垫木应上下对齐。不同板号应分别堆放，堆放高度不宜多于 6 层。

预应力构件均有一定的反拱，多层堆放时应考虑到跨中反拱对上层构件的影响，长期堆放时还要考虑反拱随时间的增长，堆放时间不得超过 2 个月。

3）现场安装施工工艺流程

搭设临时支撑系统→调平支撑横肋→梁安装、就位、调平→预应力板安装→支撑调整、安装板拼缝处钢筋网片→水电预埋→绑扎负弯矩钢筋→安装阴角模板→浇筑节点混凝土→浇筑叠合层混凝土→养护。

4）现场安装操作要点

（1）临时支撑

① 材料支撑体系采用钢管脚手架、支座硬架支模及支板缝的木板、木方或定型支柱等应按施工方案配制。

② 机具　水准仪、水平尺、塔式起重机、钢卷尺及撬棍等，针对板吊装配置所需要的吊钩、吊索及钢丝绳，配备必要的对讲机，保证安装顺利。

③ 底板就位前应在跨中及紧贴支座部位均设置由柱和横撑等组成的临时支撑。当轴跨 $L \leqslant 3.6m$ 时跨中设置 1 道支撑；当轴跨 $3.6m < L \leqslant 5.4m$ 时跨中设置 2 道支撑；当 $L > 5.4m$ 时跨中设置 3 道支撑。支撑顶面应严格抄平，以保证底板底面平整。多层建筑中各层支撑应

设置在一条直线上，以免板受上层立柱的冲切。

（2）底板安装技术要点

① 底板吊装前应将支座基础面及楼板底面清理干净，避免点支撑。底板搁置点应坐浆处理。

② 底板尽可能一次就位，以防止撬动时损坏底板。吊装时先吊铺边跨板，然后按照顺序吊装剩下的板。就位时叠合板要从上向下安装，在作业层上空 200mm 处略作停顿，施工人员手扶楼板调整方向，将板的边线安放位置线对准，放下时要停稳慢放，严禁快速猛放，以避免冲击力过大造成板面震折裂缝，5 级风以上时应停止吊装。

③ 支设阴角模板防止漏浆，模板采用 Z 型支撑，用膨胀螺栓将专用支撑固定牢固。

④ 钢筋绑扎：预制楼板吊装就位后，应及时依据施工图纸绑扎梁、板连接钢筋。预制楼板间采用整体式接缝如图 4-34 所示。接缝宽度为 200mm，接缝采用后浇带形式，叠合板顶面钢筋应穿过梁顶面钢筋通长配置，接缝处预制板侧伸出的纵向受力钢筋应在后浇混凝土叠合层内锚固。

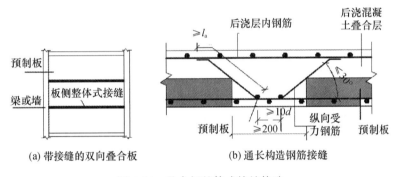

图 4-34　叠合板整体式接缝构造

⑤ 浇筑叠合层混凝土　a. 清理湿润：为使叠合层与叠合板结合牢固，要认真清扫板面。浇灌前用加压水管冲洗湿润，注意不要使浮灰积在结合面内。b. 叠合层混凝土浇灌，混凝土坍落度控制在 160～180mm。要求布料均匀，布料堆积高度严格按现浇层荷载加施工荷载 1 kN/m² 控制。使用平板振捣器振捣密实，使底板与叠合层连接成一整体。c. 用木刮杠在水平线上将混凝土表面刮平，随即用木抹子搓平。浇筑后浇水并覆盖养护。

5. 叠合板底板受力性能检测

测试叠合板底板龄期 5 个月，实际规格 3780mm×2200mm×50mm，混凝土强度等级 C40。预应力钢丝直径 4.8mm，共 22 根，张拉控制为 1105N/mm²。采用均匀堆积砂袋，2 点集中加载，分级加载：0→900N→1800N→2700N→3600N→4500N→5400N→6000N→6600N→7800N→9000N。根据《预应力混凝土叠合板》06SG439－1 图集，抗裂荷载为 $[P_{cr}]=2.84kN$。经试验，得到试验结果：①跨中挠度：跨中挠度的实测值与荷载是线性关系，变形在线弹性范围内，实测值小于理论值：$[P_{cr}]=2.84kN$ 时，实测值 $f=3.59mm$；$f<1/600=3280/600=5.47mm$，满足刚度要求；②跨中应变：应变的实测值与荷载也是线性关系；③本次检测最大荷载 4.5kN，无裂缝产生，抗裂系数达到 1.58。

6. 结语

根据工程测算，楼盖结构采用预应力混凝土叠合板，与现浇楼盖相比，可节约工程造价

10%以上，楼板施工工期可加快 20%～30%。理论研究和工程实践表明，预应力混凝土叠合板完全符合建筑产业化要求及可持续性发展的原则，叠合板底板采用厂内预制，质量可靠，大大提高了楼板承载力及抗裂性能。施工现场减少了用钢量及钢管、模板等周转材料，减少了现场楼板底面抹灰湿作业，节约人工，值得广泛推广。

4.8　钢筋套筒灌浆连接技术

4.8.1　技术简介

　　钢筋套筒灌浆连接技术是指带肋钢筋插入内腔为凹凸表面的灌浆套筒，通过向套筒与钢筋的间隙灌筑专用高强水泥基灌浆料，灌浆料凝固后将钢筋锚固在套筒内实现针对预制构件的一种钢筋连接技术。该技术将灌浆套筒预埋在混凝土构件内，在安装现场从预制构件外通过注浆管将灌浆料注入套筒，来完成预制构件钢筋的连接，是预制构件中受力钢筋连接的主要形式，主要用于各种装配整体式混凝土结构的受力钢筋连接。

　　钢筋套筒灌浆连接接头由带肋钢筋、套筒和灌浆料 3 部分组成。其连接原理是：带肋钢筋插入套筒，向套筒内灌筑无收缩或微膨胀的水泥基灌浆料，充满套筒与钢筋之间的间隙，灌浆料硬化后与钢筋的横肋和套筒内壁凹槽或凸肋紧密啮合，即实现 2 根钢筋连接后所受外力能够有效传递。按钢筋与套筒连接方式不同，该接头分为全灌浆接头和半灌浆接头 2 种。作为钢筋接头先进性的指标，即在同等性能情况下，材料越可靠，接头长度越短，直径越细越先进。

　　构件就位前水平缝处应设置坐浆层。套筒灌浆连接应采用由经接头型式检验确认的与套筒相匹配的灌浆料，使用与材料工艺配套的灌浆设备，以压力灌浆方式将灌浆料从套筒进浆孔灌入，从套筒出浆孔流出，及时封堵进出浆孔，确保套筒内有效连接部位的灌浆料填充密实。

　　套筒灌浆施工后，灌浆料同条件养护试件的抗压强度达到 35MPa 后，方可进行对接头有扰动的后续施工。

4.8.2　技术案例

钢筋连接用灌浆接头材料与应用

　　1. 钢筋连接用灌浆接头

　　（1）灌浆套筒

　　① 钢筋灌浆套筒构造见图 4-35、图 4-36：由内孔壁设有凸、凹剪力槽的灌浆套筒筒身、灌浆口、排浆口及密封圈等构成。目前灌浆套筒材料及加工主要有以下两种，采用 45♯ 碳素钢通过机械加工制造和采用球墨铸铁铸造。

　　灌浆套筒采用机械加工方式的优点是精度高，强度高，质量容易保证；缺点是造价偏高，生产效率低。铸造套筒优点是造价偏低，生产效率高，适合批量生产；缺点是容易产生铸造缺陷，质量不易保证。

② 全灌浆套筒和半灌浆套筒

全灌浆套筒（图 4-35）是指两端均采用灌浆方式连接的套筒，全灌浆套筒长度一般大于16 倍钢筋直径；半灌浆套筒（图 4-36）一端采用灌浆方式连接，而另一端采用非灌浆方式连接的套筒，通常另一端采用螺纹连接，半灌浆套筒长度大于 8 倍钢筋直径。灌浆方式连接所需长度远大于螺纹连接 。鉴于我国直螺纹连接技术已经非常成熟，所以采用直螺纹与灌浆连接组合的方式设计半灌浆套筒更为适宜。

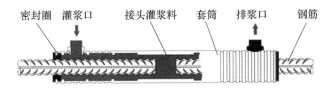

图 4-35　全灌浆套筒

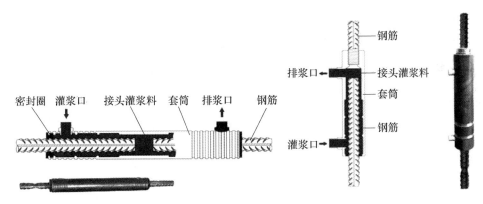

图 4-36　半灌浆套筒

③ 半灌浆套筒

通常半灌浆套筒一端与钢筋机械连接（钢筋加工丝扣），另一端与钢筋灌浆连接，半灌浆套筒两端不同的连接方式使得一体式半灌浆套筒两端孔内径差较大，必须用棒料加工，造成套筒壁厚增加，损失了混凝土保护层的厚度。遇到大直径钢筋的连接，灌浆套筒内孔长细比过大，加工成本大大增加，用机加工方法几乎无法实现。而铸造质量不易保证，阻碍了半灌浆套筒的应用。

半套筒灌浆采用直螺纹与灌浆接头总体组合形式，是改善上述弊端的一个可行措施。将连接的带肋钢筋端部滚轧出直螺纹，然后与带内螺纹的连接套拧紧使带肋钢筋与套筒连接成整体。在工厂预先加工制作，埋入混凝土预制构件，而另一端与钢筋采用灌浆方式连接，在施工现场完成。因为通常直螺纹与钢筋的连接长度很短就能达到力学性能要求，现场连接端的灌浆接头又能满足构件的无缝对接要求，这样可将两种接头形式的优点相结合，减短了套筒的长度，从而降低了套筒的成本。加速了现场钢筋连接时间。

④ 全灌浆套筒

钢筋套筒半灌浆连接主要是应用于垂直方向板墙间和柱与柱之间，水平方向混凝土预制梁与梁之间钢筋连接，只能用钢筋套筒全灌浆接头。由于预制梁与梁之间间距较小，一般只略大于全灌浆套筒整体长度尺寸（通常全灌浆套筒长度大于 16 倍钢筋直径），采用一体式钢筋套筒全灌浆接头安装及施工比较困难，全灌浆套筒整体长度大，灌浆套筒内孔壁设有凸、凹剪力槽，遇到用于大直径钢筋连接的全灌浆套筒，灌浆套筒内孔长细比过大，无论机加工还是铸造加工质量都难以保证，成本也比较高。

针对这一难题，有关企业研发了分体式钢筋套筒全灌浆接头（专利产品）可以分别从管料两端加工，使内孔加工长度降低为原长的 1/4，解决了这一加工难题。使机加工生产全灌浆套筒成为可能。

⑤ 分体式钢筋套筒全灌浆接头专利简介

分体式全灌浆套筒为分体结构，由左灌浆套筒、右灌浆套筒、连接套筒（连接接头）组成。连接套筒（连接接头）可将左、右灌浆套筒用相对应的螺纹连接在一起，再将左、右灌浆套筒与被连接钢筋用灌浆方式连接，最终将两根钢筋连接起来，形成分体式钢筋套筒全灌浆接头。左、右灌浆套筒与连接套筒分别采用左旋螺纹连接和右旋螺纹连接也可全部采用同向螺纹连接。此组合结构可使全灌浆套筒分体单独加工，降低了加工难度，可采用管材加工，成型效率高、耗材少、成本低，适用于水平方向安装距离较小的预制梁与梁之间或现浇混凝土结构横向的灌浆套筒钢筋连接。

（2）灌浆料

灌浆料是以水泥为基本材料，配以适当细集料，以及少量混凝土外加剂和其他材料组成的干混料，加水搅拌后具有大流动度、早强、高强、微膨胀的性能。普通套筒灌浆料基本性能：有较长的操作时间，搅拌后现场操作时间≥30min；具有早强性，1 天试块抗压强度≥35MPa，3 天试块抗压强度≥60MPa，28 天试块抗压强度≥85MPa；无收缩，竖向膨胀率 24h 与 3h 差值为 0.02%～0.5%；氯离子含量为 0.03%；泌水率为 0。

套筒专用灌浆料具有超高早期强度和最终强度、耐久性能好的特点。其具有双膨胀体系，塑性膨胀提高产品的充盈度，后期膨胀增加了对钢筋的握裹力。

目前国内外所用灌浆料的技术指标见表 4-4。

表 4-4　套筒灌浆料的技术性能

检测项目		性能指标
流动度	初始	≥300mm
	30min	≥260mm
抗压强度	1d	≥35MPa
	36d	≥60MPa
	28d	≥85MPa
竖向自由膨胀率/%	3h	≥0.02
	24h 与 3h 差值	0.02%～0.5%
泌水率%		0

3. 分体式钢筋连接用灌浆接头的优势

一是灌浆接头的长度。钢筋锚固长度仅需 5 倍钢筋直径就已满足 JGJ 107 规程中 I 级接头标准，实际工程采用 8 倍钢筋锚固长度，使实际灌浆接头安全储备达到 0.6。

二是灌浆接头的直径。分体式钢筋连接接头产品加工精度高，做到安装尺寸最大的情况下套筒外径最小，兼顾了安装与混凝土保护层厚度两项指标。

三是施工相对简单、易行。

4. 工程应用

北京市马驹桥保障房项目

该项目是北京保障房中心开发的生活社区之一马驹桥一期项目，项目工程总面积 110000m³，主体结构为 11 层，共 10 栋，楼高 31m，层高 2.9m，其 1～10 号楼 4 至 11 层结构设计为装配整体式剪力墙结构，竖向钢筋连接节点采用钢筋套筒水泥灌浆连接，共使用灌浆接头 15 万余支。预制构件进入工程现场前，技术研发单位到现场对施工单位技术人员和监理单位监理人员进行灌浆连接的操作培训，制作了工艺检验接头，进行了接头工艺检验。各项工作均达到要求，做好了正式构件连接和验收的各项准备。施工过程中，严格按照建工院的施工要求进行操作。

该项目构件竖向钢筋的灌浆连接采用专利技术—分体式灌浆连接接头，共使用了分体式灌浆连接接头 130000 个、钢筋接头灌浆料 240t，完成约 10000 块预制剪力墙墙板安装及连接工作。

目前预制装配式建筑结构处于复兴和再发展的有利环境，随着我国住宅产业化和预制工业化的发展方向，预制装配混凝土应用钢筋灌浆连接接头技术将随之得到更广泛的应用，新的技术会不断涌现。

4.9　装配式混凝土结构建筑信息模型应用技术

4.9.1　技术内容

利用建筑信息模型（BIM）技术，实现装配式混凝土结构的设计、生产、运输、装配、运维的信息交互和共享，实现装配式建筑全过程一体化协同工作。应用 BIM 技术，装配式建筑、结构、机电、装饰装修全专业协同设计，实现建筑、结构、机电、装修一体化；设计 BIM 模型直接对接生产、施工，实现设计、生产、施工一体化。

4.9.2　技术指标

建筑信息模型（BIM）技术指标主要有支撑全过程 BIM 平台技术、设计阶段模型精度、各类型部品部件参数化程度、构件标准化程度、设计直接对接工厂生产系统 CAM 技术，以及基于 BIM 与物联网技术的装配式施工现场信息管理平台技术。装配式混凝土结构设计应符合国家现行标准《装配式混凝土建筑技术标准》GB/T 51231、《装配式混凝土结构技术规程》JGJ1 和《混凝土结构设计规范》GB 50010 等的有关要求，也可选用《预制混凝土剪力墙外墙板》15G365－1、《预制钢筋混凝土阳台板、空调板及女儿墙》15G368－1 等国家建筑标准设计图集。

除上述各项规定外，针对建筑信息模型技术的特点，在装配式建筑全过程 BIM 技术应用还应注意以下关键技术内容：

（1）搭建模型时，应采用统一标准格式的各类型构件文件，且各类型构件文件应按照固定、规范的插入方式，放置在模型的合理位置。

（2）预制构件出图排版阶段，应结合构件类型和尺寸，按照相关图集要求进项图纸排版，尺寸标注、辅助线段和文字说明，采用统一标准格式，并满足现行国家标准《建筑制图标准》GB/T 50104 和《建筑结构制图标准》GB/T 50105。

（3）预制构件生产，应接力设计 BIM 模型，采用"BIM＋MES＋CAM"技术，实现工厂自动化钢筋生产、构件加工；应用二维码技术、RFID 芯片等可靠识别与管理技术，结构工厂生产管理系统，实现可追溯的全过程质量管控。

（4）应用"BIM＋物联网＋GPS"技术，进行装配式预制构件运输过程追溯管理、施工现场可视化指导堆放、吊装等，实现装配式建筑可视化施工现场信息管理平台。

4.9.3　适用范围

装配式剪力墙结构：预制混凝土剪力墙外墙板，预制混凝土剪力墙叠合板板，预制钢筋混凝土阳台板、空调板及女儿墙等构件的深化设计、生产、运输与吊装。

装配式框架结构：预制框架柱、预制框架梁、预制叠合板、预制外挂板等构件的深化设计、生产、运输与吊装。

异形构件的深化设计、生产、运输与吊装。异形构件分为结构形式异形构件和非结构形式异形构件，结构形式异形构件包括有坡屋面、阳台等；非结构形式异形构件有排水檐沟、建筑造型等。

4.9.4　工程案例

北京三星中心商业金融项目、五和万科长阳天地项目、合肥湖畔新城复建点项目、北京天竺万科中心项目、成都青白江大同集中安置房项目、清华苏世民书院项目、中建海峡（闽清）绿色建筑科技产业园综合楼项目、北京门头沟保障性自住商品房项目等。

4.10　预制构件工厂化生产加工技术

4.10.1　技术内容

预制构件工厂化生产加工技术，指采用自动化流水线、机组流水线、长线台座生产线生产标准定型预制构件并兼顾异型预制构件，采用固定台模线生产房屋建筑预制构件，满足预制构件的批量生产加工和集中供应要求的技术。

工厂化生产加工技术包括预制构件工厂规划设计、各类预制构件生产工艺设计、预制构件模具方案设计及其加工技术、钢筋制品机械化加工和成型技术、预制构件机械化成型技术、预制构件节能养护技术以及预制构件生产质量控制技术。

非预应力混凝土预制构件生产技术涵盖混凝土技术、钢筋技术、模具技术、预留预埋技术、浇筑成型技术、构件养护技术，以及吊运、存储和运输技术等，代表构件有桁架钢筋预制板、梁柱构件、剪力墙板构件等。预应力混凝土预制构件生产技术还涵盖先张法和后张有粘结预制构件的生产技术，除了建筑工程中使用的预应力圆孔板、双 T 板、屋面梁、屋架、屋面板等，还包括市政和公路领域的预制桥梁构件等，重点研究预应力生产工艺和质量控制技术。

4.10.2　技术指标

工厂化科学管理、自动化智能生产使质量品质得到保证和提高；构件外观尺寸加工精度可达±2mm，混凝土强度标准差不大于 4.0MPa，预留预埋尺寸精度可达±1mm，保护层厚度控制偏差±3mm，通过预应力和伸长值偏差控制保证预应力构件起拱满足设计要求并处于同一水平，构件承载力满足设计和规范要求。

预制构件的几何加工精度控制、混凝土强度控制、预埋件的精度、构件承载力性能、保护层厚度控制、预应力构件的预应力要求等尚应符合设计（包括标准图集）及有关标准的规定。

预制构件生产的效率指标、成本指标、能耗指标、环境指标和安全指标，应满足有关要求。

4.10.3　适用范围

适用于建筑工程中各类钢筋混凝土和预应力混凝土预制构件。

4.10.4　工程案例

北京万科金域缇香预制墙板和叠合板，（北京）中粮万科长阳半岛预制墙板、楼梯、叠合板和阳台板、沈阳惠生保障房预制墙板、叠合板和楼梯，国家体育场（鸟巢）看台板，国家网球中心预制挂板，深圳大运会体育中心体育场看台板，杭州奥体中心体育游泳馆预制外挂墙板和铺地板，济南万科金域国际预制外挂墙板板和叠合楼板，（长春）一汽技术中心停车楼预制墙板和双 T 板，武汉琴台文化艺术中心预制清水混凝土外挂墙板，河北怀来迦南葡萄酒厂预制彩色混凝土外挂墙板，某供电局生产基地厂房预制柱、屋面板和吊车梁，市政公路用预制 T 梁和厢梁、预制管片、预制管廊等。

第5章 钢结构技术

5.1 钢结构深化设计与物联网应用技术

5.1.1 技术内容

钢结构深化设计是以设计院的施工图、计算书及其他相关资料为依据，依托专业深化设计软件平台，建立三维实体模型，计算节点坐标定位调整值，并生成结构安装布置图、零构件图、报表清单等的过程。钢结构深化设计与BIM结合，实现了模型信息化共享，由传统的"放样出图"延伸到施工全过程。物联网技术是通过射频识别（RFID）、红外感应器等信息传感设备，按约定的协议，将物品与互联网相连接，进行信息交换和通讯，以实现智能化识别、定位、追踪、监控和管理的一种网络技术。在钢结构施工过程中应用物联网技术，改善了施工数据的采集、传递、存储、分析、使用等各个环节，将人员、材料、机器、产品等与施工管理、决策建立更为密切的关系，并可进一步将信息与BIM模型进行关联，提高施工效率、产品质量和企业创新能力，提升产品制造和企业管理的信息化管理水平。主要包括以下内容：

（1）深化设计阶段，需建立统一的产品（零件、构件等）编码体系，规范图纸深度，保证产品信息的唯一性和可追溯性。深化设计阶段主要使用专业的深化设计软件，在建模时，对软件应用和模型数据有以下几点要求：

① 统一软件平台：同一工程的钢结构深化设计应采用统一的软件及版本号，设计过程中不得更改。同一工程宜在同一设计模型中完成，若模型过大需要进行模型分割，分割数量不宜过多。

② 人员协同管理：钢结构深化设计多人协同作业时，明确职责分工，注意避免模型碰撞冲突，并需设置好稳定的软件联机网络环境，保证每个深化人员的深化设计软件运行顺畅。

③ 软件基础数据配置：软件应用前需配置好基础数据，如：设定软件自动保存时间；使用统一的软件系统字体；设定统一的系统符号文件；设定统一的报表、图纸模板等。

④ 模型构件唯一性：钢结构深化设计模型，要求一个零构件号只能对应一种零构件，当零构件的尺寸、重量、材质、切割类型等发生变化时，需赋予零构件新的编号，以避免零构件的模型信息冲突报错。

⑤ 零件的截面类型匹配：深化设计模型中每种截面的材料指定唯一的截面类型，保证材料在软件内名称的唯一性。

⑥ 模型材质匹配：深化设计模型中每个零件都有对应的材质，根据相关国家钢材标准

指定统一的材质命名规则,深化设计人员在建模过程中需保证使用的钢材牌号与国家标准中的钢材牌号相同。

(2)施工过程阶段,需建立统一的施工要素(人、机、料、法、环等)编码体系,规范作业过程,保证施工要素信息的唯一性和可追溯性。

(3)搭建必要的网络、硬件环境,实现数控设备的联网管理,对设备运转情况进行监控,提高设备管理的工作效率和质量。

(4)将物联网技术收集的信息与 BIM 模型进行关联,不同岗位的工程人员可以从 BIM 模型中获取、更新与本岗位相关的信息,既能指导实际工作,又能将相应工作的成果更新到 BIM 模型中,使工程人员对钢结构施工信息做出正确理解和高效共享。

(5)打造扎实、可靠、全面、可行的物联网协同管理软件平台,对施工数据的采集、传递、存储、分析、使用等环节进行规范化管理,进一步挖掘数据价值,服务企业运营。

5.1.2 技术指标

(1)按照深化设计标准、要求等统一产品编码,采用专业软件开展深化设计工作。

(2)按照企业自身管理规章等要求统一施工要素编码。

(3)采用三维计算机辅助设计(CAD)、计算机辅助工艺规划(CAPP)、计算机辅助制造(CAM)、工艺路线仿真等工具和手段,提高数字化施工水平。

(4)充分利用工业以太网,建立企业资源计划管理系统(ERP)、制造执行系统(MES)、供应链管理系统(SCM)、客户管理系统(CRM)、仓储管理系统(WMS)等信息化管理系统或相应功能模块,进行产品全生命期管理。

(5)钢结构制造过程中可搭建自动化、柔性化、智能化的生产线,通过工业通信网络实现系统、设备、零部件以及人员之间的信息互联互通和有效集成。

(6)基于物联网技术的应用,进一步建立信息与 BIM 模型有效整合的施工管理模式和协同工作机制,明确施工阶段各参与方的协同工作流程和成果提交内容,明确人员职责,制定管理制度。

5.1.3 适用范围

钢结构深化设计、钢结构工程制作、运输与安装。

5.1.4 工程案例

苏州体育中心、武汉中心、重庆来福士、深圳汉京、北京中国尊大厦等。

5.2 钢结构智能测量技术

5.2.1 技术简介

异形空间结构、大跨径和超高层钢结构工程,在测量速度、精度、变形等方面的要求,采用传统测量方法难以解决。近年来，国内众多异形、复杂钢结构在安装精度、质量控制、调控工艺过程等方面的技术难题，采用全站仪、电子水准仪、GPS全球定位系统、北斗卫星定位系统、三维激光扫描仪、数字摄影测量等智能测量技术得以解决。

智能测量技术是指测量机器人、三维激光扫描仪等智能测量仪器与相配套的测量分析软件配合使用。其测量结果有些可以在瞬间完成；有些需要做大量的前期准备工作；有些需要后期分析、配准，不能立即提取结果。

智能测量技术以测定高精度三维坐标为特征，是一种能够与BIM三维建筑模型设计和3D打印技术相配套的新型测量定位手段。

5.2.2 技术案例

三维激光扫描测量应用技术

激光扫描技术与我们的生活息息相关。比如我们在日常生活中广泛应用的：用于防伪的激光全息扫描、用于医疗外科诊断的激光显微扫描、用于食品品质检测的激光检测扫描等，不同的应用采用了不同的激光扫描手段和方法。激光扫描在建筑工程测量定位方面同样有非常重要的应用，这种新的激光测量技术就是基于近景扫描获取物体的三维坐标，进行静态和动态（实时）测量定位。

三维激光扫描系统，主要由三维激光扫描仪和系统软件组成，其工作目标就是快速、方便、准确地获取近距离静态物体的空间精细三维坐标，建立三维立体模型，根据不同需要对模型进行分析、数据处理和应用。三维激光扫描应用于建设领域的大致范围如下：①建筑物、构筑物的三维建模，如房屋、亭台、庙宇、塔、城堡、教堂、桥梁、道路、海上石油平台、炼油厂管道等；②小范围的数字地面模型或高程模型，如高尔夫球场、摩托车障碍赛赛车场、岩壁等；③自然地貌的三维模型，如岩洞等。

1. 激光扫描原理

采用激光进行距离测量已有三十余年的历史，而自动控制技术的发展使三维激光扫描最终成为现实。三维激光扫描仪的工作过程，实际上就是一个不断重复的数据采集和处理过程，它通过具有一定分辨率的空间点（坐标 x，y，z，其坐标系是一个与扫描仪设置位置和扫描仪姿态有关的仪器坐标系）所组成的点云图来表达系统对目标物体表面的采样结果。一幅实际的点云图如图5-1所示。

三维激光扫描仪所得到的原始观测数据主要是：①根据两个连续转动的用来反射脉冲激光的镜子的角度值得到的激光束的水平方向值和竖直方向值；②根据脉冲激光传播的时间而计算得到的仪器到扫描点的距离值；③扫描点的反射强度等。前两种数据用来计算扫描点的三维坐标值，扫描点的反射强度则用来给反射点匹配颜色。

三维激光扫描仪原理如图5-2所示，扫描仪的发射器通过激光二极管向物体发射近红外波长的激光束，激光经过目标物体的漫反射，部分反射信号被接收器接收。通过测量激光在仪器和目标物体表面的往返时间，计算仪器和点间的距离。

2. 三维模型的生成

要将经过扫描得到的点云转化为通常意义上的三维模型，一般来说系统软件至少应该具

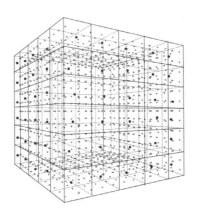

图 5-1　扫描点云的三维坐标

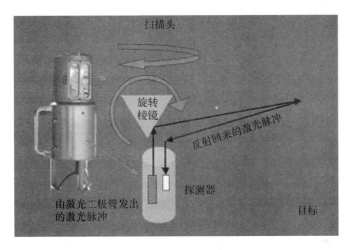

图 5-2　三维激光扫描仪原理

备以下的几个条件：①常用三维模型组件（如柱体、球体、管状体、工字钢等立体几何图形）。②与模型组件相对应的点云匹配算法。③几何体表面 TIN 多边形算法。前两个条件主要是用来满足规则几何体的建模需求，而最后一个条件则是用来满足不规则几何体的建模需求。

系统软件提供一个称为自动分段处理的工具，它允许从扫描的点云图中抽取出一部分点（这部分点往往共同组成一个物体或物体的一部分），以进行自动匹配处理。在这一过程中，通过手工的方式"抽取"物体的表面轮廓，使得匹配后的结果，其表达正确，操作上易于把握。但这种自动匹配方式的处理，只适用于那些与软件中所包含的常用几何形体相一致的目标实体组件，对于那些不能分解为常用几何形体的目标实体组成部分则是无效的。此时，需要在相应的点集中构造 TIN 多边形，以模拟不规则的表面。

3. 坐标系与坐标登记

在任意一幅点云图中，扫描点间的相对位置关系是正确的，而不同点云图间点的相对位置关系的正确与否，则取决于它们是否处于同一个坐标系下。大多数情况下，一幅扫描点云图无法建立物体的整个模型，因此，要解决的问题是如何将多幅点云图精确地"装配"在一起，处于同一个坐标系下。目前采用的方法称之为坐标纠正。

所谓坐标纠正，就是在扫描区域中设置控制点或控制标靶，从而使得相邻的扫描点云图上有三个以上的同名控制点或控制标靶。通过控制点的强制符合，可以将相邻的扫描点云图统一到同一个坐标系下（事实上，不同空间直角坐标系中，其需要解决的坐标转换参数共有七个，就是：三个平移参数、三个旋转参数及一个尺度参数）。

坐标纠正的基本方法有三种：①配对方式；②全局方式；③绝对方式。前两种方式都属于相对方式，它是以某一幅扫描图的坐标系为基准，其他扫描图的坐标系都转换到该扫描图的坐标系下。这两种方式的共同表现是：在野外扫描的过程中，所设置的控制点或标靶在扫描前都没有观测其坐标值。而第三种方式则是在扫描前，控制点的坐标值（某个被定义的公用坐标系，非仪器坐标系）已经被测量，在处理扫描数据时，所有的扫描图都需要转换到控制点所在的坐标系中。前两种方法的区别在于：配对方式只考虑相邻扫描图间的坐标转换，而不考虑转换误差传播的问题；而全局方式则是将扫描图中的控制点组成一个闭合环，从而可以有效地防止坐标转换误差的积累。一般说来，前两种方式的处理，其相邻扫描图间往往需有部分重叠，而最后一种方式的处理，则不一定需要扫描图间的重叠。

当需要将目标实体的模型坐标纳入某个特定的坐标系中时，也常常将全局纠正方式和绝对纠正方式组合起来进行使用，从而可以综合两者的优点。

4. 应用举例

三维激光扫描钢结构网壳提升安装测量应用技术

××站房工程总建筑面积 22.9 万平方米，屋架为大跨度箱型联方网壳钢结构，东西跨度 114m，总长 394.063m，总高度 47m，钢结构总重量达 18000t。屋盖沿跨度方向分为两侧的拱脚散拼段和中间提升段三部分。提升段跨度 68.9m，矢高 11.62m，提升高度 34.13m，每段有 48 个四边形接口，接口合拢的测量精度要控制在 3mm 以内。提升段采用整体卧式在 10m 高架层楼板上进行拼装，然后用液压千斤顶群同步控制整体提升，最终完成屋面结构合拢的施工方法。

（1）网壳钢结构的提升安装过程的测量监控工作

① 钢结构网壳脚和提升网壳拼装完成后，需要检测两者的空间形状和位置是否与设计一致，此时要做两项工作：一是检测上下提升接口的偏差；二是检测网壳格构节点的实际形态。

② 网壳正式提升前有一次预提升，即将网壳提升 300mm 后静止 24h，此时同样要对上下接口的偏差和网壳格构形态进行监测。

③ 网壳提升安装就位后，为判定网壳的结构安全、施工质量并为幕墙的定位、加工和安装提供依据，在网壳支撑柱卸载前后需进行变形测量。

现场采用三维激光扫描技术和相关分析软件，精确监测钢结构网壳在不同阶段的形态，圆满解决了上述问题。

（2）扫描前的准备工作

建立高精度控制网，与施工控制点进行联系测量，以便将扫描数据转换到统一的施工控制坐标系里；确定点云数据配准或拼接的基准点，即同名点。本项目中，测量站数为 31，控制点标靶个数为 7。与三维激光扫描技术有效结合起来，建立起一条快速高精的三维测量路线。

（3）扫描测量过程

按设计方案分别采用 ScanstationII 和 HDS6000 两类三维激光扫描仪，近程扫描采用 HDS6000，远程扫描选用 ScanstationII 三维激光扫描仪（均为 Leica 公司高清晰测量系统的系列产品）。对上下接口进行扫描测量。针对不同的扫描目标，设置扫描的密度和各项参数。扫描密度的设置一般要遵循数据应用的精度要求和扫描效率兼顾的原则。根据经验，通常 60m 处点，扫描间距为 7mm 就可以满足需要。但是对数据应用的精度要求比较高的情况下，扫描密度的要求也会提高，比如对钢结构网壳的接口部分，就要进行精细扫描。在本项目的上接口扫描测量中，就进行了 3mm×3mm 密度的扫描。

为保证不同点云数据的拼接，还需要在测站周围预先设置一定数量的球形标靶（同名控制点）。在扫描时，需将这些标靶作为扫描对象，由于这些标靶是数据配准的控制点，所以需要进行高密度扫描，以满足配准的精度要求。需要注意的是：在设置标靶控制点时，要考虑控制边长度及控制网形状的最优化。

在现场用三维激光扫描仪进行扫描测量时，同时配用 6 台 DELL 移动图形工作站进行同步工作，完成数据结果的分析与输出。

（4）内业数据处理

经扫描数据配准→特征点的提取→特征点校核→偏差结果分析，得到监测数值，及时反馈生产指挥系统。

5.3 钢结构虚拟预拼装技术

5.3.1 技术内容

1. 虚拟预拼装技术

采用三维设计软件，将钢结构分段构件控制点的实测三维坐标，在计算机中模拟拼装形成分段构件的轮廓模型，与深化设计的理论模型拟合比对，检查分析加工拼装精度，得到所需修改的调整信息。经过必要校正、修改与模拟拼装，直至满足精度要求。

2. 虚拟预拼装技术主要内容

（1）根据设计图文资料和加工安装方案等技术文件，在构件分段与胎架设置等安装措施可保证自重受力变形不致影响安装精度的前提下，建立设计、制造、安装全部信息的拼装工艺三维几何模型，完全整合形成一致的输入文件，通过模型导出分段构件和相关零件的加工制作详图。

（2）构件制作验收后，利用全站仪实测外轮廓控制点三维坐标。

① 设置相对于坐标原点的全站仪测站点坐标，仪器自动转换和显示位置点（棱镜点）在坐标系中的坐标。

② 设置仪器高和棱镜高，获得目标点的坐标值。

③ 设置已知点的方向角，照准棱镜测量，记录确认坐标数据。

（3）计算机模拟拼装，形成实体构件的轮廓模型。

① 将全站仪与计算机连接，导出测得的控制点坐标数据，导入到 EXCEL 表格，换成 $(x，y，z)$ 格式。收集构件的各控制点三维坐标数据、整理汇总。

② 选择复制全部数据，输入三维图形软件。以整体模型为基准，根据分段构件的特点，建立各自的坐标系，绘出分段构件的实测三维模型。

③ 根据制作安装工艺图的需要，模拟设置胎架及其标高和各控制点坐标。

④ 将分段构件的自身坐标转换为总体坐标后，模拟吊上胎架定位，检测各控制点的坐标值。

（4）将理论模型导入三维图形软件，合理地插入实测整体预拼装坐标系。

（5）采用拟合方法，将构件实测模拟拼装模型与拼装工艺图的理论模型比对，得到分段构件和端口的加工误差以及构件间的连接误差。

（6）统计分析相关数据记录，对于不符合规范允许公差和现场安装精度的分段构件或零件，修改校正后重新测量、拼装、比对，直至符合精度要求。

3. 虚拟预拼装的实体测量技术

（1）无法一次性完成所有控制点测量时，可根据需要，设置多次转换测站点。转换测站点应保证所有测站点坐标在同一坐标系内。

（2）现场测量地面难以保证绝对水平，每次转换测站点后，仪器高度可能会不一致，故设置仪器高度时应以周边某固定点高程作为参照。

（3）同一构件上的控制点坐标值的测量应保证在同一人同一时段完成，保证测量准确和精度。

（4）所有控制点均取构件外轮廓控制点，如遇到端部有坡口的构件，控制点取坡口的下端，且测量时用的反光片中心位置应对准构件控制点。

5.3.2 技术指标

预拼装模拟模型与理论模型比对取得的几何误差应满足《钢结构工程施工规范》GB 50755 和《钢结构工程施工质量验收规范》GB 50205 以及实际工程使用的特别需求。

无特别需求情况下，结构构件预拼装主要允许偏差：

预拼装单元总长	$\pm5.0\text{mm}$
各楼层柱距	$\pm4.0\text{mm}$
相邻楼层梁与梁之间距离	$\pm3.0\text{mm}$
拱度（设计要求起拱）	$\pm1/5000$
各层间框架两对角线之差	$H/2000$，且不应大于 5.0mm
任意两对角线之差	$\sum H/2000$，且不应大于 8.0mm
接口错边	2.0mm
节点处杆件轴线错位	4.0mm

5.3.3 适用范围

各类建筑钢结构工程，特别适用于大型钢结构工程及复杂钢结构工程的预拼装验收。

5.3.4 工程案例

天津宝龙国际中心、天津宝龙城市广场、深圳平安金融中心、北京中国尊大厦等。

5.4 钢结构防腐防火技术

5.4.1 技术简介

钢结构防腐：钢结构构件只要与水分和氧气同时直接接触，就会在表面形成许多微小的阴极区和阳极区，使钢材的表面产生电化学腐蚀。钢材表面电化学腐蚀物的产物中，最初生成的是二氧化铁，二氧化铁在空气中进一步氧化，生成钢材腐蚀的最终产物三氧化铁。由于二氧化铁与三氧化铁均为疏松物质，随着环境中水分和氧气的侵入，钢材连续不断地发生锈蚀。钢材在锈蚀过程中形成的锈坑，进一步增加了钢材与水分及氧气的接触表面积，加剧了锈蚀的速度。空气中的水分及硫化物、灰尘、煤尘及盐分等污染物，均对钢结构的腐蚀速度有影响。其中，空气相对湿度是影响钢结构腐蚀速度的主要因素。外露结构受紫外线和酸雨作用比一般室内结构要严重，应有所区别，所以防腐设计应充分考虑环境影响，同时考虑满足使用年限、维护措施、涂装方法和综合造价等要求。

钢结构防火：钢结构防火（涂料涂覆、包覆板材、外包混凝土保护层）目的在于进行防火隔热保护，防止钢结构在火中迅速升温挠曲变形倒塌。防火原理有三个：一是涂层对钢基材起屏蔽作用，隔离了火焰，使钢构件不至于直接暴露在火焰或高温之中；二是涂层吸热后，部分物质分解出水蒸气或其他不燃气体，起到消耗热量、降低火焰温度和燃烧速度、稀释氧气的作用；三是涂层本身多孔轻质或受热膨胀后形成炭化泡沫层，热导率均在 $0.233W/(m \cdot K)$ 以下，阻止了热量迅速向钢基材传递，推迟了钢基材受热后温度升到极限温度的时间。从而提高了钢结构的耐火极限。

5.4.2 技术案例

钢结构的防腐与防火技术

1. 钢结构的防腐与防火技术概要

钢结构腐蚀是一种不可避免的自然现象，是影响钢结构使用寿命的重要因素。腐蚀不仅造成经济损失，并且影响结构的安全。在钢结构表面涂刷防护涂层，是目前钢结构防腐的主要措施之一。

钢材是一种不燃烧材料，但耐火性能差，它的机械性能，诸如屈服点、抗拉强度以及弹性模量，随温度的升高出现强度下降、变形加大等问题。钢材在 $500℃$ 时尚有一定的承载力，到 $700℃$ 时基本失去承载力，故 $700℃$ 被认为是低碳钢失去强度的临界温度。所以钢结构应采取防火措施。其目的是在发生火灾时，结构能满足防火规定的耐火极限时间。

2. 钢结构的防腐

(1) 钢结构的防腐措施

钢结构的防腐方法很多，包括改善钢材材性的防腐蚀方法、电化学防腐蚀方法，以及使用金属或非金属涂层的防腐蚀方法等。

在钢结构表面涂刷防腐涂层，是目前钢结构防腐的主要措施之一，也是最经济和最简便的防腐方法。根据涂层组成材料的不同，其防护作用可以是阻隔性、电化学性及阻隔-电化学复合性。通过涂刷或喷涂油漆的办法，在钢材表面形成保护膜，在涂料中加入锌粉、铝粉，或在钢构件上喷镀锌、铝，能起到对钢材电化学保护的作用，使促进腐蚀的各种外界条件如水分、氧气等尽可能与钢材表面隔离开来，从而阻止钢材锈蚀的产生。

(2) 涂料防腐的几个重点

涂层对钢结构的防护程度和防护时间的长短，取决于涂装设计与涂装施工质量。涂装设计包括：钢材表层处理、除锈方法的选择、除锈质量等级的确定、涂料品种的选择、涂层结构和涂层厚度的设计以及涂装工艺和施工环境要求等。

钢材在轧制过程中表面会产生一层氧化皮，在贮存过程中由于大气的腐蚀而生锈；再加工过程中在其表面往往产生焊渣、毛刺、油污等污物，如果表面处理不彻底，漆膜下的金属表面继续生锈扩展，会使涂层破坏失效。钢材表面处理质量在影响涂装质量诸因素中占50％以上。钢结构的除锈方法有：手工和动力工具除锈、喷射或抛射除锈、火焰除锈以及酸洗除锈等。

对于手工除锈，我国分为两个等级。st2 级（彻底的手工和动力工具除锈）：钢材表面应无可见的油脂和污垢，并且没有附着不牢的氧化皮、铁锈等附着物；st3 级（非常彻底的手工和动力工具除锈）除锈等级比 st2 级更为彻底，表面呈现金属光泽。

除锈标准是针对底层涂料的附着力而确定的，确定除锈等级不仅要依据设计要求，而且应该与所使用的涂料相适应，对于低档次的涂料可以采用较低的除锈标准。

防腐涂料涂层构造有：底漆→中漆→面漆；底漆→面漆。底漆主要起附着和防锈作用；中漆的作用是介于底漆和面漆两者之间，能增加漆膜总厚度；面漆保护底漆，并起防腐蚀耐老化作用。在选用涂料时，应注意涂层的配套性，不仅要求底漆与钢材表面的附着力好，面漆与底漆的粘结力强，且要求涂层间作用配套、性能配套、硬度配套，各漆层之间不能发生互溶或咬底现象。

一个完整的涂层结构一般由多层防锈底漆和面漆组成。设计上应对涂料、涂装遍数、涂层厚度作出规定，对腐蚀较低或中等大气环境的工业与民用钢结构，当对涂装厚度无要求时，涂层干漆膜总厚度：室外应为 150 μm，室内应为 125μm，允许偏差为 $-25\mu m$。每遍涂层干漆膜厚度的允许偏差为 $-5\mu m$。涂层厚度应适当，过厚虽然可以增加防护能力，但附着力和机械性能则降低，且费用过高；过薄易产生肉眼看不见的针孔和其他缺陷，起不到隔离环境的作用。涂装后的漆膜外观应均匀、平整、丰满而有光泽，不允许有咬底、裂纹、剥落、针孔等缺陷。涂层厚度用磁性测厚仪测定，总厚度应达到设计规定的要求。

(3) 涂装施工

① 环境温度。在室内无阳光直接照射的情况下，涂装时的温度以 5～38℃ 为宜；若在阳光直接照射下，钢材表面温度能比气温高 8～12℃，涂装时漆膜的耐热性只能在 40℃ 以下，当超过 43℃ 时，钢材表面上涂装的漆膜就容易产生气泡而局部鼓起，使附着力降低。低于

0℃时，在室外钢材表面涂装容易使漆膜冻结而不易固化。

② 环境湿度。相对湿度超过 85％时，钢材表面有露点凝结，影响漆膜附着力。

③ 在有雨、雾、雪和较大灰尘的环境下施工，在涂层可能受到油污、腐蚀介质、盐分等腐蚀的环境下施工，在有防火、防爆要求的环境下施工，均需采取可靠的防护措施。

④ 防腐涂料的准备。涂料及辅助材料进厂后，应检查有无产品合格证和质量检验报告。施工前应对涂料型号、名称和颜色进行校对，是否符合设计规定要求。同时检查制造日期，如超过贮存期，重新取样检验，质量合格后才能使用。

⑤ 涂装时间间隔的确定。间隔时间控制适当，可增强涂层间的附着力和涂层的综合防护性能，否则可能造成"咬底"或大面积脱落和返锈现象，可根据涂料产品说明书确定时间间隔。

⑥ 禁止涂漆的部位和涂装前的遮蔽。钢结构工程有一些部位，是禁止涂装的。如地脚螺栓和底板，高强度螺栓接合面，与混凝土紧贴或埋入的部位等。

⑦ 二次涂装的表面处理和补漆。二次涂装是指构件在加工厂按设计的分层涂装后，运至现场进行的涂装；或者涂装间隔时间超时再进行的涂装。二次涂装前应进行表面处理（并对损坏的部位进行补漆），之后才可进行二次现场涂装。

⑧ 修补涂装。整个工程安装完成后，除需要进行修补漆外，还应对以下部位进行补漆：接合部的外露部分和紧固件等，安装时焊接及烧损的部位，组装标记和漏涂的部位，运输和组装时损坏的部位。

3. 钢结构的防火

（1）钢结构防火材料

① 防火涂料。钢结构防火涂料按阻燃作用原理及涂层厚度分为膨胀型和非膨胀型两种。

膨胀型防火涂料又称为薄涂型涂料，涂层一般为 2～7mm，有一定的装饰效果，所含树脂和防火剂只有在受热时才起防护作用。当温度升高至 150～350℃时，涂层能迅速膨胀 5～10 倍，从而形成适当的保护层，这种涂料的耐火极限一般为 1～1.5h。在薄涂型防火涂料下面，钢构件应做好全面的防腐措施，包括底漆和面漆涂层。

膨胀型防火涂料中，有一类涂料的构成与性能特点介于饰面型防火涂料和薄涂型钢结构膨胀防火涂料之间，称为超薄型钢结构膨胀防火涂料，其中的多数品种属于溶剂型，因此又叫钢结构防火漆。

非膨胀型涂料为厚涂型防火涂料，它由耐高温硅酸盐材料、高效防火添加剂等组成，是一种预发泡高效能的防火涂料。涂层呈粒状面，密度小，导热率低。涂层厚度一般为 8～50mm；通过改变涂层厚度可以满足不同耐火极限的要求。

② 外包板材防火层，这种防护板材常用的有石膏板、水泥蛭石板、硅酸钙板和岩棉板等。使用时通过胶结剂或紧固件固定在钢构件上。采用外包金属板时，应内衬隔热材料。

③ 外包混凝土保护层。可以现浇成型，也可以喷涂。通常在外包层内设置钢丝网或用细直径钢筋加强，以限制混凝土收缩裂缝和遇火爆裂。现浇外包混凝土的重度大，应用上受到一定的限制。

（2）选用防火保护材料的基本原则

① 应具有良好的绝热性，导热系数小或热容量大。

② 在火灾升温过程中不开裂、不脱落、能牢固地附着在构件上，本身又有一定的强度

和粘结度，连接固定方便。

③ 不腐蚀钢材，呈碱性且氯离子的含量低。

④ 不含有危害人体健康的石棉等物质。

（3）钢结构防火构造与施工

① 钢柱

钢柱一般采用厚涂型钢结构防火涂料，其涂层厚度应满足构件的耐火极限要求。施工喷涂时，节点部位宜作加厚处理。喷涂的技术要求和验收标准均应符合国家标准《钢结构防火涂料应用技术规程》CECS 24 的规定。

防火板材包裹保护：采用石膏板、蛭石板、硅酸钙板、岩棉板等硬质防火板材保护时，板材可用胶粘剂或紧固铁件固定，胶粘剂应在预计耐火时间内受热而不失去粘结作用。若柱子为开口截面（如工字形截面），板的接缝部位应在柱翼缘之间嵌入一块厚度较大的防火材料作横隔板。多层包覆，各层板应分别固定，板的水平缝至少应错开 500mm。

外包混凝土保护层：可采用 C20 混凝土或加气混凝土，混凝土内宜配置细钢筋或钢筋网，以拉结、固定混凝土，防止遇火剥落。

钢丝网抹灰保护层：做法是在柱子四周包钢丝网，缠上细钢丝，外面抹灰，边角另加保护钢筋。

钢柱包矿棉毡（或岩棉毡），并用金属板或其他不燃性板材包裹起来。

② 钢梁

钢梁的防火保护措施可参照钢柱的作法。采用喷涂防火涂料时，对于受冲击振动荷载的梁；涂层厚度等于或大于 40mm 的梁；腹板高度超过 1.5m 的梁；粘结强度小于 0.05MPa 的钢结构防火涂料；应在涂层内设置与钢构件相连的钢丝网。

③ 楼盖

楼盖的防火措施可参见《高层民用建筑设计防火规范》GB 50045—95 附录 A 的有关规定。

④ 屋盖与中庭

屋盖与中庭采用钢结构承重时，其吊顶、望板、保温材料等均应采用不燃烧材料，以减少发生火灾时对屋顶钢构件的威胁。屋顶钢构件应采用喷涂防火涂料、外包不燃烧板材或设置自动喷水灭火系统等保护措施，使其达到规定的耐火极限要求。

⑤ 防火涂装施工

钢结构防火施工，应由有施工资质的专业施工队施工，以确保工程质量。喷涂前，钢结构表面应除锈，需要涂防锈底漆。防锈底漆与防火涂料不应发生化学反应。喷涂前，钢结构表面的灰土、油污、杂物等应清除干净。

⑥ 薄型钢结构防火涂料施工

施工工具与方法：喷涂底层涂料，宜采用重力（或喷斗）式喷枪，配能够自动调压的 $0.6\sim0.9m^3/min$ 的空压机。喷嘴直径为 $4\sim6mm$，空气压力为 $0.4\sim0.6MPa$。面层装饰涂料，可以刷涂、喷涂或滚涂，一般采用喷涂施工。喷底层涂料的喷枪，将喷嘴直径换为 $1\sim2mm$，空气压力调为 0.4MPa 左右，即可用于喷面层装饰涂料。局部修补或小面积施工，或者机器设备已经安装好的厂房，不具备喷涂条件时，可采用抹灰刀等工具进行手工抹涂。

涂料的搅拌与调配：运送到施工现场的钢结构防火涂料，应采用便携式电动搅拌器予以适当搅拌，使均匀一致，方可用于喷涂。双组分包装的涂料，应按照说明书规定的配比进行现场调配，边配边用。搅拌和调配好的涂料，应稠度适宜，喷涂后不发生流淌和下坠现象。

底层施工操作与质量：底涂层一般应喷涂 2～3 遍，每遍间隔 4～24h，待前遍基本干燥后再喷后一遍。头遍喷涂以盖住基底面 70％ 即可，二三遍喷涂每遍厚度不超过 2.5mm 为宜。每喷 1mm 厚的涂层，约耗湿涂料 1.2 ～ 1.5kg/m²。喷涂时手握喷枪要稳，喷嘴与钢基材面垂直或成 70°角，喷口到喷面距离为 400～600mm。要求回旋转喷涂，注意搭接处颜色一致，厚薄均匀，防止漏喷、流淌。确保各部位涂层达到设计规定的厚度要求。喷涂形成的涂层是粒状表面，当设计要求涂层表面平整光滑时，待喷完最后一遍应采用抹灰刀或其他使用的工具作抹平处理，使之表面均匀平整。

面层施工操作与质量：当底层厚度符合设计规定，并基本干燥后，方可施工面层喷涂。面层涂料一般涂饰 1～2 遍，若头遍是从左至右喷，二遍则需从右至左喷，以确保全部覆盖住底涂层。面涂用料为 0.5～1.0kg/m² 即可。对于露天钢结构的防火保护，喷好防火的底涂层后，也可选用适合建筑外墙用的面层涂料作为防火装饰层，用量为 1.0kg/m² 即可。面层施工应确保各部分颜色均匀一致，接茬平整。

⑦ 厚型钢结构防火涂料施工

施工方法与机具：一般采用喷涂施工，机具可为压送式喷涂机或挤压机，配能自动调压的 0.6～0.9m³/min 的空压机，喷枪口径为 6～12mm. 空气压力为 0.4～0.6MPa。局部修补可采用抹灰刀等工具手工抹涂。

涂料的搅拌与配置：单组分湿涂料，现场应采用便携式搅拌器搅拌均匀；干粉料及双组分涂料，现场按涂料说明书规定配比加水或稀释剂调配、混合搅拌，边配边用；化学固化干燥的涂料，配制的涂料必须在规定的时间内用完。搅拌和调配涂料，稠度应适宜，即能在输送管道中畅通流动，喷涂后又不会流淌和下坠。

施工操作：喷涂应分若干次完成，第一次喷涂以基本盖住钢材基面即可，以后每次喷涂厚度为 5～10mm. 一般以 7mm 左右为宜。喷涂次数与涂层厚度应根据防火设计要求确定。喷涂时，注意移动速度，不能在同一位置久留，造成涂料堆积流淌；配料及往挤压泵加料均要连续进行，不得停顿。施工过程中，对明显的乳突，应采用抹灰刀等工具剔除，以确保涂层表面均匀。

质量要求：涂层应在规定时间内干燥固化，各层间粘结牢固，不出现粉化、空鼓、脱落和明显裂纹；钢结构的接头、转角处涂层均匀一致，无漏涂出现；涂层厚度应达到设计要求。

4. 工程应用

××市人事局办公大楼改造工程钢结构的防腐与防火处理，按上述设计思想和技术措施指导施工，其钢结构采用 sa2.5 级抛丸除锈，刷红丹醇酸底漆二遍，漆膜厚度 70μm，丙烯酸聚氨酯面漆二遍，漆膜厚度 85μm；钢结构防火等级二级，钢柱选用薄型钢结构膨胀防火涂料，涂层厚度为 7mm，梁选用超薄型钢结构膨胀防火涂料，涂层厚度 5mm。施工中经过严格的质量管理和过程检查验收，防腐和防火材料与基层粘结牢固，表面美观，符合设计和施工规范规定，本工程的防腐与防火一次通过××市质检站和××市消防总局验收。

5.5 索结构应用技术

5.5.1 技术内容

1. 索结构的设计

进行索结构设计时，需要首先确定索结构体系，包括结构的形状、布索方式、传力路径和支承位置等；其次采用非线性分析法进行找形分析，确定设计初始态，并通过施加预应力建立结构的强度与刚度，进行索结构在各种荷载工况下的极限承载能力设计与变形验算；然后进行索具节点、锚固节点设计；最后对支承位置及下部结构设计。

2. 索结构的施工和防护

索结构的预应力施工技术可分为分批张拉法和分级张拉法。分批张拉法是指：将不同的拉索进行分批，执行合适的分批张拉顺序，以有效的改善张拉施工过程中结构中的索力分布，保证张拉过程的安全性和经济性。分级张拉法是指：对于索力较大的结构，分多次张拉将拉索中的预应力施加到位，可以有效地调节张拉过程中结构内力的峰值。实际工程中通常将这两种张拉技术结合使用。

目前索结构多采用定尺定长的制作工艺，一方面要求拉索具有较高的制作精度，另一方面对拉索施工过程中的夹持和锚固也提出了较高的要求。索结构的夹持构件和索头节点应具有高强度/抗变形的材料属性，并在安装过程中具有抗滑移和精确定位的能力。

索结构还需要采取可靠的防水、防腐蚀和防老化措施，同时钢索上应涂敷防火涂料以满足防火要求，应定期检查拉索在使用过程中是否松弛，并采用恰当的措施予以张紧。

5.5.2 技术指标

1. 拉索的技术指标

拉索采用高强度材料制作，作为主要受力构件，其索体的静载破断荷载一般不小于索体标准破断荷载的 95%，破断延伸率不小于 2%，拉索的设计强度一般为 0.4～0.5 倍标准强度。当有疲劳要求时，拉索应按规定进行疲劳试验。此外不同用途的拉索还应分别满足《建筑工程用索》和《桥梁缆索用热镀锌钢丝》GB/T 17101、《预应力混凝土用钢绞线》GB/T 5224、《重要用途钢丝绳》GB 8918 等相关标准。拉索采用的锚固装置应满足《预应力筋用锚具、夹具和连接器》GB/T 14370 及相关钢材料标准。

2. 设计技术指标

索结构的选型应根据使用要求和预应力分布特点，采用找形方法确定。不同的索结构具有不同的造型设计技术指标。一般情况下柔性索网结构的拉索垂度和跨度比值为 1/10～1/20，受拉内环和受压外环的直径比值约为 1/5～1/20，杂交索系结构的矢高和跨度比值约为 1/8～1/12。

3. 施工技术指标

索结构的张拉过程应满足《索结构技术规程》JGJ 257 要求。拉索的锚固端允许偏差为锚固长度的 1/3000 和 20mm 的较小值。张拉过程应通过有限元法进行施工过程全过程模拟，并根据模拟结果确定拉索的预应力损失量。各阶段张拉时应检查索力与结构的变形值。

5.5.3　适用范围

可用于大跨度建筑工程的屋面结构、楼面结构等，可以单独用索形成结构，也可以与网架结构、桁架结构、钢结构或混凝土结构组合形成杂交结构，以实现大跨度，并提高结构、构件的性能，降低造价。该技术还可广泛用于各类大跨度桥梁结构和特种工程结构。

5.5.4　工程案例

宝安体育场、苏州体育中心体育馆和游泳馆（在建）、青岛北客站、济南奥体中心体育馆、常州体育中心、北京工业大学羽毛球馆等。

第6章 机电安装工程技术

6.1 导线连接器应用技术

6.1.1 技术简介

在建筑电气工程中，需要完成大量 6mm² 及以下截面导线的接续、分线和 T 接工作。对于这些细导线的电气连接，国内主要采用锡焊连接工艺和安全压线帽连接工艺。这两种连接工艺存在安装效率低、无法满足日后线路维护等诸多问题。相比发达国家采用的基于导线连接器的细导线连接工艺，已明显落后。导线连接器可分为螺纹型、无螺纹型和扭接式三种，见表 6-1。将应用最广的扭接式连接器与锡焊比较，同样连接 2 根 AWG12 铜导线，采用扭接式连接器连接的抗拉强度是锡焊抗拉强度的 3 倍，扭接式连接器接点电阻值比锡焊接点电阻值低 22.5%。随着技术的进步，导线连接器将为我国建筑电气工程发挥更大作用。

表 6-1 导线连接器选用图

比较项目 \ 连接器类型	无螺纹型		扭接式	螺纹型
	通用型	推线式		
连接原理图例				
制造标准代号	GB 13140.3		GB 13140.5	GB 13140.2
连接硬导线（实心或绞台）	适用		适用	适用
连接未经处理的软导线	适用	不适用	适用	适用
连接焊锡处理的软导线	适用	适用	适用	不适用
连接器是否参与导电	参与		不参与	参与/不参与
IP 防护等级	IP20		IP20 或 IP55	IP20
安装工具	徒手或使用辅助工具		徒手或使用辅助工具	普通螺丝刀
是否重复使用	是		是	是

126

6.1.2　技术案例

导线连接器在建筑工程中的应用

1. 基于导线连接器的细导线连接工艺

欧美发达国家使用导线连接器的历史可追溯到 20 世纪 20 年代。使用导线连接器不仅实现可靠的电气连接，而且由于不借助特殊工具，可完全徒手操作，所以其安装过程十分快捷、高效，平均每个电气连接耗时仅 10 s，为传统锡焊工艺的三十分之一。到 20 世纪 40 年代，在欧美发达国家，导线连接器已全面替代"锡焊＋胶带"工艺，广泛应用于建筑电气工程中。

（1）导线连接器的分类

民用建筑电气工程中所使用的导线连接器属于家用和类似用途低压电路用的连接器件，此类连接器分为以下三类。

① 螺纹型连接器

根据线径选择适当的套管（芯），通过拧紧一侧的螺钉产生压力，将多根导线挤压在套管内，安装绝缘罩（也采用螺纹连接）后即形成完整的电气连接。

需要特别指出的是：螺纹型连接器不适用于直接连接经锡焊处理的多股软导线。因热胀冷缩和锡焊的蠕变特性（锡铅合金的热膨胀系数为 25，是铜膨胀系数 17 的 1.47 倍），在螺纹型连接器的夹紧件与锡焊的多股导线末端之间会出现微小间隙。螺纹型连接器的夹紧件不能补偿这种间隙，会导致接触不良。

② 无螺纹型连接器

无螺纹型连接器通过簧片、弹簧或凸轮机构等构成的无螺纹型夹紧部件（如图 6-1 所示），对被连接导线产生接触力，实现电气连接。

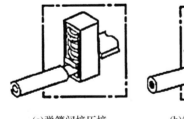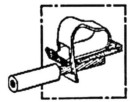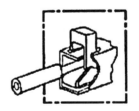

(a)弹簧间接压接　　　　　(b)簧片间接压接　　　　(c)带调节装置簧片直接压接

图 6-1　无螺纹型夹紧部件

此类连接器也被称为"插接式连接器"或"推线式连接器"，按连接导线连接能力（同时连接导线的根数），无螺纹型连接器可分 2～8 孔等多种规格，并有"并插"与"对插"之分。

需要说明的是：无螺纹型导线连接器本身是参与导电的，因此有载流量限制，选用时应注意与被连接导线匹配，否则可能因过载而损坏。

③ 扭接式连接器

导体间接触力来自绝缘外壳及内嵌的圆锥形螺旋钢丝。连接器旋转过程中，方截面钢丝的棱线会在导体表面形成细小刻痕，并使导线形成扭绞状态，同时圆锥形螺旋钢丝产生扩张趋势，对导线施加足够压力。因外形与使用方式类似机械设备中的"帽形螺母"，故此类连接器又被称为"接线帽"。

扭接式连接器在电气连续、机械强度、绝缘防护方面都优于焊接工艺，且可完全徒手操作（如果使用螺母套筒等辅助工具可进一步提高工效），施工方便、高效。在其九十余年（发明专利注册于1920年）的发展历程中，逐渐形成了满足不同需求的多种形式。

区别于螺纹型和无螺纹型连接器，扭接式连接器只对导线提供握持力，本身并不参与导电，早期的扭接式连接器甚至完全用陶瓷制造，因此连接器不存在载流量指标。安装扭接式连接器时，无需对被连接导线进行预扭纹，只需按要求将剥除绝缘层的导线并齐，套上连接器旋转。当连接器外部导线也出现扭绞状态时，就完成了可靠连接。

实验证明：同样连接2根AWG12铜导线（等效截面积3.3mm²），采用扭接式连接器连接的抗拉强度达782.04 N，是锡焊抗拉强度（252.84 N）的3倍；接点电阻值为3.1mΩ，比锡焊接点电阻值（4mΩ）降低了22.50%。

（2）不同连接器的特点比较

不同连接器的横向对比见表6-2。

表6-2　不同方式的导线连接器对比

比较项目	螺纹型	无螺纹型（插接式/推线式）	扭接式
连接原理图例			
制造标准代号	GB 13140.2	GB 13140.3	GB 13140.5
标准要求的周期性温度实验	—	192个循环	384个循环
通过32A电流时的接点压降/mV	<22.5	15.5	14.3
连接硬导线（实心或绞合）	适用	适用	适用
连接未经处理的软导线	适用	不适用	适用
连接锡焊处理的软导线	不适用	适用	适用
连接器是否参与导电	参与/不参与	参与	不参与
最高IP防护等级	IP20	IP20	IP55
安装工具	普通螺丝刀	徒手或使用辅助工具	徒手或使用辅助工具
是否重复使用	是	是	是

由于"扭接式"和"无螺纹型"连接器优点突出，所以这两种连接器已成为全球建筑电气低压配电系统与电器设备中用量最多、用途最广的导线接续装置。

2. 典型应用

（1）导线接续、分线和T接

导线敷设过程中，导线连接器广泛应用于建筑电气低压配电分支（末端）线路的接续、分线和T接。尤其当分线盒设置在天花板等高处时，采用导线连接器代替锡焊，能有效减少施工过程中使用高温锡焊带来的危险，而且提高了工效，降低了劳动强度。

（2）插座接线

在安装插座时，如果利用插座接线端子转接 PE 线，又出现接触不良时，则故障点下游插座都将失去 PE 线保护。为避免此类安全隐患，正规做法都是采用"爪形"（俗称"鸡爪"）接线工艺。采用导线连接器代替锡焊，实现了安全、高效、省空间以及便检修等目的。出于同样安全性、可靠性及维护性的考虑，建议插座的 L 线与 N 线采用同样工艺连接。

（3）电器设备安装

导线连接器可广泛应用于灯具、吊扇等电器设备的接线环节中。为了便于用户安装，很多欧美品牌的灯具产品中，都将导线连接器与安装用螺钉螺母一样看待，将其作为标准附件配套在灯具中，用户无需再单独购买。

3. 结语

为了尽快改变我国建筑电气工程中细导线连接工艺现状，新版《建筑电气工程施工质量验收规范》GB 50303，对导线连接器的应用提出了明确要求；中国标准化协会编制的《住宅装修工程电气及智能化系统设计、施工与验收规范》CAS 212—2013，对导线连接器在家装工程中的使用提出了要求；中国工程建设标准化协会正在编制《建筑电气细导线连接器应用技术规程》，将面向一线工程人员，对导线连接器的选型、使用与质检提出更具可操作性的要求。相信在不久的将来，导线连接器将为我国建筑电气工程的标准附件。

6.2 可弯曲金属导管安装技术

6.2.1 技术简介

可弯曲金属导管（可挠（金属）电线保护套管），为外层热镀锌钢带绕制而成，内层为热固性粉末涂料，粉末通过静电喷涂，均匀吸附在钢带上，经 200℃高温加热液化再固化，形成质密又稳定的涂层，涂层自身具有绝缘、防腐、阻燃及耐磨损等特性，厚度为0.03mm。基本型 KZ 材质为外层热镀锌钢带绕制，内壁喷附绝缘树脂层，防水型 KV 在基本型基础上外包塑软质聚氯乙烯，阻燃型 KVZ 在基本型基础上外包覆软质阻燃聚氯乙烯，用作电线、电缆、自动化仪表信号的电线电缆保护管，规格为 3～130mm。具有良好的柔软性、耐蚀性、耐高温、耐磨损以及抗拉性。

可弯曲金属导管的优势集中体现于：

（1）可弯曲度好：优质钢带绕制而成，用手即可弯曲定型，减少机械操作工艺。

（2）耐腐蚀性强：材质为热镀锌钢带，内壁喷附树脂层，双重防腐。

（3）使用方便：裁剪、敷设快捷高效，可任意连接，管口及管材内壁平整光滑，无毛刺。

（4）内层绝缘：采用热固性粉末涂料，与钢带结合牢固且内壁绝缘。

（5）搬运方便：圆盘状包装，质量为同米数传统管材的 1/3，搬运方便。

（6）机械性能：双扣螺旋结构，异形截面，抗压、抗拉伸性能达到《电缆管理用导管系统第1部分：通用要求》GB/T 2004 1.1 的分类代码 4 重型标准。

适用于建筑物室内外电气工程的强电、弱电、消防等系统的明敷和暗敷场所的电气配管及作为导线、电缆末端与电气设备、槽盒、托盘、梯架及器具等连接的电气配管。

6.2.2 技术案例

可弯曲金属电线管敷设施工工艺

1. 范围

本工艺标准适用于一般工业、民用建筑工程 1kV 及其以下照明、动力、弱电的可弯曲金属电线管的明、暗敷设及吊顶内和护墙板内可弯曲金属电线管敷设工程。

2. 施工准备

(1) 材料要求

① 可弯曲金属电线管及其附件，应符合国家现行技术标准的有关规定，并应有合格证。同时还应具有当地消防部门出示的阻燃证明。

② 可弯曲金属电线管配线工程采用的管卡、支架、吊杆、连接件、槽、盒、箱等附件，均应镀锌或涂防锈漆。

③ 可弯曲金属电线管及配套附件器材的规格型号应符合国家规范的规定和设计要求。

④ 其他所需材料：电线钢管、接线箱、灯头盒、插座盒、配电箱、接线箱连接器、混合管接头、锁紧螺母、固定卡子、接地卡子、圆钢、扁钢、角钢、支架、吊杆、螺栓、螺母、垫圈、弹簧垫圈、膨胀螺栓、木螺丝以及自攻螺丝等金属部件均应镀锌处理或作防锈处理。

(2) 主要机具

① 可弯曲金属电线管专用切割刀、液压开孔器、无齿锯、台钻、手电钻、电锤、电焊机及射钉枪。

② 钢锯、活扳手、鱼尾钳、手锤、錾子、半圆锉、钻头、钳子、改锥及电工刀等。

③ 水平尺、角尺、盒尺、铅笔、绒坠、灰桶、灰铲以及粉线袋等。

(3) 作业条件

① 暗管敷设

a. 配合混凝土结构暗敷设施工时，根据设计图纸要求，在钢筋绑扎完、混凝土浇灌前进行配管稳盒，下埋件预留盒、箱位置。

b. 配合砖混结构暗敷管路施工时，应随墙立管，安装盒、箱或预留盒、箱位置。

c. 配合吊顶内或轻隔墙板内暗敷设管路时，应按土建大样图，先弹线确定灯具、插座等位置，随吊顶、立墙龙骨进行配管、稳盒、箱。

d. 吊顶内采用单独支撑，吊挂的暗敷管路，应在吊顶龙骨安装前进行配管做盒。

② 明管敷设：

a. 应在建筑结构期间安装好预埋件、预留孔、洞工作。

b. 采用预埋法固定支架，应在抹灰前完成；采用膨胀螺栓固定支架时，应在抹灰后进行。

c. 配管稳盒应在土建喷浆装修后进行。

3. 操作工艺

(1) 暗管敷设工艺流程

备管件、箱盒预测→测位→箱盒固定→管路敷设→断管、安装附件→卡接地线→管路

固定

（2）明管敷设工艺流程

备管件、箱盒预测→测位→箱盒固定→支架固定→断管、安装附件→卡接地线→管路固定

（3）管路敷设的基本要求

① 根据设计图纸，确定管路走向进行管路敷设，应减少弯曲，走向合理，维修维护方便。

②应根据所敷设的部位、环境条件，正确选用可弯曲金属电线管的规格型号及附件。

（4）暗管敷设

① 箱、盒测位：根据施工图确定箱、盒轴线位置，以土建弹出的水平线、轴线为基准，挂线找平定位，线坠找正，标出箱、盒实际位置。成排、成列的箱、盒位置，应挂通线或十字线。

② 暗敷在现浇混凝土结构中的管路，应敷设在两层钢筋中间。垂直方向管路宜沿同侧竖向钢筋敷设，水平方向的管路宜沿同侧横向钢筋敷设。

③ 砖混结构随墙暗敷时，向上引管应及时堵好管口，并用临时支杆将管沿敷设方向挑起。

④ 预制楼板上暗敷设时，应先找灯位盒后配管。管路敷设后立即用强度不低于 M10 的水泥砂浆嵌实保护。

⑤ 剔槽敷设时，应在槽弧边先弹线，用錾子剔槽，槽宽及槽深均应比管径大 5mm 为宜。加气混凝土墙宜用电锯开槽。剔槽敷设时，严禁剔横槽。

（5）吊顶内暗敷时，管路可敷设在主龙骨上。单独吊挂的管路，其吊点不宜超出 1000mm。盒、箱两侧的管路固定点，不宜大于 3mm。

（6）护墙板（石膏板轻隔墙）内暗敷时，应随土建立龙骨同时进行。其管路固定，应用可弯曲金属电线管配套的卡子进行固定。

（7）进入箱盘的管路，应排列整齐，采用 BG 型或 UBG 型接线箱连接器与箱体锁紧，并安装好 BP 型绝缘护口。进入落地式配电箱、屏的可弯曲金属电线管，除应高出配电箱基础不少于 50mm 外，还应做排管的固定支架。

（8）管路固定

① 敷设在钢筋混凝土中的管路，应与钢筋绑扎牢固，管绑扎点间距不宜大于 500mm，绑扎点距盒、箱不宜大于 300mm。绑扎线可采用细铁丝。

② 砖墙或砌体墙剔槽敷设的管路按不大于 1000mm 间距，用细铅丝、铁钉固定。

③ 吊顶内及护墙板内管路，按不大于 1000mm 间距，采用专用卡子固定。在与接线箱、盒连接处，固定点距离不应大于 300mm。

④ 预制板（圆孔板）上的管路，可利用扳孔用钉子、铅丝固定后再用砂浆保护。

（9）管路连接

① 可弯曲金属电线管与可弯曲金属电线管联接以及与钢制电线管、厚铁管、各类箱盒的联接时，均应采用其配套的专用附件。

② 可弯曲金属电线管与箱盒联接时除采用专用配套附件外，还应做到：箱盒开孔排列整齐，孔径与管径相吻合，做到一管一孔，不得开长孔，铁制箱盒严禁用电气焊开孔。

③ 可弯曲金属电线管与可弯曲金属电线管联接可采用 KS 系列连接器。由于管子、连接器自身有螺纹，可用手将管子直接拧入拧紧。

（10）当采用 VKV 系列无螺纹连接器与钢管连接时，必须用扳手或钳子将连接器的顶丝拧紧，以防浇灌混凝土时松脱。

（11）管子切断方法

① 可弯曲金属电线管的切断，应采用专用的切割刀进行，也可以用普通钢锯进行切断。

② 用手握住可弯曲金属电线管或放置在工作台上用手压住，刀刃垂直对准管子纹沟，边压边切即可断管。

③ 切面处理：管子切断后，便可直接与连接器连接。但为便于与附件连接，可用刀背敲掉毛刺，使其断面光滑。内侧用刀柄旋转绞动一圈，以便于过线。

（12）地线连接

① 可弯曲金属电线管与管、箱盒等连接处，必须采用可弯曲金属电线管配套的接地夹子进行连接。其接地跨接线截面不小于 $4mm^2$ 铜线。可弯曲金属电线管不得采用熔焊连接地线。

② 可弯曲金属电线管，盒、箱等均应联接一体可靠接地。

③ 可弯曲金属电线管不得作为电气接地线。交流 50V，直流 120V 及以下配管可不跨接接地线。

（13）可弯曲金属电线管暗敷时，其弯曲半径不应小于外径的 6 倍。

（14）暗敷于建筑物、构筑物内的管路与建筑物、构筑物表面的最小保护层不应小于 15mm。

（15）在暗敷时，可弯曲金属电线管有可能受重物压力或明显机械冲击处，应采取有效保护措施。

（16）可弯曲金属、电线管经过建筑物、构筑物的沉降缝或伸缩缝，应采取补偿措施，导线应留有余量。

（17）当可弯曲金属电线管遇下列情况之一时，应设置接线盒或拉线盒。

① 管长每超过 30m，无弯时。

② 管长每超过 20m，有一个弯时。

③ 管长每超过 15m，有两个弯时。

④ 管长每超过 8m，有三个弯时。

⑤ 不同直径的管相连时。

（18）垂直敷设的可弯曲金属电线管，在下列情况下，应设置固定导线用的过路盒。

① 管内导线截面为 $50mm^2$ 及以下，长度每超过 30m 时。

② 管内导线截面为 $70\sim95mm^2$，长度每超过 20m 时。

③ 管内导线截面为 $120\sim240mm^2$，长度每超过 18m 时。

（19）明管敷设

① 根据设计图纸要求，结合土建结构、装修特点，综合协调通风、暖卫、消防等专业需求的前提下，确定管路走向、箱盒准确安装位置，弹线定位。

② 预制管路支架、吊架，根据排管数量和管径钻好管卡固定孔位。箱盒进管孔，预先按连接器外径开好，做到一管一孔，排列整齐。接线盒上无用敲落孔不允许敲掉，配电箱

（盘）不允许开长孔和电气焊开孔。

③ 首先用膨胀螺栓将箱盒稳装好。而后计算确定支架、吊架的具体位置再进行支架、吊架安装。应做到固定点间距均匀，转角处对称。

④ 支架、吊架与终端、转弯点、电气器具或接线盒、配电箱（盘）边缘的距离为 150～300mm 为宜。管长不超出 1000mm 时，应最少固定两处。

⑤ 明配时，可弯曲金属电线管弯曲半径不应小于管径的 3 倍。抱柱、梁弯曲时，可采用专用的 30°弯附件进行配接。

⑥ 上人吊顶内可弯曲金属电线管敷设应按明管要求进行敷设。

⑦ 吊顶板内接线盒如采用可弯曲金属电线管引至灯具或设备时，其长度不宜超出 1000mm，两端应采用配套的连接器锁固，其管外皮保护接地线应与接线盒处管进行连接，或与盒内 PE 保护线联接。

⑧ 水平或垂直敷设的明配可弯曲金属电线管，其允许偏差为 5‰，全长偏差不应大于管内径的 1/2。明敷前应注意不要使可弯曲金属电线管出现碎弯，否则不易达到质量标准。

⑨ 沉降缝或伸缩缝应作补偿处理。

（20）管内穿线

① 可弯曲金属电线管内穿线的做法和工艺标准与其他配线管内穿线做法基本一致。

② 管内导线包括绝缘层在内的总截面积不应大于管子内总截面积的 40％。

③ 设备控制线配管、先穿线后配管时，管内导线包括绝缘层在内的总截面积不应大于管子内总截面积的 60％。

（1）保证项目：

① 可弯曲金属电线管的材质，型号、规格及适用场所必须符合设计要求和有关国家施工规范规定。

检验方法：明敷时观察检查，暗敷时检查隐蔽工程记录。

② 敷设的管路、盒、箱等必须达到接地可靠，连成一体。选用的跨接地线规格，材质符合有关国家规范、管路、接地线不得熔焊连接。

检验方法：观察检查与检查隐检，预检记录。

③ 导线间和导线对地间的绝缘电阻值必须大于 0.5MΩ。

检验方法：实际测试和检查绝缘电阻值测试记录。

（2）基本项目

① 暗敷管路：管与管及其与盒、箱等连接，应机械连接牢固，电气连接可靠，保护层厚度大于 15mm。

② 明敷管路：明配管应排列整齐，固定牢固、固定点间距离应均匀，转角处应对称，固定点间距符合规范规定。

③ 管路穿过沉降缝或伸缩时，有补偿措施，导线留有余。

检验方法：观察检查、用尺测量及检查隐检记录。

（3）允许偏差项目（略）

5. 成品保护

（1）在钢筋中暗敷时，应注意保护已绑扎好钢筋，不允许损坏钢筋或任意切割钢筋。

（2）剔槽、剔洞不要用力过猛，不要剔得过宽、过大影响土建结构质量。断结构钢筋时必须征得土建技术负责人同意方可断筋，并由土建采取加固措施。

（3）浇筑混凝土时，必须设电工看护，以防管路连接脱离等现象，发现问题应及时修复。

（4）明敷管路时，应注意保护土建装饰的清洁，不得污染墙面等饰面。

（5）管路敷设后，应及时堵好管口。随结构进度及时扫管穿带线，堵好盒、箱口。

（6）穿线后应及时采取保护措施，以避免油漆浆活污染盒、箱及导线。安装灯具，电门插座等器具时，注意保护土建的装饰面清洁。

（7）明敷管路敷设完毕后，如土建进行浆活等项饰面工程修理时，应及时采取措施对管路，盒、箱保护，以防污染，造成今后清理困难。

6. 应注意的质量问题

（1）并列安装的电门、插座盒不在同一水平线上，超出允许偏差，应挂通线稳装或采取接短管后稳盒。

（2）现浇混凝土内及吊顶内配管固定点距离远，不符合规范要求，增加固定点。

（3）明配管时，由于测位不准和可弯曲金属电线管本身易弯曲的特点，造成排列不齐，水平和垂直度均超出允许偏差，观感质量不佳。

（4）管路间与盒、箱间的跨接地线，卡接不牢，选用的卡子、导线不符合质量标准。

（5）穿线时发生管路堵塞现象，主要原因是没有按工序要求及时扫管穿带线，管口未及时堵好，其他专业工种剔凿造成管路被破坏等。

（6）选用的可弯曲金属电线管附件质量不好或规格不配套，造成管路联接机械强度不够与盒、箱联接处松动不牢。

7. 质量证明材料及质量记录

（1）管材出厂产品材质单、合格证书。

（2）管材附件产品合格证。

（3）消防部门出具的阻燃证明（当年的证明）。

（4）设备、配件、材料进场检验记录。

（5）预验工程检查记录单。

（6）隐蔽工程检查记录单。

（7）配管及管内穿线分项工程质量检验评定记录。

（8）电气绝缘电阻测试记录。

6.3　工业化成品支吊架技术

6.3.1　技术简介

工业化成品支吊架是由与建筑结构连接的生根构件，和与管道连接的管夹构件，部件可以任意组合，这两种结构件连接起来的传力连接构件和减振构件、绝热构件以及辅助钢构件，构成综合支吊架系统。通过支吊将管道自重及所受的荷载传递到建筑承载结构上，并控制管道的位移，抑制管道振动，确保管道安全运行。

施工工艺是首先要确定安装位置都存在哪些专业，根据各专业安装标高及设计和相关规范要求，与现场实际情况相结合进行设计策划，制定出合理的支吊架安装方案，最后根据策划确定的方案，进行支架的断面设计、下料、制作及安装。

工业化成品支吊架的技术先进性可归纳为：标准化、安装简单、施工安全、节约能源、节约成本、保护环境、坚固耐用以及安装效果美观。

6.3.2　技术案例

××省立医院综合病房大楼工程总建筑面积15.23万平方米，框架剪力墙结构，建筑高度99.90m，地下3层，地上25层。设备安装采用镀锌冷轧C型钢成品综合支吊架，该工程采用此项技术取得预期效果。

1. 镀锌冷轧C型钢成品综合支吊架应用要点

（1）综合管线布线分析

综合布线分析时，充分考虑了各项因素，在满足于空间适用的要求下最大限度地采用综合支吊架，利用空调水系统、空调风系统、消防平层主管、强弱电桥架，采用同一支吊架，在满足各种管线布置的前提下，可使各专业的管束得以良好的协调，这样支吊架用量相对减少，使管线走向清晰，布局合理，有效利用空间。

（2）支吊架设计技术

利用计算机画出初步施工布置图，采用BIM技术进行管道与综合支吊架的干涉排除和模拟布置，最终达到方案切实可行，合理布局。

在设计时，选择有代表性的支吊架进行综合考虑，对所有被支吊物最大应力时的叠加进行受力分析，设计出分类不同的几种型号，进行综合布置，所有的受力构件——型钢及扣件（带锁紧锯齿）可以实现拼装构件的刚性配合，连接无位移，自由调节，精确定位。抗冲击及震动，支架节点的抗剪能力强。

（3）支吊架制作

工厂化制作是镀锌冷轧C型钢成品综合支吊架制作技术的又一特点，根据现场场地情况建立加工厂；若现场过于狭窄，则需要在现场外专门选定加工车间。制作要在进行优化设计之后，边设计边施工，所制作的成品支吊架在实际安装过程中难免出现管道矛盾现象，造成返工浪费。所以一定要统筹规划，统一设计，采取生产车间流水线制作。制作拼装完成后，成批量按设计统一编号运至施工现场进行安装。

（4）支吊架安装技术

制作完成后，成批运至施工现场进行安装。安装前采用经纬仪进行定位测量，确保安装轴线准确无误。安装过程中采用激光投线仪进行标高控制，达到安装快捷、位置准确的效果。

2. 施工工艺流程

优化安装图纸综合管道布置→综合支吊架设计→综合支吊架制作→综合支吊架安装→过载试验→综合支吊架的校正→验收

3. 支吊架设计

（1）优化图纸、综合管道布置

① 相关专业协调、综合成品支吊架施工技术的关键是熟悉各专业管线的特性，有压管

道、桥架走向相对不受限制，只要适当考虑节约即可，而对于排水、空调冷凝水等无压管道，坡度是必须要考虑的因素，其路由不宜受其他管线影响，以确保坡度合理，排水通畅。

② 考虑保温、隔热垫的设置高度。现场尺寸核实。

③ 风道是空间占用最大的，可以考虑在支架上设二层支架把风道架高的办法，这样风道下面还可以有走管线的空间。

④ 了解各专业管线的支架设置要求，确定合理的支吊架布置间距、形式、规格型号。管架计算间距可定为 2m、3.0m、6.0m 三种。

⑤ 考虑装饰施工的吊顶龙骨施工情况，特别是主龙骨的设置，明确其布置位置，高度尺寸。

⑥ 明确支架的综合布局，确定支架布置间距，利用计算机画出初步施工布置图，明确布置方案。根据初步确定布置情况现场核实方案的可行性，根据墙体具体位置、顶部梁板标高，结合盘管、风机等设备的位置，进行方案调整，确定支架形式、材质，型号的规格，最后确定切实可行的方案。

（2）综合支吊架设计

① 荷载收集

a. 各类管道自重计算。

b. 安装重量计算。

设备按动载承重计算；风道按风道自重计算；电缆桥架按承载电缆重量及桥架自重之合计算，各类管道重量按保温管与不保温管两种情况计算。

保温管道：按设计管架间距的管道自重、满管水重、60mm 厚度保温层重，并考虑以上三项之合 10% 的附加重量，保温材料容量按岩棉 100kg/m³ 计算。

不保温管道：按设计管架间距内的管道自重、满管水重，及以上两项之合 10% 的附加重量。

各种管道管重应计入阀门重量，当管架中有阀门时，在阀门段应采取加强措施。

② 荷载计算内容

a. 垂直荷载。

b. 水平荷载。

c. 地震荷载。

d. 不考虑风荷载。

③ 综合支吊架杆件受力计算内容

a. 杆轴心构件受拉。

b. 横梁抗弯、抗剪强度。

c. 接件抗剪强度。

d. 弯梁挠度和受压构件要考虑长细比的规定。

e. 根据吊架的具体承载情况做出详细的计算书。

④ 综合支吊架设计大样图

示例见图 6-2～图 6-6。

4. 综合支吊架制作

（1）成品型钢进场：钢材进场经监理验收后，对材料型号及配件分类堆放，以便于安装选择。

（2）综合支吊架根部的加工制作：综合支吊架根部采用槽钢加工制作，采用切割机裁截槽钢，用角向磨光机对已加工好的根部进行磨光处理。

（3）吊梁的加工制作：根据电缆桥架、风管、水管等支吊设备的施工图纸，结合施工现场实际情况；采用砂轮切割机进行加工制作。支、吊、托架要统一加工，形式一致。

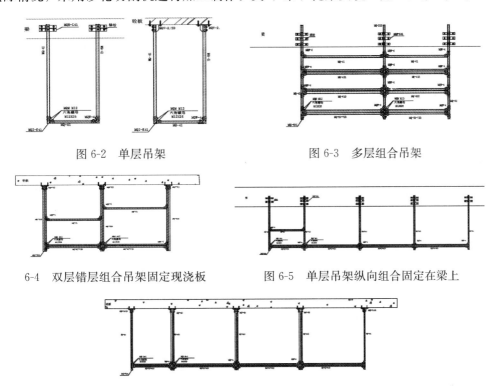

图 6-2　单层吊架　　　　　　　　　　图 6-3　多层组合吊架

6-4　双层错层组合吊架固定现浇板　　　图 6-5　单层吊架纵向组合固定在梁上

图 6-6　单层吊架纵向组合固定在现浇板上

5. 综合支吊架安装

（1）施工工序

① 施工程序确定：安装工程一般为多家专业施工单位交叉施工，为避免相互间的施工冲突，必须先确定施工顺序，风道、大管等体量大的先行施工，无压管道再行施工，其他后续施工的原则。

② 样板层施工必不可少，这样可以对后续大面积施工起到示范作用，并可根据具体完成情况，进行进一步的优化施工。

③ 样板层施工：将吊杆安装在根部的条形孔内，然后将各种不同用途的吊梁按照设计方案的要求安装在不同的标高上。支、吊、托架所用的开口朝向应一致。

④ 大面积展开施工。

（2）过载试验

使用承重物悬挂于支吊架上，试验荷载值为设备、风道、电缆桥架、各类管道、支吊架自重及工作荷载总和的 2 倍，悬挂时间为 12h。

（3）综合支吊架的校正

每个区域的综合支吊架安装完成后，采用水准仪和经纬仪对综合支吊架的吊杆和吊梁进行调正、调平。

6. 验收

按照检验批及分项工程验收的程序组织验收，根据工程的具体情况划分检验批，施工单位自检合格后，填好"检验批和分项工程质量验收记录"，由监理工程师（建设单位项目技术负责人）组织施工单位项目专业质量（技术）负责人验收，并在"检验批和分项工程的质量验收记录"上签字、盖章。

6.4 内保温金属风管施工技术

6.4.1 技术简介

内保温金属风管是在传统镀锌薄钢板法兰风管制作过程中，在风管内壁粘贴保温棉，风管口径为粘贴保温棉后的内径，并且可通过数控流水线实现全自动生产。该技术的运用，省去了风管现场保温施工工序，有效提高现场风管安装效率，且风管采用全自动生产流水线加工，产品质量可控。

相对普通薄钢板法兰风管的制作流程，在风管咬口制作和法兰成型后，为贴附内保温材料，多了喷胶、贴棉和打钉三个步骤，然后进行板材的折弯和合缝，其他步骤两者完全相同。这三个工序被整合到了整套流水线中，生产效率几乎与薄钢板法兰风管相当。为防止保温棉被吹散，要求金属风管内壁涂胶满布率90%以上，管内气流速度不得超过20.3m/s。此外，内保温金属风管还有以下施工要点，如表6-3所示。

表6-3 内保温金属风管的施工要点

保温钉不得挤压保温材料超过3mm	风管两端安装有C型PVC挡风条，以防止漏风，同时防止产生冷桥现象	法兰高度等于玻璃纤维内衬风管法兰高度加上内衬厚度	挡风条宽度为内衬风管法兰高度加上内衬厚度

6.4.2 技术案例

×××公建（东区）17#管井金属风管内保温施工

1. 工程概况

×××公建（东区）×楼为框架结构。新风管立管安装工程，位于该楼17#管井内，风管尺寸为2300mm×1400mm，总长度为77m。

17#管井新风管的设计尺寸为 2300mm×1400mm，加上风管法兰为 L 50×50×5 角钢，风管的外轮廓尺寸已达到 2400mm×1500mm（含法兰），基本与结构预留板洞尺寸（2550mm×1550mm）相当。后砌风井围护墙风管在穿楼板处有加固梁和一道圈梁，总高度达到 700mm，因此按常规作法安装，风管外保温无法施工。另外，此外新风管截面为 2300mm×1400mm，而施工现场的施工电梯外部尺寸仅为 3000mm×1200mm，内部净空只有 2900mm×1100mm，若以成品风管进场，无法解决各楼层的垂直运输。

安装施工单位与业主、监理、设计及总包单位对上述安装技术难点多次进行商讨、分析、论证，经深化设计以及现场样板制作安装后，最终确定采用由加工厂按橡塑内保温下料、加工为半成品，运至施工现场各楼层拼装成形，就地安装的内保温新风管立管施工方案。

2．施工工序

方案制定→施工交底→放线定位→风管制作→运至现场→风管拼装（含内保温）→支架安装→风管安装→测试验收

3．风管制作

（1）通风管道加工

加工厂所采用的材料应严格遵守设计要求和国家施工验收规范规定。所使用的主材材质各项力学指标均应符合深化设计要求，镀锌板不能有锈蚀斑点；现场风管拼装制作应按标准化工作程序：拼装人员固定、工具固定、拼装加工顺序和方法固定、验收标准固定。质量监控重点为：折方及咬口后镀锌层不得有脱皮现象；风管及管件咬口不得开裂，铆法兰不得有漏铆及铆钉脱落现象；角钢法兰刷油均匀，法兰口要求方正，角钢不得塌腰或弯曲，法兰翻边接缝处不得有双层，且法兰翻边不小于 6mm。

（2）风管制作工艺流程

风管制作工艺流程见图 6-7。

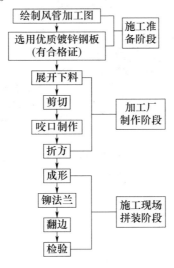

图 6-7　风管制作工艺流程图

4．风管的安装

因本系统风管为外法兰内保温风管，一旦安装完毕将无法对风管内径及内保温进行检测，因此，业主、监理及总包单位都对此十分重视，并要求边施工边验收。鉴于此系统风管的安装难度大及工艺特殊的特点，安装单位组织了一批风管安装经验丰富并具有风管加工经验的施工人员进行施工。

（1）风管排布方案

根据结构楼层高度为 4m 及镀锌钢板材料尺寸（宽幅为 1250mm），经现场测量及草图绘制，确定每段风管的长度为 1250mm，在与水平层风管接口部位及过楼板处的风管按现场实际情况调整长度错过角钢法兰的位置。此排布方案即可最大限度利用材料；又符合现场环境要求而且便于安装。

（2）内衬橡塑板材的安装

① 保温材料按设计院设计更改通知单要求选用：内保温材料为橡塑板材（难燃 B1 级），湿阻因子≥17000，导热系数为 0.034W/m·K，厚度为 32mm。

② 橡塑板材裁剪时首先在橡塑板材置于平整的木板上，依照每节风管尺寸下料，分四块板材；最后使用端面平直的模具（靠尺）压住板材，利用专用割刀进行裁剪。严禁随意切割，造成裁口不平整，影响保温效果及美观。

③ 保温方式常规为胶水粘结固定，而本方案保温板材置于新风管之内，为避免胶水散发出的味道送至室内。因此采用压条的方式固定保温材料，具体施工的方法如下：

a. 将裁剪完好的橡塑板材置于已加工好的风管内。

b. 在风管两端法兰边缘的橡塑板材处，衬以宽度为 120mm、厚度 1.2mm 的镀锌压条，间距 300mm，共 4 块。每条压板设"["型翻边，以卡压住橡塑板材避免下滑。并按 200mm 的间距钻孔以拉铆钉加固，以此对内衬橡塑板材横向固定。

c. 在风管的四个内角再衬垫立向"L"型镀锌板加工件，同样以拉铆钉加固，以对内衬橡塑板材的竖向加固，见图 6-8。

图 6-8　风管内衬橡塑板材的安装

（3）严格按照业主要求，风管内保温施工需经监理部门验收合格方可进入风管安装

（4）风管的安装

① 安装技术要求：

明装风管：垂直度　每米小于等于 2mm　总偏差小于等于 20mm。

暗装风管：位置应正确，无明显偏差。

② 安装方法：

a. 根据施工现场的实际情况，风管立管基本以由下而上的顺序逐节安装；在 5 层及 17 层因土建已经将井道砌筑了三边，此部分风管将在上一层楼层内拼装后整体由上而下吊装。

b. 在高于施工楼层两层的位置设置吊架，采用倒链进行风管吊装，见图 6-9。

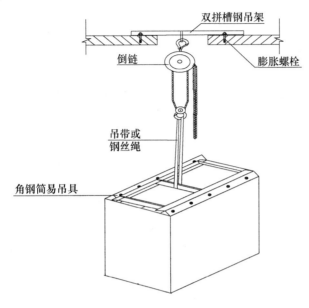

图 6-9　采用倒链进行风管吊装

c. 风管穿越楼板时，在 1、4、7、10、13、16 层设防护套管，其钢板厚度不应小于 1.6mm。风管与防护套管之间，应用不燃且对人体无危害的柔性材料封堵。

d. 风管接缝应牢固，无孔洞和开裂。连接法兰的螺栓应均匀拧紧，其螺母宜在同一侧。

e. 风管接口的连接应严密、牢固，本风管根据规范及设计要求，采用 8501 胶条法兰垫片，垫片不应凸入管内，亦不宜突出法兰外。

f. 风管系统安装完毕后，进行严密性检验。

5. 质量控制

（1）质量控制要点

为了保证风管的严密性符合设计及施工验收规范之要求，根据以往施工经验，在施工中重点处理好以下几个节点问题：

① 咬口缝。

② 风管接口连接时的缝隙。

③ 铆法兰及翻边时出现的漏洞。

④ 法兰及加固筋等的铆钉处。

⑤ 风管不正常碰撞破裂和扎孔等。

其中⑤项应在施工中尽量避免发生，一旦发生，我们将采取锡焊封堵的方法进行补救，若是情节严重的就更换受损风管。其他 4 项通过在接缝处加入密封胶的方法进行预防和补救。

（2）质量控制措施

① 工人进场后应组织施工人员进行技术交底，使其全体人员了解质量标准及此内保温风管工序的重要作用。

② 施工过程中要加强自检、互检及工序检查，前一道工序不合格，禁止下道工序施工。尤其内保温固定后应检查拉铆钉数量和钉相互间距离。如若不符合要求，要修改合格后方可吊装风管。

（3）半成品、成品保护措施

① 保温后的风管应堆放在指定的堆放场所，并做好防护。

② 保温后的风管附近如需要施工，要向施工人员交待保护注意事项。

③ 保温后发现有被碰损的地方，要及时更换，防止破坏扩大。

④ 安装好的风管应及时做好防护，特别注意内部保温的防护。

6. 安全技术要求

（1）施工现场严禁吸烟，进入现场必须戴安全帽。

（2）操作现场不准打闹嬉笑，不准上下投掷物品。

（3）所用脚手架必须牢固，上有护栏，高空作业须系安全带。

（4）拉铆钉加固时注意不要扎手，安装好的风管上严禁进行其他作业。

（5）保温及安装时使用好个人防护用品及工具，扳手及电钻做好防坠落措施。

（6）施工用电要严格按照规范要求，严禁非电工私自接驳电源；严禁电源线拖地浸水现象。

内衬风管施工工艺

本项目内衬风管为预制厂加工成品。内衬采用玻璃纤维涂覆黑色热固性树脂，弹性绝缘，带有认可的耐火涂层。其区别于普通风管的，主要是防腐隔热层在管道内部，在保证风管隔热效果的同时，又能起到消声效果。内保温还能避免管道冷凝现象。

1. 内衬风管的施工准备

（1）内衬风管的订购：风管需按照深化图纸拆分为单节风管，按照顺序编号并列出加工清单，这样可以保证现场装配时按照序列不致错装漏装。

（2）内衬风管加工要求

风阀、风管加热盘管均采用加高法兰 70mm（由 25mm 高增至 70mm 高），以便与内衬风管对接。对风阀、风管加热盘管以及法兰需增加外保温，见图 6-10，图 6-11。

图 6-10　加高法兰的风管加热盘管

图 6-11　加高法兰的风阀

小规格圆形内衬风管及配件（弯头、三通等）采用方接圆的形式制作，增加了风管面积，现场安装空间需增大。故在深化综合布线图时要充分考虑到，电气管线和其他各专业管线需要避让风管的空间，因为定制的成品内衬风管在现场可调整的范围很小。

弯管内半径不得小于管道宽度。当空间不足以容纳弧形弯管时，使用带有导流板的直角弯管。

（3）内衬风管保护工作

内衬风管到场后，需要按安装序号放置在干燥通风的区域，不可直接置于地面上，易导致风管生锈和磕碰。在管道安装时位于设备或送风装置相连的管道末端，配备材质为聚乙烯薄膜的临时管塞或其他在完成连接之前防止尘埃及杂物进入的遮盖物，确保内衬层不会受损和受潮。内衬层受潮的需重新采购，法兰生锈的需要打磨除锈后再安装，见图 6-12，图 6-13。

图 6-12　风管进行防尘包覆　　　　图 6-13　风管进行防尘包覆

2. 内衬风管的安装

（1）风管安装注意事项

安装各段管道时尽量减少接头。在连接处精确对准管道，错位公差 3mm。用可保证管道形状和防止弯曲的绳索、支架、吊架和锚栓牢固支撑管道。每一楼层均有竖管支架。除非在图纸上另有说明，垂直和水平定位管道路线，尽可能避免对角路线。如图纸上未曾另有所示，按简图、详图和符号所示定位路线，力争使管道系统的路线最短。

管道靠近墙、上层结构、柱和建筑物的其他结构和永久围护部分，应确保风管与包覆层或装饰层的间隙控制在 15mm；若有保温层，要考虑到保温厚度。保温风管的位置与保温层外侧之间的间距为 25mm。在员工或人员活动空间，可放置于管道井、空心墙构造或吊顶中，尽可能地将风管隐藏起来；除非图纸上有特别标明，不要将水平管道装在实心隔墙中。

协调风管与吊顶、照明布置和其他工种完成面的综合布局。电气设备的空间：不要使风管系统穿过变压器室和电气设备空间和外壳。孔洞：当管道穿过内隔墙和外墙并暴露于视野中时，用与风管厚度相同的金属板法兰隐藏安装孔与管道或管道保温之间的空间。

当管道穿过防火地板、防火墙或隔墙时，应设置防火封堵来保证管道与底板之间相同的防火等级。同时注意将管道安装与附件、减震器、线圈架、设备、控制元件和管道系统的其他相关工程协调起来。

当排烟风管穿越两个或两个以上的防火分区或排烟风管在走道的吊顶内时，其应该按照规范采取相应防火措施。

（2）风管支吊架设置要点

主要结构件上的所有设备与管线应予妥善支撑与拉结。按要求提供二级结构框架。不得将设备或管线直接悬挂于楼层或平台上，见图 6-14、图 6-15。

图 6-14 风管的支吊架安装

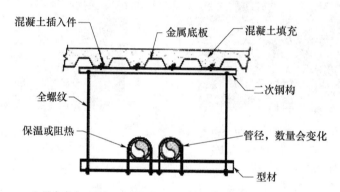

1.最大应力=225kg=A＜1200mm，应力=160kg(总受力=320kg)
2.不提供抗震保护
金属板屋面 (混凝土填充) 多管道吊架

图 6-15 风管的支吊架安装

3. 管道严密性试验

风管系统安装完毕后，应按系统类别进行严密性检验，根据风管系统的工作压力可划分为三个类别，系统工作压力 $P \leqslant 500Pa$ 为低压系统；系统工作压力 $500Pa < P \leqslant 1500Pa$ 为中压系统；系统工作压力 $P > 1500Pa$ 为高压系统。民用建筑中通风空调系统通常是低、中压系统。

高压系统风管严密性检验，应全数进行漏风量测试；中压系统大都为低级别的净化空调系统、恒温恒湿与排烟系统等。风管的严密性检验，应在漏光法检测合格后，对系统漏风量测试进行抽检，抽检率为 20％，且不得少于一个系统。低压系统大都为一般的通风、排气和舒适性空调系统，在加工工艺得到保证的前提下，采用漏光法检测，当漏光法检测结果符合规范要求时，可不进行漏风量测试。如当漏光检测达不到要求时，应按规定的抽检率做漏风量测试抽检，抽检率为 5％，且不得少于一个系统。由于内衬风管不能采用漏光法进行严密性监测，故其漏风量检测比例应适当提高。

4. 结语

内衬风管的施工在下单和施工中更加复杂，具体表现在下单规格要求精确、材料的保管需要更加仔细、安装精度要求高，但是相应也减化了一些步骤，例如采用定制规格省去了现场加工的耗时，节省了加工场地，安装过程更加精细化会让随后的调试工作更加容易开展，完成之后的风管系统更加美观，保温不容易破坏，保温效果和隔声效果更出色。

6.5　机电消声减振综合施工技术

6.5.1　技术简介

　　机电消声减振综合施工技术是实现机电系统设计功能的保障。随着建筑工程机电系统功能需求的不断增加，越来越多的机电系统设备（设施）被应用到建筑工程中。这些机电设备（设施）在运行过程中产生及传播的噪声和振动给使用者带来难以接受的困扰，甚至直接影响到人身健康等。

　　从工程实践来看，设备选型成为控制振动和减少噪声的最基础因素，选择低噪声设备成为首选，其次，设备隔振不采取平均分配的方式，而对机组采取实验的方法，精确配置减震器，所达到的减振效果比较理想。再次，主干管支架采用 25mm 厚二层橡胶带管道专用弹性夹架的减振方式，将振动的传递减到最小。风管与水管穿隔声墙采用内部岩棉填充、外部采用胶泥保护方式，将振动和噪声在此处进行最大程度隔离和消弱。另外，对消声器内部消声片改造以及在风管外面加贴隔声毡作为隔声手段等方法，对减振降噪都可起到积极的效果和作用。

6.5.2　技术案例

××交响乐团机电工程减振降噪技术

　　1．工程概况

　　（1）建筑概况

　　××交响乐团迁建工程项目，地下 4 层，地上 2 层，地上分为四个单体：行政办公、入口大厅及贵宾厅、排演厅 A 和排演厅 B。总建筑面积 19950m²。排演厅 A：1544m²（1200座）、排演厅 B：989m²（375 座，其中 93 座为正式座位，其余为临时座位）。

　　（2）声学要求

　　交响乐团对噪声控制要求高于国家标准，根据 GB/T 50356《剧场、电影院和多用途厅堂建筑声学设计规范》，观众席背景噪声应符合下列规定：

　　① 甲等≤NR25 噪声评价曲线。

　　② 乙等≤NR30 噪声评价曲线。

　　③ 丙等≤NR35 噪声评价曲线。

　　由于本项目研究的对象主要为机电系统中的空调系统，在国际上普遍采用 NC 标准（Noise Criteria，NC），它反映了室内机电设备正常运转下房间内的安宁程度，也称为室内背景噪声级。以上指定的噪声水平限制/标准的测点应在距离排风口或机电设备 1.5m 远，距离地面高 1~2m 的位置。

通过对 NC 和 NR 标准数据对比，本项目排演厅 A、排演厅 B 的噪声要求远高于国家标准。经过文献查阅，很少有 NC-NR 曲线关系式的描述，这是由于 NC 与 NR 之间的关系是由响度和频率两者相互决定的，而现今的技术很难同时把握住这两个变量。只有部分相关文献中有描述：$L_A = NR + 5 = NC + 10$（L_A 为声压级，单位 dB），由此可以算得一般经验公式为：NR＝NC＋5。

表 6-3 设计的各房间噪声标准

区域或房间	噪声标准（NC）	声压级（dB）
排演厅 A、排演厅 B	15	25
声控室、追光室、光控室	20	30
排练厅、排演厅、指挥休息室	25	35

从表 6-3 中可以看出本项目的噪声控制要求非常高，严格控制机电施工工艺，确保达到设计规定的环境噪声控制指标是项目施工的重点。

(3) 噪声源分析

交响乐团噪声主要来源于以下几个方面：

① 设备运行振动产生的噪声

a. 各类机组运行时，因受到不平衡力或变化的力矩的影响会对设备本身产生非平衡力，即设备本身的振动，并通过空气的传播产生噪声。

b. 各类风机产生的较大的气体混流声，此类噪声包括空调箱、风机、风机盘管、各类水泵等机电设备振动引起的各种噪声。

② 气流、水流介质流动过程中与风管、水管管壁摩擦产生的噪声

③ 各类机电设备运行电磁能量转换时产生的噪声

各类电动设备运行时，电与磁的转换产生电磁噪声。电磁噪声很难被完全消除，因此目前的主要控制方式为按机电生产标准限定在合理范围内即可。

④ 建筑物之外产生的声音传入室内产生的外界噪声

本项目位于××市中心繁华区域，来自外界的各类噪声，如地铁、道路、市场等场区域产生的噪声不可避免的传入室内。

2. 减振降噪控制措施

上述各类噪声很难从源头上完全杜绝，在降低噪声源强度的前提下，切断或者阻碍传播路线和途径成为降低噪声的首选。针对不同噪声的产生机理，制定有针对性的噪声消除和减弱措施。本项目在设备的选型、噪声的吸收、设备的减振以及空气再生噪声的减弱等方面进行了多次的对比试验研究，最终确定了较为有效的减振降噪技术措施。

(1) 主要设备、机组减振器及消声器的选用

① 空调机组是空调系统最主要的噪声源，在选型时充分考虑机组内风机的规格、转速、出口面风速、风机效率及整机噪声等各项指标间的综合平衡，在常规选型的基础上，结合设

计值期望的机组总风量、机外余压以及出风口噪声，在尽可能的范围内降低风机出风口面风速和整机运行噪声。表 6-4 是 A、B 排演厅空调机组的选型对比表：

表 6-4　空调机组选型对比表

系统编号	数据种类	送风余压 Pa	全压 Pa	风量 m³/h	风机型号	电机功率 kW	出口风速	转速	风机裸机噪声 dB（A）	机组出口噪声 dB（A）	噪声余值
AHU-B3-1/2	设计值	800		35000		22				≤70	
	常规选型		1124	35000	FDA710C	22	12.06	743	81	71	1
	调整配置		1120	35000	BDB900	15	7.61	893	81	71	1
AHU-B3-3	设计值	800		25000		18.5				≤70	
	常规选型		1134	25000	FDA560T	15	13.62	921	88	78	−8
	调整配置		1130	25000	BDB710	11	8.62	1154	80	70	0

从表 6-4 中可以看出服务于排演厅 B 的 AHU-B3-03 系统的机组，按照常规选型的配置风机裸机噪声 88dB（A），可隔断机组出风口噪声至 78dB（A），超出设计期望值 8dB（A），因此本工程在施工方与设计方充分沟通后，在常规选型的基础上，调整了风机的配置，风机型号由原 FDA560T 改为 BDB710，该型号的风机裸机噪声 80dB（A），可隔断机组出风口噪声至 70dB（A），满足设计期望机组出风口噪声值。

表 6-4 中关于服务于排演厅 A 的 AHU-B3-01/02 系统的机组在常规选型基础上调整风机配置，但可隔断机组出风口噪声都为 71dB（A），超出设计期望值 1dB（A）。在这种情况下，就风机规格、出风口面风速、转速等的最终定型，仍需结合相关送回风管的布设和配置，通过与声学顾问、设计的沟通、研讨、协作，以取得最佳的消声静音效果。

制冷机房内卧式水泵须配备水泵自身运行重量至少 1.5～2 倍的混凝土惯性块，并于惯性块周边配备 25～32mm 变形量外置式弹簧减振器，立式水泵须安装在浮动底座上，由水泵延伸出的管道须配备具有限位装置的外置式弹簧减振器，管道与水泵连接处须采用橡胶或金属软连接，从设计的角度可以有效减少振动带来的噪声影响。

2. 空调机组的隔振措施

空调机组的风机带有一定的隔振措施，所以我们所采取的是二次隔振措施。箱体重心与风机电机及其底座的重心不在同一点，因此风机段选用四个弹簧减振器，其中箱体重心在四减振器对角连线中心，四个减振器平分其重量，而风机电机及其底座的重心不在四个减振器对角连线中心，这就需要通过计算来确定机组的承重。

表 6-5　减振器的承重量计算

弹簧减振器编号	风机电机及底座承重（kg）	箱体承重（kg）	总承重（kg）	选用型号	弹性范围（kg）
1	131	203	334	ZTYⅡ	230～460
2	171	203	374	ZTYⅡ	230～460
3	196	203	399	ZTYⅡ	230～460
4	149	203	352	ZTYⅡ	230～460

根据表 6-5 选用的 ZTYⅡ-360 规格的减振器在实际使用中，四个角的压缩量仅相差 2～3mm，机组承重基本平均。

（3）消声弯与消声器

设计对消声弯和消声器的消声量有一定的要求，对各种规格的消声弯的插入损失（dB）有明确的规定。现场实测消声弯的各项数据基本不达标，ZP100 消声器也只有在 500、1000、2000Hz 的范围内基本达到。为弥补原设计缺陷，我们考虑在系统上再增加一只 ZP100 消声器。并委托××大学声学研究所作了一个阻性片式消声器＋阻性消声弯头的推算，图 6-16 是阻性片式消声器＋阻性消声弯头的推算结果。

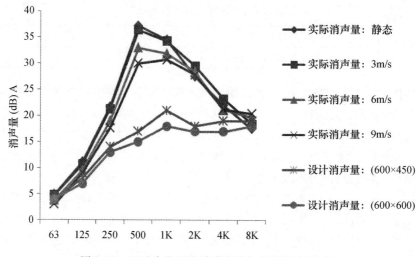

图 6-16 经过改进后设计消声量与实际消声量对比

从图 6-16 的估算结果来看，估算的理论数据基本高于设计给定的数据。但是阻力损失比较高。从服务于排演厅 A 的空调系统来看，AHU-B3-01、02 机组规格为风量35000m³/h，出风余压 700Pa，两台机组并联共 70000m³/h，主干管口径 2000×2000mm，管内风速 4.86m/s，对应的阻力损失小于 50Pa，能符合设计要求。

（2）振动传播的措施

① 落地安装的空调设备减振

本工程中空调机组，采用隔振效果较好的弹簧减振器，对弹簧减振器而言，弹簧的刚度和整个隔振系统的有效质量决定隔振系统的固有频率，而设备的重量决定何种刚度的弹簧，针对每个设备的具体型号，由设备专业进行计算确定减振器的型号，以确保达到最佳效果，同时，为保证减振器的使用寿命，设备的水泥基座高出地面 100mm 以上，防止弹簧受潮和腐蚀。在设备的四个角和边线中间区域，加设弹簧减振器，每个机组所用减振器，根据机组重量和外形尺寸，设置 4～6 个减振器。

② 非落地安装的空调设备减振

对非落地安装的风机、空调箱、风机盘管等，设备运行时产生的振动，主要通过吊装支架，将振动传到顶层楼板结构。为此，需要在吊装支架传递振动的区域通过特有装置，将振动减弱，使其达到需要的效果，故采用优质弹簧减振器，无论重量大的还是重量较小的风机盘管，均采用隔振效果较好的弹簧减振器，在吊杆顶部与楼板连接的区域，采用软钢槽钢进行减振，软钢槽钢，含碳量为 0.13～0.2％，显微组织为铁素体加少量珠光体，此类钢材为硬度低（HB100～130），强度低（σ_b372～470MPa）塑性高（δ24％～26％）软钢有明显的屈服点，受力变形较大而不容易断裂，故减振效果良好。

（3）风管噪声的消声处理

① 风管的隔振措施

a. 进入悬浮区的风管隔振均采用悬吊减振器，选用型号为 TZS2 型弹簧吊架减振器。根据风管重量（包括保温材料的密度和厚度计算出的重量）、风管的长度（吊架间距），计算出每个吊点的载荷。表 6-6 是以管径为 1250×1000mm 的风管为例的计算表。

表 6-6　风管吊点载荷计算表

	镀锌钢板风管	管径	1250×1000
风管资料	每米镀锌风管重量	kg	35.33
	阻尼隔声毡（4kg/m²）	kg/m	18
	保温材料（重量密度48kg/m³厚度30mm）	kg/m	6.48
	每米风管辅助重量（包括吊架、加固、法兰等）	kg	7.07
	吊距	m	3
	风管总重量	kg	198.84
	每付吊点载荷（安全系数1.2）	kgf	238.61
选型	减振器种类		弹簧吊架减振器
	减振器型号		ZTS2-100
	载荷范围	kgf	75～125

注：1.2 的安全系数主要考虑空调系统运行时可能产生的风管管壁振动、风管安装时可能产生的不平整度造成的吊架载荷不平均等。

b. 风管穿隔声墙采用图 6-17 方式，内部采用岩棉填充，外部采用胶泥保护方式，将振动和噪声在此处进行最大程度隔离和消弱。

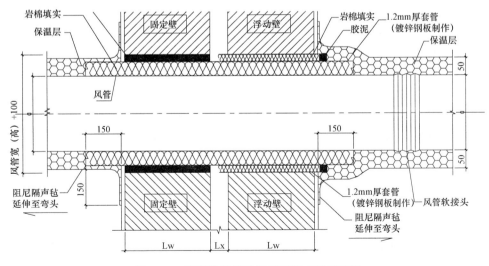

图 6-17　风管穿浮筑房间双层隔声墙示意图

② 本工程关键部位是服务于排演厅 A 的空调系统 AHU-B3-01 以及 AHU-B3-02 和服务于排演厅 B 的空调系统 AHU-B3-03 系统机组，机组设于 B3 层的空调机房内，风管出机房后向下，在 B4 层再向上进入各个送风静压仓，座椅下设风口送风。

③ 风管管壁振动的措施

防止风管管壁振动的措施一般采用风管加固的方式，但是对隔声要求比较高的项目，风管加固的方式显然不够，需要采取进一步的隔振措施，本项目采用的是在风管外面加贴隔声毡。作为新颖的建筑材料隔声毡由于面密度较大，自身不易产生振动，附着在薄钢板上可以阻止薄钢板的振动，从而减少由于振动产生噪声的可能，达到隔振的效果。表 6-7 是本项目使用的隔声毡的空气声隔声性能检测报告。

表 6-7 隔声毡的空气声隔声性能检测报告

	频率（Hz）	100	135	160	200	250	315	400	500	630	800
检测结果	隔声量（dB）	11.9	14.1	12.9	14.6	18.3	19.9	18.1	19.8	21.4	23.6
	频率（Hz）	1000	1250	1600	2000	2500	3150	4000	5000	6300	8000
	隔声量（dB）	23.7	23.9	24.6	28.7	29.1	29.9	31.5	32.0	32.7	34.6
检测结论	空气声计权隔声量 R_w：26dB （C：-1 C_{tr}：-3）										

鉴于本工程对噪声控制有较严格的标准，因此在隔声毡贴附的施工过程中，遵循以下几点：

① 隔声毡的贴附工作需要在干净的场地中进行，以防止灰尘、尘土和细屑等粘在风管形成空隙而影响隔振。

② 隔声毡在涂胶过程中，不能贴附地面，避免粘上地面上的灰尘。

③ 风管和隔声毡的涂胶过程中，胶水需涂抹均匀，贴附好后还需按实以排除其中空气。

④ 贴附好隔声毡的风管需要保存在干净的区域内。

（4）水管噪声控制措施

① 管道安装在严格执行国家现行规范的基础上，再采取更为科学可行的隔振和减振施工措施。按空调水流速来看，当水流速度大于 1.5m/s，紊流较为明显，水流冲击管壁造成的振动较大，控制流速成为减振的首要措施，根据公司多年机电安装工程的实践经验，噪声可沿冷冻主管传递，出口处一般可达到 70～80dB，距出口 20m 后可降至 50dB，传来的轻微振动沿刚性导体将无限传递。本项目冷冻水主干管及冷却水管支架的形式为落地槽钢支撑，采用 25mm 厚二层橡胶带管道专用弹性夹架的减振方式。吊架采用 25mm 厚二层橡胶带管夹橡胶隔振座（$f<20Hz$）。现场根据工程实际情况，将吊架尽量固定在梁上，减少固定在楼板上，将振动的传递减到最小。

② 水管穿过楼板，在套管内壁和水管外壁之间填充岩棉，并填充密实，套管两端采用胶泥密封（具体方法基本与风管封堵相同）。同时，在穿过隔声墙的内侧，在排演室和琴房区域安装长度 500mm 的金属软管，在排演厅 A、B 区域安装 1000mm 的金属软管。

（5）建筑外围隔声措施

由于交响乐团的地理位置在轨交 3 号线和 7 号线附近，地铁营运会对本工程的正常使用带来噪声，为弥补这一缺陷，排演厅的建筑结构为悬浮结构，整体坐落在弹簧减振器上，以达到建筑减振的目的，消除轨交运行时对建筑的影响。

3. 测试效果

(1) 上海交响乐团 A、B 演奏厅的噪声测试委托××理工大学供热通风与空调工程研究所完成，共测试两次。结果如下：

① 演奏厅 A 内空调开启时，23 个测点的计权"A"声级平均值为 22.2dB，NC 评价曲线的平均值为 23.8。

② 演奏厅 A 内空调关闭时，8 个测点的计权"A"声级平均值为 20.0dB，NC 评价曲线的平均值为 20.4。

③ 演奏厅 B 内空调开启时，10 个测点的计权"A"声级平均值为 14.0dB，NC 评价曲线的平均值为 10.5。

④ 演奏厅 B 内空调关闭时，6 个测点的计权"A"声级平均值为 13.3dB，NC 评价曲线的平均值为 10.2。

在现场检测时，演奏厅 A 内可听到不明设备发出的噪声。演奏厅 A 内 4kHz 的声压值明显偏高，经检查发现在顶部反射板上安装有一台类似服务器的机柜，经测试该设备发出的声音为 50.6dB（A），若去除该噪声影响，则排演厅 A 内空调开启和关闭时 NC 评价曲线的平均值分别为 11.3 和 10.4。另外在顶部还有整流器 58.9dB（A），火灾探测器 48.6dB（A）。应该对噪声源进行整改。

上述检测结果表明，若对演奏厅 A 内的噪声源进行整改，则演奏厅 A 和演奏厅 B 在空调系统开启和关闭状态下，室内的环境噪声实测结果都满足 NC-15 的设计要求。本项目在减振降噪方面，对以后类似工程积累了较为丰富的经验。实现了较为理想的效果。

6.6　建筑机电系统全过程调试技术

6.6.1　技术内容

1. 技术特点

建筑机电系统全过程调试技术覆盖建筑机电系统的方案设计阶段、设计阶段、施工阶段和运行维护阶段，其执行者可以由独立的第三方、业主、设计方、总承包商或机电分包商等承担。目前最常见的是业主聘请独立第三方顾问，即调试顾问作为调试管理方。

2. 调试内容

(1) 方案设计阶段。为项目初始时的筹备阶段，其调试工作主要目标是明确和建立业主的项目要求。业主项目要求是机电系统设计、施工和运行的基础，同时也决定着调试计划和进程安排。该阶段调试团队由业主代表、调试顾问、前期设计和规划方面专业人员、设计人员组成。该阶段主要工作为：组建调试团队，明确各方职责；建立例会制度及过程文件体系；明确业主项目要求；确定调试工作范围和预算；建立初步调试计划；建立问题日志程序；筹备调试过程进度报告；对设计方案进行复核，确保满足业主项目要求。

(2) 设计阶段。该阶段调试工作主要目标是尽量确保设计文件满足和体现业主项目要求。该阶段调试团队由业主代表、调试顾问、设计人员和机电总包项目经理组成。该阶段主要工作为：建立并维持项目团队的团结协作，确定调试过程各部分的工作范围和预算，指定负责完成特定设备及部件调试工作的专业人员，召开调试团队会议并做好记录，收集调试团队成员关于业主项目要求的修改意见，制定调试过程工作时间表，在问题日志中追踪记录问题或背离业主项目要求的情况及处理办法，确保设计文件的记录和更新，建立施工清单，建立施工、交付及运行阶段测试要求，建立培训计划要求，记录调试过程要求并汇总进承包文件，更新调试计划，复查设计文件是否符合业主项目要求，更新业主项目要求，记录并复查调试过程进度报告。

（3）施工阶段。该阶段调试工作主要目标是确保机电系统及部件的安装满足业主项目要求。该阶段调试团队包括业主代表、调试顾问、设计人员、机电总包项目经理、专业承包商和设备供应商。该阶段主要工作为：协调业主代表参与调试工作并制定相应时间表；更新业主项目要求；根据现场情况，更新调试计划；组织施工前调试过程会议；确定测试方案，包括机电设备测试、风系统/水系统平衡调试、系统运行测试等，并明确测试范围，明确测试方法、试运行介质、目标参数值允许偏差、调试工作绩效评定标准；建立测试记录；定期召开调试过程会议；定期实施现场检查；监督施工方的现场调试、测试工作；核查运维人员培训情况；编制调试过程进度报告；更新机电系统管理手册。

（4）交付和运行阶段。当项目基本竣工后进入交付和运行阶段的调试工作，直到保修合同结束时间为止。该阶段工作目标是确保机电系统及部件的持续运行、维护和调节及相关文件更新均能满足最新业主项目要求。该阶段调试团队包括业主代表、调试顾问、设计人员、机电总包项目经理、专业承包商。该阶段主要工作为：协调机电总包的质量复查工作，充分利用调试顾问的知识和项目经验使得机电总包返工数量和次数最小化；进行机电系统及部件的季度测试；进行机电系统运行维护人员培训；完成机电系统管理手册并持续更新；进行机电系统及部件的定期运行状况评估；召开经验总结研讨会；完成项目最终调试过程报告。

3. 调试文件

（1）调试计划：为调试工作前瞻性整体规划文件，由调试顾问根据项目具体情况起草，在调试项目首次会议上由调试团队各成员参与讨论，会后调试顾问再进行修改完善。调试计划必须随着项目的进行而持续修改、更新。一般每月都要对调试计划进行适当调整。调试顾问可以根据调试项目工作量大小，建立一份贯穿项目全过程的调试计划，也可以建立一份分阶段（方案设计阶段、设计阶段、施工阶段和运行维护阶段）实施的调试计划。

（2）业主项目要求：确定业主的项目要求对整个调试工作很重要，调试顾问组织召开业主项目要求研讨会，准确把握业主项目要求，并建立业主项目要求文件。

（3）施工清单：机电承包商详细记录机电设备及部件的运输、安装情况，以确保各设备及系统正确安装、运行的文件。主要包括设备清单、安装前检查表、安装过程检查表、安装过程问题汇总、设备施工清单、系统问题汇总。

（4）问题日志：记录调试过程发现的问题及其解决办法的正式文件，由调试团队在调试过程中建立，并定期更新。调试顾问在进行安装质量检查和监督施工单位调试时，可根据项目大小和合同内容来确定抽样检查比例或复测比例，一般不低于20％。抽查或抽测时发现问题应记入问题日志。

（5）调试过程进度报告：详细记录调试过程中各部分完成情况以及各项工作和成果的文件，各阶段调试过程进度报告最终汇总成为机电系统管理手册的一部分。它通常包括：项目进展概况，本阶段各方职责、工作范围，本阶段工作完成情况，本阶段出现的问题及跟踪情况，本阶段未解决的问题汇总及影响分析，下阶段工作计划。

（6）机电系统管理手册：是以系统为重点的复合文档，包括使用和运行阶段运行和维护指南以及业主使用中的附加信息，主要包括业主最终项目要求文件、设计文件、最终调试计划、调试报告、厂商提供的设备安装手册和运行维护手册、机电系统图表、已审核确认的竣工图纸、系统或设备/部件测试报告、备用设备部件清单、维修手册等。

（7）培训记录。调试顾问应在调试工作结束后，对机电系统的实际运行维护人员进行系统培训，并做好相应的培训记录。

6.6.2 技术指标

目前国内关于建筑机电系统全过程调试没有专门的规范和指南，只能依照现行的设计、施工、验收和检测规范的相关部分开展工作。主要依据的规范有：《民用建筑供暖通风与空气调节设计规范》GB 50736、《公共建筑节能设计标准》GB 50189、《民用建筑电气设计规范》JGJ 16、《通风与空调工程施工质量验收规范》GB 50243、《建筑节能工程施工质量验收规范》GB 50411、《建筑电气工程施工质量验收规范》GB 50303、《建筑给水排水及采暖工程施工质量验收规范》GB 50242、《智能建筑工程质量验收规范》GB 50339、《通风与空调工程施工规范》GB 50738、《公共建筑节能检测标准》JGJ/T 177、《采暖通风与空气调节工程检测技术规程》JGJ/T 260、《变风量空调系统工程技术规程》JGJ 343。

6.6.3 适用范围

适用新建建筑的机电系统全过程调试，特别适用于实施总承包的机电系统全过程调试。

6.6.4 工程案例

巴哈马大型度假村、北京新华都等机电系统调试工程。

第7章 绿色施工技术

7.1 封闭降水及水收集综合利用技术

7.1.1 技术简介

1. 基坑施工封闭降水技术

基坑封闭降水是指在坑底和基坑侧壁采用截水措施，在基坑周边形成止水帷幕，阻截基坑侧壁及基坑底面的地下水流入基坑，在基坑降水过程中对基坑以外地下水位不产生影响的降水方法；基坑施工时应按需降水或隔离水源。

在我国沿海地区宜采用地下连续墙或护坡桩＋搅拌桩止水帷幕的地下水封闭措施；内陆地区宜采用护坡桩＋旋喷桩止水帷幕的地下水封闭措施；河流阶地地区宜采用双排或三排搅拌桩对基坑进行封闭，同时兼做支护的地下水封闭措施。

2. 施工现场水收集综合利用技术

施工过程中应高度重视施工现场非传统水源的水收集与综合利用，该项技术包括基坑施工降水回收利用技术、雨水回收利用技术、现场生产和生活废水回收利用技术。

(1) 基坑施工降水回收利用技术，一般包含两种技术：一是利用自渗效果将上层滞水引渗至下层潜水层中，可使部分水资源重新回灌至地下的回收利用技术；二是将降水所抽水体集中存放施工时再利用。

(2) 雨水回收利用技术是指在施工现场中将雨水收集后，经过雨水渗蓄、沉淀等处理，集中存放再利用。回收水可直接用于冲刷厕所、施工现场洗车及现场洒水控制扬尘。

(3) 现场生产和生活废水利用技术是指将施工生产和生活废水经过过滤、沉淀或净化等处理达标后再利用。

经过处理或水质达到要求的水体可用于绿化、结构养护用水以及混凝土试块养护用水等。

7.1.2 技术案例

全封闭深基坑降水技术

1. 概述

基坑封闭降水是指在基坑周边增加渗透系数较小的封闭结构，从而有效地阻止地下水向基坑内部渗流，再抽取开挖范围内的少量地下水，从而减少地下水的浪费。基坑封闭降水技术由于抽水量少、对周边环境影响小、止水系统配合支护体系一起设计可以降低造价等优点成为新的绿色施工技术之一。

2. 全封闭深基坑降水模式

基坑封闭降水技术是采用基坑侧壁帷幕或基坑侧壁帷幕＋基坑底封底的截水措施，阻截基坑侧壁及基坑底面的地下水流入基坑，同时采用降水措施抽取或引渗基坑开挖范围内的现存地下水的降水方法。侧壁止水帷幕常采用深层搅拌桩、高压摆喷墙、旋喷桩及地下连续墙等。基坑内抽取的地下水还可回收利用，用于现场文明施工、冲刷厕所以及门口洗车等。基坑封闭降水运用于地下水位较高且地质较为疏松区域；工程地处交通繁忙路段；居民密集区；基坑四周建（构）筑物、地下管线较近且密集区域。

基坑封闭降水分为两种模式，一是止水桩插入隔水层，称为全封闭降水，见图 7-1。二是止水桩未插入隔水层，称为非全封闭降水，见图 7-2。当隔水层埋置不深时，为阻止地下水渗入基坑内，常将止水桩植入坑底以下的隔水层中，形成全封闭降水的深基坑。基坑范围内的地下水与坑外的地下水没有了水力联系，变成了静态水。此时基坑降水只要根据施工需要抽取坑底以下一定深度以上的地下水即可。

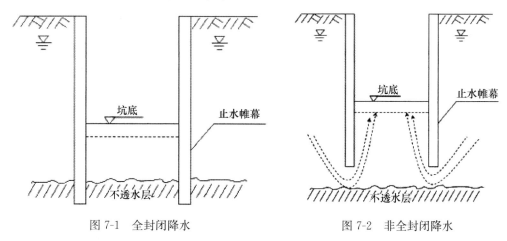

图 7-1 全封闭降水   图 7-2 非全封闭降水

3. 全封闭深基坑降水量公式建立

在使用全封闭深基坑降水模式时，应根据土层性质和特点、水层性质、基坑开挖深度、封闭深度和基坑内井深度综合考虑，尤其应注意公式的选取。全封闭深基坑降水计算，只需疏干基坑内一定深度的静态水，不应套用常规降水设计中的涌水量计算公式。全封闭的降水量应结合止水桩内土体的给水度计算，但是采用止水桩内部整个土体的给水量计算又无必要，因为全封闭降水并不需要把帷幕内的水全部疏干，只需疏干基坑内一定深度以上的静态水。一般降水将水位降低到基坑坑底以下 0.5～1m，因为水位降低后形成水位坡度曲线，因此保守估计，给水土体为地下水位到井管末端（不包括滤管）范围内土体，见图 7-3。

若该范围内属于同类土，则建立全封闭基坑降水量公式为：

$$Q = A \times (S + ir) \times \mu \tag{1}$$

式中 Q——基坑内降水量；

       A——基坑的平面面积；

S——水位降低值；

i——降水的坡度，可以取 0.1；

r——降水半径，取 $r = \dfrac{x_0}{2}$；

x_0——基坑的假想半径，$x_0 = \sqrt{\dfrac{A}{\pi}}$；

μ——基坑内土体的给水度。

如若地下水位到井管末端有不同土层，则计算降水量时要分层考虑每一土层给水量。将每一土层给水量相加得到封闭降水量。

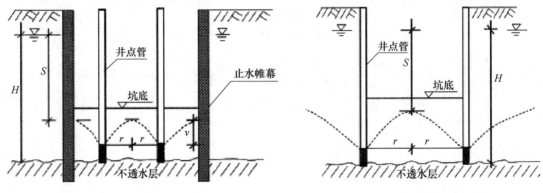

图 7-3　全封闭降水模式　　　　　图 7-4　一般井点降水模式

4. 运用工程案例，进行一般井点降水与全封闭降水比较

工程案例：某写字楼工程平面为矩形，尺寸为 80×55m，采用深层搅拌桩作为止水帷幕。该地基土层为细砂，已知渗透系数 K 为 5m/d，基坑深 6m，潜水水位离地面 1m，含水层厚 11m，施工要求降水深度在基坑底以下 1m，基坑内土层给水度为 0.08。

解：（1）按全封闭降水（图 7-3）

$S = 6 - 1 + 1 = 6$m

$X_0 = \sqrt{\dfrac{A}{\pi}} = \sqrt{\dfrac{80 \times 55}{3.14}} = 37$m

$r = \dfrac{1}{2} x_0 = 18.5$m

$Q = A \times (S + ir) \times \mu = 80 \times 55 \times (6 + 0.1 \times 18.5) \times 0.08 = 2763$m³

过滤器半径 $r_s = 0.2$m，过滤器进水部分长度 $L = 2$m

单井的出水量：$q = 120\pi r_s l \sqrt[3]{K} = 120 \times 3.14 \times 0.2 \times 2 \times \sqrt{5} = 256$m³/d

由此可得：若提前 3d 降水

$n = 1.1 \dfrac{Q}{q} = 1.1 \dfrac{2763}{256 \times 3} = 3.96$，取 $n = 4$ 口

从技术经济上考虑，本工程降水拟采用 4 口管井提前 3d 降水，即可疏干基坑内静态水。可以比较一下，全封闭止水深基坑的降水采用一般的潜水完整井计算涌水量，在相同的工程地质与水文条件下，则：

（2）一般无压完整井井点降水（图 7-4）的涌水量计算为

抽水影响半径：$R = 1.95 \times S \sqrt{HK} = 1.95 \times 6 \times \sqrt{11 \times 5} = 86.8m$

$$Q = 1.366 \times K \times \frac{(2H-S) \times S}{\lg R - \lg x_0} = 1.366 \times 5 \times \frac{(2 \times 11 - 6) \times 6}{\lg 86.8 - \lg 37} = 1821 m^3/d$$

$$n = 1.1 \frac{Q}{q} = 1.1 \frac{1821}{256} = 7.8，取 n = 8 口。$$

即需要 8 口井每天不断抽水才能降低到设计深度。

通过比较发现，一般的井点降水造成地下水的大量浪费，这显然是不合理也不经济的做法。而对于全封闭的降水方案不仅可以防止基坑周边地下水向基坑内渗入，减少基坑内排水量，而且能有效地控制由于基坑内降水引起的基坑周边地面沉降，预防基坑附近建筑物、管网等因地面不均匀沉降而造成的破坏。在运用全封闭降水方案时，要注意降水井深度必须小于帷幕深度，这样帷幕、降水井才能起到应有的作用。实践发现：一般以降水井深度为帷幕深度的 4/5～9/10 为宜。

运用全封闭降水方案时，如若基坑下有承压水存在，基坑开挖减少了含水层上覆盖不透水层的厚度时，当它减少到一定程度，承压水的水头压力可能顶裂或冲毁基坑底板，造成突涌现象。故当基坑下部存在承压水层时，应评价基坑开挖引起的承压水头压力冲毁基坑底板后造成突涌的可能性。

5. 结论与建议

基坑降水要充分掌握场地水文地质条件，考察临近施工地点的降水经验，从而制定有效、合理的降水方案，以确保工程安全顺利地进行。

××体育中心二期项目雨水回收利用系统施工

1. 项目概况

体育中心二期项目用地规模约 643.1 亩，建设内容包括体育馆、游泳跳水馆、网球中心及室外道路、地下停车场、园林景观绿化工程等相关附属设施，总建筑面积：122888.51m²，工程总造价约 112984 万元。

项目包括 5 套雨水回收利用系统，其中一个用于收集网球中心屋面及周边地面的雨水，容积为 300m²，两个用于收集游泳馆屋面及周边地面的雨水，容积分别为 300m² 和 400m²，两个用于收集体育馆屋面及周边地面的雨水，容积分别为 300m² 和 400m²，雨水综合利用包括雨水入渗、收集回用和调蓄排放。雨水利用系统剖面见图 7-5。

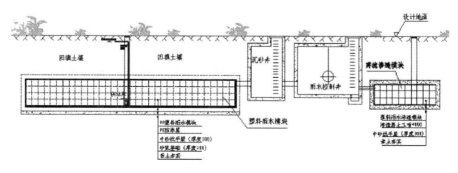

图 7-5　雨水利用系统剖面大样图

2. 整体施工思路与相应措施

（1）通过科学合理的施工组织安排，将雨水回收系统、渗透系统及排放系统分块同时组织施工，提高了施工效率，有效监控各个子系统的施工质量。

（2）利用 AutoCAD 软件及 BIM 技术对各系统进行放样和优化设计，精确控制大型体育场馆建筑群内各汇水面标高和排水坡度。利用雨水自流的特点，结合专业装置和新型材料（如 pp 蓄水模块、自清洗过滤器、紫外线杀毒器等），完成污染物的自动排放、净化、收集及供水，真正实现节能、环保以及高使用寿命的功能。

（3）通过 3D 建模、碰撞检测、深化设计、工料统计、进度模拟、工艺模拟、协同工作以及辅助验收等 BIM 技术应用，以数字化、信息化和可视化的方式提升项目建设水平，做到精细化管理。

3. 关键技术的概要

（1）大面积建筑群雨水收集电脑辅助软件（AutoCAD、BIM 技术）模拟技术

利用 AutoCAD 软件及 BIM 技术对雨水回收系统、渗透系统及排放系统提前进行放样和优化设计，计算出各系统控制坐标、标高和排水坡度，形成以系统为单位的若干个独立的深化设计施工方案。利用 BIM 技术模拟施工提前解决室外管网的碰撞问题。

（2）雨水收集新型材料、雨水储存处理一体化施工

采用的缝隙式树脂混凝土地沟（图 7-6）和格栅式 U 型树脂混凝土地沟（图 7-7）均为成品制作，通过现场分节拼装，安装速度快，雨水收集效果好。

图 7-6　格栅式 U 型树脂混凝土地沟　　　　图 7-7　缝隙式树脂混凝土地沟

用于收集雨水的储存装置采用成品装配式 PP 方块，搬运轻便，拼装速度快，大大缩短了施工周期，降低了施工难度，节约施工成本，见图 7-8。

（3）雨水系统自动控制技术

本系统采用全自动控制技术。系统电控柜安装在绿化或附近建筑内显眼处，采用防水电控箱，安全且便于操作，电气管路根据电气预留条件图安装，满足电气要求。图 7-9 为雨水利用系统设备布置示意图。

图 7-8　装配式 PP 方块

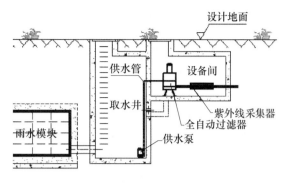

图 7-9　雨水利用系统设备布置示意图

7.2　施工现场太阳能、空气能利用技术

7.2.1　施工现场太阳能光伏发电照明技术

施工现场太阳能光伏发电照明技术是利用太阳能电池组件将太阳光能直接转化为电能储存并用于施工现场照明系统的技术。发电系统主要由光伏组件、控制器、蓄电池（组）和逆变器（当照明负载为直流电时，不使用）及照明负载等组成。

7.2.2　太阳能热水应用技术

太阳能热水技术是利用太阳光将水温加热的装置。太阳能热水器分为真空管式太阳能热水器和平板式太阳能热水器，真空管式太阳能热水器占据国内 95％的市场份额，太阳能光热发电比光伏发电的太阳能转化效率较高。它由集热部件（真空管式为真空集热管，平板式为平板集热器）、保温水箱、支架、连接管道及控制部件等组成。

7.2.3　空气能热水技术

空气能热水技术是运用热泵工作原理，吸收空气中的低能热量，经过中间介质的热交换，并压缩成高温气体，通过管道循环系统对水加热的技术。空气能热水器是采用制冷原理从空气中吸收热量来加热水的"热量搬运"装置，把一种沸点为零下 10 几摄氏度的制冷剂通到交换机中，制冷剂通过蒸发由液态变成气态从空气中吸收热量。再经过压缩机加压做工，制冷剂的温度就能骤升至 80～120℃。具有高效节能的特点，较常规电热水器的热效率高达 380％～600％，制造相同的热水量，比电辅助太阳能热水器利用能效高，耗电只有电热水器的 1/4。

7.2.4　技术案例

分布式发电在建筑施工现场的应用

1. 工程概况

交通银行金融服务中心项目一期和二期一阶段工程位于××市滨湖新区 CBD 核心商务

159

区，工程总建筑面积 17 万平方米，施工临时办公、生活区占地面积约 8000m²，生活区彩钢板临时用房 9 栋，屋面总面积为 1800m²。

××市平均年总辐射在 1350kW·h/m² 左右，根据我国太阳能资源区划标准，该市属于太阳能资源第三类地区，具有建设光伏发电项目较好的光照条件。

该工程建设规模大，工期长，总工期为 638d，用电量约为 210 万度，需消耗大量外电网供电。从贯彻绿色施工理念出发，项目采用了太阳能光伏发电新技术——分布式发电，取得了成功经验。本节以该工程应用为例，介绍分布式发电的选型、分布式发电设计及经济分析、分布式发电系统、分布式发电的安装与运行等应用效果。

2. 分布式发电在建筑施工现场的应用

(1) 太阳能分布式发电的选择

① 太阳能发电的绿色环保意义

光伏发电是一种清洁的能源利用形式，既不直接消耗资源，同时又不释放污染物、废料，不产生温室气体破坏大气环境，也不会有废渣的堆放、废水排放等问题，有利于保护周围环境，是一种绿色可再生能源。

项目通过建设 50kW_p 太阳能光伏电站，利用太阳能进行发电，在项目建设期间，将在节省燃煤、减少 CO_2、SO_2、NO_x、烟尘、灰渣等污染物排放效果上，起到积极的示范作用。

② 投资估算

晶体硅组件、逆变器等主要设备根据目前市场价格；建筑安装工程、其他设备费用根据××市光伏电站建设实际成本测算，计算出工程静态总投资约 46 万元。

③ 财务评价指标见表 7-1

表 7-1　项目财务评价指标

序号	名称	单位	数值
1	规模	kW_p	50
2	总发电量	万 kW·h	121
3	前期投资	万元	46
4	运行期间累计现金结余	万元	228.8
5	投资回收期	年	5

工程投资 46 万元，在度电补贴 20 年经营期内，平均净资产收益率约 21%，项目的财务内部收益率高于基准收益率，净现值大于零，财务盈利能力较强。因此，分布式发电站在施工现场的应用，在经济上可行。

(2) 分布式光伏并网系统

分布式光伏发电特指采用光伏组件，将太阳能直接转换为电能的分布式发电系统。分布式光伏发电系统多在用户场地附近建设，运行方式以用户侧自发自用、多余电量上网。

(3) 分布式发电系统设计

① 光伏本体设计

工程共选用 220W_p 多晶硅组件 209 块，每 19 块组件为 1 组串，每 1 组串为 1 光伏发电单元，共计 11 个发电单元。工程光伏组件方阵采用顺屋平铺方式安装，支架和紧固件采用

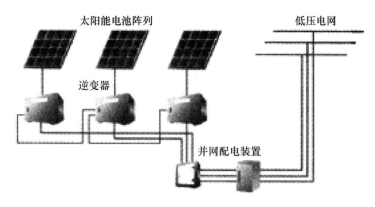

图 7-10　分布式光伏并网系统原理框

铝合金材料。材料型号根据××地区风、雪荷载计算，保证支架多次周转，满足 25 年运行期要求。

　② 电气部分设计

　本工程装机容量为 46kW$_p$，接入电网部分严格按照电力公司经研所出具的接入系统方案执行。光伏方阵所发电量接入并网逆变器，逆变为工频交流电后接入项目部现有 400kVA变压器低压侧 0.4kV 母线。电气部分，包括光伏发电系统（含逆变器、配电装置）、防雷、过电压保护与接地、交流接入系统、电缆敷设及防火封堵等。

　③ 主要设备清单，见表 7-2。

表 7-2　主要设备清单

序号	设备名称	型号规格	单位	数量	备注
1	多晶硅光伏组件	220W$_p$	块	209	46kWp
2	支架	—	套	1	
3	光伏并网逆变器	20kW	台	1	
4		30kW		1	
5	并网配电柜	0.4kW	台	1	
6	电缆	—	m	1000	

表 7-3　组件参数表

外型尺寸	1642mm×994mm×40mm
重量	20kg
峰值功率	220W$_p$
工作电压	29.8V
工作电流	7.40A
开路电压	36.5V
短路电流	8.14A

　④ 电气系统，见图 7-11。

　（4）系统构成和发电流程

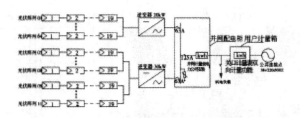

图 7-11　光伏发电项目的电气系统图

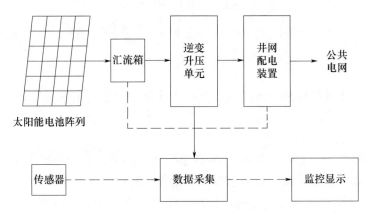

图 7-12　并网型发电系统示意图

通过光伏组件将太阳光能转换为电能的发电系统称为光伏发电系统。光伏发电系统的运行方式，可分为离网运行和并网运行两大类。本工程为并网型发电系统，该系统主要由光伏方阵、并网逆变器、开关柜、交直流电力网络等组成。系统示意图如图 7-12。本工程拟建设 $50kW_p$ 并网型光伏发电系统，采用多晶硅光伏组件作为光电转换装置，同时根据建设方案配置相应的接入系统。

（5）主要设备选型

① 光伏组件

项目使用 $220W_p$ 多晶硅光伏组件，共 209 块，组件参数如表 7-3。

② 逆变器

逆变器初步拟选择 50kW 并网型逆变器 1 台。

（6）分布式光伏电站的建设流程

① 建设流程

电网企业积极为分布式光伏发电项目接入电网提供便利条件，为接入系统工程建设开辟绿色通道。接入公共电网的分布式光伏发电项目，接入系统引起的公共电网改造部分由电网企业投资建设。接入用户侧的分布式光伏发电项目，接入系统工程由项目业主投资建设。

② 并网服务程序

a. 地市或县级电网企业客户服务中心为分布式光伏发电项目业主提供并网申请受理服务，协助项目业主填写并网申请表，接受相关支持性文件。

b. 电网企业为分布式光伏发电项目业主提供接入系统方案制订和咨询服务，并在受理并网申请后 20 个工作日内，由客户服务中心将接入系统方案送达项目业主，项目业主确认后实施。

c. 380V 接入项目，客户服务中心在项目业主确认接入系统方案后 5 个工作日内，双方确认的接入系统方案等同于接入电网意见函。项目业主根据接入电网意见函开展项目核准和工程建设等后续工作。

d. 分布式光伏发电项目主体工程和接入系统工程竣工后，客户服务中心受理项目业主并网验收及并网调试申请，接受相关材料。

e. 电网企业在受理并网验收及并网调试申请后，10 个工作日内完成关口电能计量装置安装服务，并与项目业主（或电力用户）签署购售电合同和并网调度协议。合同和协议内容执行国家电力监管委员会和国家工商行政管理总局相关规定。

f. 电网企业在关口电能计量装置安装完成后，10 个工作日内组织并网验收及并网调试，向项目业主提供验收意见，调试通过后直接转入并网运行。验收标准按国家有关规定执行，若验收不合格，电网企业向项目业主提出解决方案。

g. 电网企业在并网申请受理、接入系统方案制订、合同和协议签署、并网验收和并网调试全过程服务中，不收取任何费用。

（7）分布式光伏电站的运行模式

屋顶电站在项目备案时可选择"自发自用、余电上网"或"全额上网"模式。用户不足电量由电网企业提供，上、下网电量分开结算，电价执行国家相关政策。"全额上网"项目的全部发电量由电网企业按照当地光伏电站标杆上网电价收购。"自发自用，余电上网"是指分布式光伏发电系统所发电力主要由电力用户自己使用，多余电量接入电网，它是分布式光伏发电的一种商业模式，对于这种运行模式光伏并网点设在用户电表的负载侧，需要增加一块光伏反送电量的计量电表或者将电网用电电表设置成双向计量，用户自己直接用掉的光伏电量，以节省电费的方式直接享受电网的销售电价，反送电量单独计量并以规定的上网电价进行结算。

（8）太阳能分布式发电实施

项目在工人区临建搭设时，对拟安装太阳能光伏发电的 6 栋活动板房进行了加固处理，以满足常规尺寸晶体硅电池板荷载要求。项目利用生活区屋顶闲置空间，安装容量 50kWp 光伏并网电站。使用 220W_p 晶体硅电池组件 209 块，采用顺屋面平铺方式安装。电站所发电量就地并入项目部 0.4kV 电网。安装前需采用方钢加固活动板房，以满足荷载要求，见图 7-13。

3. 施工现场应用情况

项目部安装在 6 栋工人宿舍屋顶的 46kW 太阳能电站，平均每天可发 150 度电，供项目部办公、生活区使用。依据国家对度电补贴政策 0.67 元/度（0.42 元/度国家补贴，0.25 元/××市补贴），该电站每年可获得政府补贴资金 3.7 万元。施工现场用电属临时用电，电费较高，太阳能电站每年可节约 5.5 万元电费。经测算该项目在运行第五年时可回收成本，剩余的 20 年运行期间可获得度电补贴和节约电费收益总计 183 万元（税前）。

太阳能发电系统产生的电能优先供施工现场办公、生活区负载使用，余电上网，当阴雨天气太阳能发电不足时则从电网补充电能。太阳能发电系统一次性投入，后期免维护或少维护，每年可为建筑企业节约大量电费，并可享受国家对太阳能电站补贴政策。

针对建筑工地项目现场周期较短一般为 3～4 年，将太阳能发电系统设计为可移动式，当建筑项目完工时，可搬迁至另一项目地继续使用，系统寿命为 25 年，至少可供 6 个以上

图 7-13　生活区屋顶晶体硅电池组件

的项目使用。

建筑工地临时彩钢板房保温性能相对较差，在屋顶安装光伏发电系统后，可有效降低夏季日照对屋内温度的影响，减少空调、电扇等降温设备的使用，起到了一定的节能降耗的作用。

4. 结语

建筑施工现场采用太阳能分布式发电系统，充分利用施工现场场地，既符合绿色施工节能减排的要求，又能在一定程度上大大节约项目施工成本。太阳能分布式发电在施工现场具有较高的应用价值和推广价值。项目初期虽然一次性投入成本较高，但从企业长远利益及社会效益来看应该具有良好的投资回报。

7.3　施工扬尘控制技术

7.3.1　技术内容

包括施工现场道路、塔吊、脚手架等部位自动喷淋降尘和雾炮降尘技术、施工现场车辆自动冲洗技术。

（1）自动喷淋降尘系统由蓄水系统、自动控制系统、语音报警系统、变频水泵、主管、三通阀、支管及微雾喷头连接而成，主要安装在临时施工道路或脚手架上。

塔吊自动喷淋降尘系统是指在塔吊安装完成后通过塔吊旋转臂安装的喷水设施，用于塔臂覆盖范围内的降尘、混凝土养护等。喷淋系统由加压泵、塔吊、喷淋主管、万向旋转接头、喷淋头、卡扣、扬尘监测设备及视频监控设备等组成。

（2）雾炮降尘系统主要有电机、高压风机、水平旋转装置、仰角控制装置、导流筒、雾化喷嘴、高压泵及储水箱等装置，其特点为风力强劲、射程高（远）、穿透性好，可以实现精量喷雾，喷出的雾粒细小，能快速抑制尘埃降沉，工作效率高、速度快、覆盖面积大。

（3）施工现场车辆自动冲洗系统由供水系统、循环用水处理系统、冲洗系统、承重系统以及自动控制系统组成。其采用红外、位置传感器启动自动清洗及运行指示的智能化控制技术。水池采用四级沉淀、分离处理水质,确保水循环使用;清洗系统由冲洗槽、两侧挡板、高压喷嘴装置、控制装置和沉淀循环水池组成;喷嘴沿多个方向布置,无死角。

7.3.2　技术案例

施工土石方作业扬尘控制专项方案

1. 工程概况

本工程位于××市××区谢家湾。用地北临 54m 宽城市景观大道及建设厂项目一期住宅及商业区,西临二十四城四期项目,东临成渝铁路及滨江路。

(1) 气象

拟建区属亚热带气候,无霜期长,多云多雾,雨量充沛。降雨集中于夏季,多暴雨,久晴伏旱时有发生。年平均气温 18℃左右:一月最冷,最低气温 -3.1℃(1975 年 12 月 15 日);夏季长,四个月以上,盛夏八九月均温 30℃,最高气温达 42.9℃(2006 年 8 月 15 日)。

(2) 地形、地貌

拟建场地属长江二级阶地地貌,地形起伏较大,总体地形为西高东低,场区内有大量建筑垃圾堆填形成的土堆,北侧、西侧及东侧为边坡,边坡高一般为 1~20m;最高点位于场地南侧,高程 243.62m,最低点位于场地东南侧边坡下,高程 195.87m,相对高差 47.75m;地形坡度一般为 10°~35°,局部地段为陡坡和陡坎,陡坎高 0.5~2.5m 不等。

2. 组织保证措施

项目部建立施工现场扬尘控制责任体系并始终保持运转。

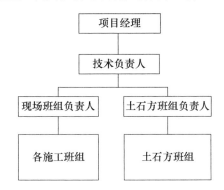

3. 施工扬尘控制措施

(1) 施工现场扬尘污染的来源

① 建设工程施工的扬尘污染,施工现场易产生扬尘污染的物料主要有:水泥、砂石、灰土、灰浆、建筑垃圾以及工程渣土等。

② 施工现场扬尘治理措施:建设工地施工过程中,要做到"七必须,五不准",即作业必须围挡,必须硬化主要出渣便道,必须设置洗车槽,必须湿法作业,必须配齐保洁人员。必须按时清扫施工现场。不准车辆带泥上路,不准场地积水,不准现场焚烧废弃物,不准现

场堆放未覆盖的裸土。确保施工现场扬尘污染总体受控。

（2）设置围挡、围网防尘

施工现场周围采用符合规定强度的硬质材料设置密闭围挡，在场地北侧修筑砖砌围墙，砂浆抹面。场地西侧出渣道路已进行硬化，搭建 1.2m 的栏杆，用安全网围网，确保基础牢固，表面平整和清洁。其余各侧均采用安全围挡进行封闭施工。

（3）作业场地、施工出渣便道硬化处理

① 工程的进出口、场内施工便道和建筑材料堆放地进行硬化处理，浇筑混凝土，非硬化场地进行覆盖处理，安排专人经常清洁、洒水降尘。

② 在施工场地内，设置车辆清洗设施以及配套的排水、泥浆沉淀设施；工地出入口配置冲洗用水和设备，运输车辆带泥轮胎冲洗干净后，方可驶出工地。

（4）建筑垃圾、渣土处置

① 建筑垃圾、工程渣土在 48h 内不能完成清运的，在施工工地内设置临时堆放场，临时堆放场采取围挡、遮盖等防尘措施。

② 在施工现场处置工程渣土时进行洒水或者喷淋降尘。

③ 施工现场堆放的渣土，堆放高度不得高于围挡高度，并采取遮盖措施。

④ 在建筑物、构筑物上运送散装物料、建筑垃圾和渣土时，采用密闭方式清运，禁止高空抛掷、扬撒。

（5）土方施工、爆破施工采用雾炮机扬尘污染的控制

① 在土方开挖、爆破施工、回填施工时，采用 ZSPW-YZ400 型雾炮机进行扬尘控制。

② 雾炮机降尘原理：

利用扬尘可以通过与水粘结而聚结增大的原理，让细小的粉尘通过等径水滴的相互作用，减小水表面的张力，使粉尘颗粒与水雾聚结成团，在重力作用下，沉降到地面。雾炮机是将水通过高压泵进行加压，一定压力的高压水流经过高压雾化喷嘴产生与尘土颗粒直径相近的水雾，水雾再通过大功率风机将水雾发送到扬尘区域使水雾与粉尘颗粒迅速吸附、凝结增大，并在自身重力作用下沉降，从而达到降尘目的，喷雾机同时还具有加湿、降温的功效。

③ 雾炮机有如下特点：

a. 功力强、射程远、覆盖范围广，可以实现精量喷雾；工作效率高、喷雾速度快，能有效降尘。

b. 对容易引起尘埃的堆场喷水除尘时，喷出的雾粒细小，与飘起的尘埃接触时，形成一种潮湿雾状体，能快速将尘埃抑制降沉。

c. 操作灵活，使用安全可靠，遥控和人工控制操作，可随意控制调节水平旋转喷雾角度。

d. 耗水量相比其他抑尘喷洒设备可节约 70%～80%（喷枪、洒水机车），且水雾覆盖粉尘面积远远大于其他抑尘喷洒设备。

（6）预拌砂浆扬尘控制

① 施工现场全部使用商品混凝土和预拌砂浆。在混凝土、砂浆搅拌时进行封闭围挡，已控制和减少水泥扬尘对大气造成的污染。袋装水泥设置封闭的库房进行堆放，安排专人进行管理，定时进行清扫。

② 在施工现场不得进行敞开式搅拌预拌砂浆作业。

（7）其他扬尘控制措施

① 加强对可能产生扬尘的物资管理，袋装水泥、砂、石等在装卸及使用过程中，应避免从高处摔落，应轻拿轻放，不应用力摔打。

② 清理施工垃圾时使用容器吊运，严禁随意凌空抛散造成扬尘。施工垃圾及时清运，清运时，适量洒水减少扬尘。

③ 在切割混凝土等块体材料时采用湿作业法。

④ 对施工现场的道路、砂、石等建筑材料堆场及其他作业区，在连续高温地面干燥时，要经常洒水湿润，保持尘土不上扬。

⑤ 对进出现场的车辆，进行严格地清扫；对土方外运，派专人进行清扫，并拍实车上泥土，对松散易飞的物体采取覆盖。对进入施工现场的车辆，由门卫负责，严把出入制度；在大门口设冲洗设备，高压水枪，排水沟和沉砂池；对出入车辆必须清洗干净后方能放出，严禁带泥上路；冲洗的污水流入排水沟流向沉砂池后再排入市政管网。特别土方外运时，必须增设一名人员进行清扫和清洗，做好扬尘控制。

⑥ 散体物料、建筑垃圾必须按照规定实行车辆密闭化运输，装卸时严禁凌空抛散。易飞扬的细颗粒散体材料尽量库内存放，如露天存放时采用严密覆盖；运输和卸运时防止遗洒飞扬。

⑦ 建筑垃圾应及时清运至垃圾站，如运出场外，必须进行遮盖。

⑧ 装载建筑垃圾的车辆，不得超载超量，必防遗漏。

4. 施工现场环境保护工作计划

（1）认真学习和贯彻执行国家有关环保的法令、法规和条例，达到市级文明施工现场的要求。

（2）积极全面开展环保工作，成立环保领导小组，建立环保自我保障体系和环保信息网络，并保持正常运行。

（3）加强环保宣传工作，提高全员环保意识。

（4）现场采用图片、宣传画册、表扬以及奖励等方式普及环保知识，并将环保知识落实到每个人的头上。

（5）对每个上岗工人进行环保岗前培训。

（6）现场建立环保义务监督制度，保证及时反馈环保信息，对环保做得不周之处立即加以整改，并及时提出整改方案，积极改进并完善环保措施。

（7）严格按施工组织设计中环保措施开展环保工作，其针对性和可操作性要强。

（8）管理目标中扬尘控制达标的具体指标有：施工材料进出采用翻盖车辆、堆放采用简易房舍覆盖彩条布；车辆进出用水清洗；生活垃圾袋装化；建筑垃圾运至指定地点，每天清运；施工区、生活区、办公区洒水每天清扫，并保持整洁。

5. 施工现场扬尘控制管理目标

为使施工期间的环保工作有序、有效进行，保护和改善生活环境与生态环境，防止由于施工造成的作业污染和扰民，减少施工过程对周围环境造成的不利影响，保障工地附近居民和施工人员的身体健康，针对工程施工期面临的敏感环境问题，敏感点和生产的主要环境影响，依照国家及地方环境相关法规的要求确定出施工过程中环保工作的具体安排。将环保工作规范、系统地贯穿施工期的全过程。使施工期的环境影响达到相关法规、标准和环评报告的要求。

7.4 施工噪声控制技术

7.4.1 技术内容

通过选用低噪声设备、先进施工工艺或采用隔声屏、隔声罩等措施有效降低施工现场及施工过程噪声的控制技术。

（1）隔声屏是通过遮挡和吸声减少噪声的排放。隔声屏主要由基础、立柱和隔声屏板几部分组成。基础可以单独设计也可在道路设计时一并设计在道路附属设施上；立柱可以通过预埋螺栓、植筋与焊接等方法，将立柱上的底法兰与基础连接牢靠，声屏障立板可以通过专用高强度弹簧与螺栓及角钢等方法将其固定于立柱槽口内，形成声屏障。隔声屏可模块化生产，装配式施工，选择多种色彩和造型进行组合、搭配，并与周围环境协调。

（2）隔声罩是把噪声较大的机械设备（搅拌机、混凝土输送泵、电锯等）封闭起来，有效地阻隔噪声的外传。隔声罩外壳由一层不透气的具有一定重量和刚性的金属材料制成，一般用 2～3mm 厚的钢板，铺上一层阻尼层，阻尼层常用沥青阻尼胶浸透的纤维织物或纤维材料，外壳也可以用木板或塑料板制作，轻型隔声结构可用铝板制作。要求高的隔声罩可做成双层壳，内层较外层薄一些。两层的间距一般是 6～10mm，填以多孔吸声材料。罩的内侧附加吸声材料，以吸收声音并减弱空腔内的噪声。要减少罩内混响声和防止固体声的传递，尽可能减少在罩壁上开孔，对于必需开孔的，开口面积应尽量小。在罩壁的构件相接处的缝隙，要采取密封措施，以减少漏声。由于罩内声源机器设备的散热，可能导致罩内温度升高，对此应采取适当的通风散热措施。要考虑声源机器设备操作、维修方便的要求。

（3）应设置封闭的木工用房，以有效降低电锯加工时噪声对施工现场的影响。

（4）施工现场应优先选用低噪声机械设备，优先选用能够减少或避免噪声的先进施工工艺。

7.5.2 技术案例

隔声屏施工方案

1. 工程概况

本项目的建设地点为××区 312 街坊 33 丘地块。基地周边状况为：相邻北至东北侧为大宁灵石公园，西侧为住宅区，南侧为大宁国际商业广场，东侧则被高架环绕。为能保证该地块商办项目桩基工程期间减少噪声污染，安全文明施工，整个施工阶段不扰民，特编制本方案。

2. 现场施工总体安排

（1）施工总体顺序安排

施工总体顺序：从西北角按逆时针方向施工，西南角顺时针方向施工，分 2 段流水施工。

（2）劳力安排

① 声屏障构件工组由 26 名工人组成，具体负责声屏障的立柱加工、防锈处理、吸声元件、隔声元件的加工制作等。

② 声屏障安装施工组由 12 人组成，具体负责施工放样、立柱安装、屏体安装等工序。

3. 施工方法

（1）施工顺序

预制→放样→挖孔桩基础→基础浇筑→立柱安置→吸声元件、隔声元件安装。

（2）施工准备

① 材料

在开工前将有关材料运至施工现场料库，保障材料的采购、运输不影响隔声屏障的施工进度。施工中现场材料员每天将根据进度提前报材料用量计划表，库管员将根据材料用量计划对库料进行调整，保障材料进场。

吸声元件：正面 1.0mm 百叶孔镀锌板护面，表面纯聚酯粉末喷涂，冲孔率大于 25%；内部填充物用玻纤布包裹离心复合玻纤棉；背面隔声板采用 1.0mm 镀锌板压型，表面纯聚酯粉末喷涂。该产品的最大特点是结构形式设计特殊，抗弯承载力≥5.29kN/m²；吸隔声效果理想，降噪系数 NRC≥0.8，计权隔声量 R_w≥30dB。

隔声元件：透明元件为 8mm 亚克力板，铝合金框包边；满足了采光需求和隔声性能。

② 人力

隔声屏分别从西北角按逆时针方向施工，西南角顺时针方向施工。两支队伍的施工人员应配备技术熟练的工人和施工经验的技术管理人员。普通日工根据工程实际需要调配，确保施工力量充足。

③ 主要设备投入见表 7-4。

表 7-4 主要设备表

序号	设备名称	型号	数量	备注
1	电焊机	SMDW-2	4 台	
2	手电钻	GBM	4 把	
3	台钻	Z406	1 台	
4	手电锯	GBM350	4 把	
5	水准仪	NAL324	1 台	
6	经纬仪	TD205D	1 台	
7	直尺		4 把	
8	线锤		4 套	
9	水平尺		4 把	

④ 技术准备

对隔声屏障正式安装前，先进行样板段的隔声屏障的安装，由参加三方进行验收，以解决在安装过程中存在的问题。

4. 主要施工技术及方法

（1）场地平整和土方开挖

① 土方开挖前根据后附图尺寸线位置立好龙门桩，用经纬仪测定。在龙门桩上标好轴线位置并把标高引测到附近的固定建筑物上，再开始放出基础灰线和水准标志，放灰线按要求放出基础位置。

② 施工顺序：

土方开挖从东北角方向按逆时针方向进行平整，平整后采用 PC50 型挖机开挖基础，基础深 1800mm。

放线→土方平整→挖基础→土方平整→挖基础→基础浇筑

③ 基础深 1800mm，由于施工现场场地较大，余土随机翻至场地内，待集中成堆后一并运出施工现场。挖土时随时用水平仪测量，围墙上水准点标高为 ±0.000m。做好垫层水平桩，垫层顶面标高为 −2.000m。

④ 安排配合人工挖土，修整至基础底标高。

⑤ 基础修整之后，用土体当模板使用，不再进行模板安装。

（2）混凝土基础施工

① 工艺流程：

作业准备→商品混凝土运输→混凝土浇筑与振捣→安放预埋件→养护

② 作业准备：浇筑前应将基坑内的垃圾、泥土等杂物清除干净，准备好人员及有关机具。混凝土采用 C25 商品混凝土。

③ 混凝土浇筑与振捣的一般要求：

混凝土运至施工现场，由人工将混凝土运至基础之内。使用插入式振动器应快插慢拔，插点要均匀排列、逐点移动、顺序进行且不得遗漏，做到均匀振实。每隔 30m 及转角设置 20mm 伸缩缝。

④ 养护：对已浇筑完毕的混凝土，应加以覆盖和浇水。应在浇筑完毕后的 12h 以内对混凝土加以覆盖和浇水。混凝土的浇水养护的时间不得少于 7d。浇筑的混凝土强度未达到 1.2MPa 以前，不得在其上踩踏或立柱。

（3）隔声屏安装

① 施工顺序：放线→安装立柱→安装隔声板→校正→清理、验收。

② 待混凝土强度达到要求后，进行放线、标高的控制。清理预埋件表面的残留混凝土。

③ 施工时分两组进行，分别由东北角逆时针方向，西南角顺时针方向开始施工。安装前提前对立柱方钢管、横向支撑方钢管及角钢进行防锈处理，涂刷一遍防锈漆。

④ 立柱安装：立柱高度 5m，间隔 4m 设置一根立柱。立柱采用 125×125 型钢安装，4 人分别从东南西北方向拉牢。技术人员对其进行垂直度的校正及轴线方向的偏移校正。配合安装工将立柱与预埋件预埋螺栓拧紧牢固。

H 钢立柱安装：

a. H 钢立柱直接从运输车辆上用吊车起吊好后，垂直插入地脚螺栓中。

b. 按预埋板上"十"记号，用调整螺栓校正水平和垂直后，用螺帽初拧紧固定（80% 的紧度）。

c. 垂直度和 2 根 H 钢立柱的间距必须控制在 ≤3mm 和 ±2.5mm 范围内。

　　d. 当 10 根 H 钢立柱初拧紧固定好后，应回过头来，对这 10 根 H 钢立柱的垂直度、水平、标高和间距再作一次核对，以避免积累误差过大，无法调整（如返工则影响进度，不返工则要做非标屏，浪费材料）。

　　⑤ 隔声板（10mm 厚聚碳酸酯双层阳光板）的安装：在立柱上测出水平标高线，板材贴至立柱内侧，板材缝隙间隔处采用固定弹簧卡与型钢固定。

　　a. 隔声屏 H 型钢立柱在基础上安装到位后，利用改装后小型汽车上的吊机，通过专用吊索将运到安装位置地面上的金属屏体吊升到立柱顶端插入。

　　b. 为防止擦伤金属屏体表面的静电喷涂涂层，吊索采用扁型承重尼龙带，吊架为自制龙门吊架。

　　c. 金属屏体安装的下密封板做到密封严密，密封板上口，全线一致，无高低落差。

　　d. 把须安装的金属屏体扶正，嵌入相邻 H 型钢立柱的凹槽中。在屏体须安装到位的最终位置的面上，近立柱旁，预放两根铜制小撬杠，然后抽出撬杠，使屏体靠自重到位。

　　e. 金属屏体与 H 型钢立柱的固定由屏体背面的 4 片弹簧片固定。

　　⑥ 隔声屏工程竣工后，能否达到设计预定目标，敏感点的插入损失的大小与隔声屏结构中缝隙处理的质量有密切关系，因此在屏体安装完毕后，必须认真处理存在的缝隙。屏体与 H 型钢之间的缝隙用玻璃硅胶填充密实。

　　5. 质量监控要点

　　（1）隔声屏障安装前，对预埋件防腐施工进行检查，符合要求后方可进行隔声屏障的施工。

　　（2）隔声屏障施工时应注意立柱、隔声板的垂直度。安装时做到高度方向垂直、平顺。在轴线方向应严格控制在允许范围内（±20）。

　　（3）如发现在安装、运输过程中有损坏的部位必须及时进行修补或替换。

7.5　绿色施工在线监测评价技术

7.5.1　技术内容

　　绿色施工在线监测及量化评价技术是根据绿色施工评价标准，通过在施工现场安装智能仪表并借助 GPRS 通讯和计算机软件技术，随时随地以数字化的方式对施工现场能耗、水耗、施工噪声、施工扬尘、大型施工设备安全运行状况等各项绿色施工指标数据进行实时监测、记录、统计、分析、评价和预警的监测系统和评价体系。

　　绿色施工涉及管理、技术、材料、工艺及装备等多个方面。根据绿色施工现场的特点以及施工流程，在确保施工各项目都能得到监测的前提下，绿色施工监测内容应尽可能全面，用最小的成本获得最大限度的绿色施工数据，绿色施工在线监测对象应包括但不限于图 7-14 所示内容。

　　监测及量化评价系统构成以传感器为监测基础，以无线数据传输技术为通讯手段，包括现场监测子系统、数据中心和数据分析处理子系统。现场监测子系统由分布在各个监测点的智能传感器和 HCC 可编程通讯处理器组成监测节点，利用无线通信方式进行数据的转发和传输，达到实时监测施工用电、用水、施工产生的噪声和粉尘、风速风向等数据。数据中心

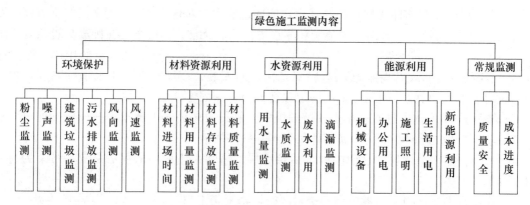

图 7-14 绿色施工在线监测对象内容框架

负责接收数据和初步的处理、存储，数据分析处理子系统则将初步处理的数据进行量化评价和预警，并依据授权发布处理数据。

7.5.2 技术指标

（1）绿色施工在线监测及评价内容包括数据记录、分析及量化评价和预警。

（2）应符合《建筑施工场界环境噪声排放标准》GB 12523、《污水综合排放标准》GB 8978、《生活饮用水卫生标准》GB 5749；建筑垃圾产生量应不高于 350t/万 m^2。施工现场扬尘监测主要为 PM2.5、PM10 的控制监测，PM10 不超过所在区域的 120%。

（3）受风力影响较大的施工工序场地、机械设备（如塔吊）处风向、风速监测仪安装率宜达到 100%。

（4）现场施工照明、办公区需安装高效节能灯具（如 LED）、声光智能开关，安装覆盖率宜达到 100%。

（5）对于危险性较大的施工工序，远程监控安装率宜达到 100%。

（6）材料进场时间、用量、验收情况实时录入监测系统，保证远程实时接收监测结果。

7.5.3 适用范围

适用于规模较大及科技、质量示范类项目的施工现场。

7.5.4 工程案例

天津周大福金融中心，郑州泉舜项目，中部大观项目及蚌埠国购项目等工程。

7.6 工具式定型化临时设施技术

7.6.1 技术内容

工具式定型化临时设施包括标准化箱式房，定型化临边洞口防护、加工棚，构件化

PVC 绿色围墙，预制装配式马道以及可重复使用临时道路板等。

（1）标准化箱式施工现场用房包括办公室用房，会议室、接待室、资料室、活动室、阅读室以及卫生间。标准化箱式附属用房，包括食堂、门卫房、设备房以及试验用房。按照标准尺寸和符合要求的材质制作和使用。

表 7-5　标准化箱式房几何尺寸（建议尺寸）

项目		几何尺寸（单位 mm）	
		型式一	型式二
箱体	外	$L6055 \times W2435 \times H2896$	$L6055 \times W2990 \times H2896$
	内	$L5840 \times W2225 \times H2540$	$L5840 \times W2780 \times H2540$
窗		$H \geqslant 1100$ $W650 \times H1100 / W1500 \times H1100$	
门		$H \geqslant 2000$ $W \geqslant 850$	
框架梁高	顶	$H \geqslant 180$（钢板厚度 $\geqslant 4$）	
	底	$H \geqslant 140$（钢板厚度 $\geqslant 4$）	

（2）定型化临边洞口防护、加工棚

定型化、可周转的基坑、楼层临边防护、水平洞口防护，可选用网片式、格栅式或组装式。

当水平洞口短边尺寸大于 1500mm 时，洞口四周应搭设不低于 1200mm 防护，下口设置踢脚线并张挂水平安全网，防护方式可选用网片式、格栅式或组装式，防护距离洞口边不小于 200mm。

楼梯扶手栏杆采用工具式短钢管接头，立杆采用膨胀螺栓与结构固定，内插钢管栏杆，使用结束后可拆卸周转重复使用。

可周转定型化加工棚基础尺寸采用 C30 混凝土浇筑，预埋 400mm×400mm×12mm 钢板，钢板下部焊接直径 20mm 钢筋，并塞焊 8 个 M18 螺栓固定立柱。立柱采用 200mm×200mm 型钢，立杆上部焊接 500mm×200mm×10mm 的钢板，以 M12 的螺栓连接桁架主梁，下部焊接 400mm×400mm×10mm 钢板。斜撑为 100mm×50mm 方钢，斜撑的两端焊接 150mm×200mm×10mm 的钢板，以 M12 的螺栓连接桁架主梁和立柱。

（3）构件化 PVC 绿色围墙

基础采用现浇混凝土，支架采用轻型薄壁钢型材，墙体采用工厂化生产的 PVC 扣板，现场采用装配式施工方法。

（4）预制装配式马道

立杆采用 φ159mm×5.0mm 钢管，立杆连接采用法兰连接，立杆预埋件采用同型号带法兰钢管，锚固入筏板混凝土深度 500mm，外露长度 500mm。立杆除埋入筏板的埋件部分，上层区域杆件在马道整体拆除时均可回收。马道楼梯梯段侧向主龙骨采用 16a 号热轧槽钢，梯段长度根据地下室楼层高度确定，每主体结构层高度内两跑楼梯，并保证楼板所在平面的休息平台高于楼板 200mm。踏步、休息平台、安全通道顶棚覆盖采用 3mm 花纹钢板，踏步宽 250mm，高 200mm，楼梯扶手立杆采用 30mm×30mm×3mm 方钢管（与梯段主龙骨螺栓连接），扶手采用 50mm×50mm×3mm 方钢管，扶手高度 1200mm，梯段与休息平台固定采用螺栓连接，梯段与休息平台随主体结构完成逐步拆除。

（5）装配式临时道路

装配式临时道路可采用预制混凝土道路板、装配式钢板及新型材料等，具有施工操作简单、占用场地少，便于拆装、移位，可重复利用，能降低施工成本，减少能源消耗和废弃物排放等优点。应根据临时道路的承载力和使用面积等因素确定尺寸。

7.6.2　技术指标

工具式定型化临时设施应工具化、定型化以及标准化，具有装拆方便，可重复利用和安全可靠的性能；防护栏杆体系、防护棚经检测防护有效，符合设计安全要求。预制混凝土道路板适用于建设工程临时道路地基弹性模量≥40MPa，承受载重≤40t 施工运输车辆或单个轮压≤7t 的施工运输车辆路基上铺设使用；其他材质的装配式临时道路的承载力应符合设计要求。

7.6.3　适用范围

工业与民用建筑以及市政工程等。

7.6.4　工程案例

北京新机场停车楼及综合服务楼，丽泽 SOHO，同仁医院（亦庄），沈阳裕景二期，大连瑞恒二期，大连中和才华，沈阳盛京银行二标段，北京市昌平区神华技术创新基地，北京亚信联创全球总部研发中心。

7.7　垃圾管道垂直运输技术

7.7.1　技术内容

垃圾管道垂直运输技术是指在建筑物内部或外墙外部设置封闭的大直径管道，将楼层内的建筑垃圾沿着管道靠重力自由下落，通过减速门对垃圾进行减速，最后落入专用垃圾箱内进行处理。

垃圾运输管道主要由楼层垃圾入口、主管道、减速门、垃圾出口、专用垃圾箱、管道与结构连接件等主要构件组成，可以将该管道直接固定到施工建筑的梁、柱、墙体等主要构件上，安装灵活，可多次周转使用。

主管道采用圆筒式标准管道层，管道直径控制在 500～1000mm 范围内，每个标准管道层分上下两层，每层 1.8m，管道高度可在 1.8～3.6m 之间进行调节，标准层上下两层之间用螺栓进行连接；楼层入口可根据管道距离楼层的距离设置转动的挡板；管道入口内设置一个可以自由转动的挡板，防止粉尘在各层入口处飞出。

管道与墙体连接件设置半圆轨道，能在 180°平面内自由调节，使管道上升后，连接件仍能与梁柱等构件相连；减速门采用弹簧板，上覆橡胶垫，根据自锁原理设置弹簧板的初始角度为 45°，每隔三层设置一处，来降低垃圾下落速度；管道出口处设置一个带弹簧的挡板；垃圾管道出口处设置专用集装箱式垃圾箱进行垃圾回收，并设置防尘隔离棚。垃圾运输管道楼层垃圾入口、垃圾出口及专用垃圾箱设置自动喷洒降尘系统。

建筑碎料（凿除、抹灰等产生的旧混凝土、砂浆等矿物材料及施工垃圾）单件粒径尺寸不宜超过 100mm，重量不宜超过 2kg；木材、纸质、金属和其他塑料包装废料严禁通过垃圾垂直运输通道运输。

扬尘控制，通过在管道入口内设置一个可以自由转动的挡板，垃圾运输管道楼层垃圾入口、垃圾出口及专用垃圾箱设置自动喷洒降尘系统。

7.7.2 技术案例

建筑施工垃圾管道化垂直运输装置

施工中产生的建筑垃圾能否及时高效的清理直接影响着施工的进度，施工电梯、塔吊运输是建筑垃圾清理的一般方法，但此类方法效率低下，易造成窝工。针对此问题，施工现场设计了一种建筑垃圾管道化垂直运输装置，此装置运输成本更低，垃圾运输更高效，在使用过程中取得了良好效果。

1. 工程概况

大屯地区 2 号绿隔产业用地工程位于××区大屯地区，总建筑面积为 81558m²，地下 3 层，地上 7 层，总建筑高度约 45m。传统的楼层建筑垃圾处理方式为利用塔吊及施工电梯将垃圾运至指定地点，运输效率低，且扬尘较大。为使建筑垃圾经济、高效的处理，项目部设计了一种建筑垃圾管道化垂直运输装置。

2. 管道化垂直运输系统

管道化垂直运输系统设置于上下贯通的结构楼板预留孔洞处，待建筑施工基本完成，拆除垃圾通道后再修补孔洞。该装置主要包括：管道及支撑系统，封闭垃圾池及减振系统。

（1）管道及支撑系统

① 预留洞口

在便于垃圾清运，且不触碰结构梁部位预留结构洞口，结合管道尺寸，预留洞大小为 800mm×800mm。

② 管道选择及连接

垃圾运输管道系统的材料选用直径为 580mm 的废油桶焊接成垃圾垂直通道，洞口处钢筋截断打弯，便于管道穿过。

③ 支撑及固定

搭设钢管支架，立杆间距为 1m，底部增设垫块；横杆沿管道四周设置，每个楼层高度内设置 3 道，分别位于距楼板上下表面 800mm 距离及 1/2 层高处并加设斜撑，支架与焊接管道之间空隙使用楔形木方挤紧固定。

（2）喂料口

各楼层垃圾倾倒口设置于距楼板上表面 600mm 高度处，在垂直通道一侧开 300mm×

400mm 洞口，上设置活动式翻盖。

　　管道及支撑系统做法如图 7-15 所示。

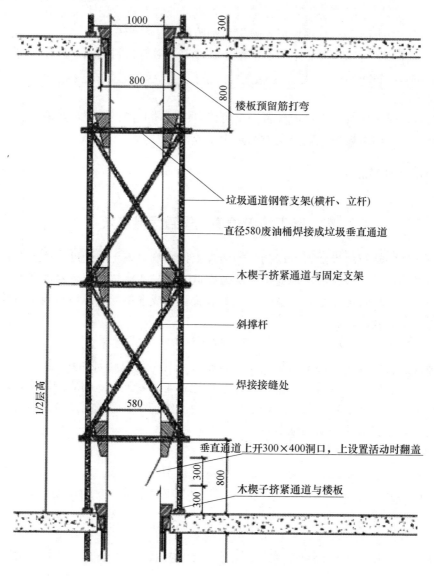

图 7-15　管道及支撑系统做法

（3）封闭垃圾池及减振系统

　　垃圾池设计为全封闭结构，墙体采用灰砂砖砌筑；顶部为满铺 50 厚脚手板且覆盖防尘网；垃圾池底部设计为减振系统，池底在首层楼板上满铺脚手板，脚手板上预定安放地弹簧固定 10mm 厚，200×200mm 钢板，将直径 10mm、外径 100mm 弹簧焊在钢板上，其上满铺 10mm 厚，3000×4000mm 钢板，上面满铺脚手板，脚手板上固定 15mm 厚覆膜多层板；垃圾池一侧设置 2.5m 高推拉门。垃圾池及减振系统施工做法如图 7-16。

　　3. 使用注意事项

　　垃圾垂直运输通道按设计方案搭设完成后，需组织各管理方对通道焊接质量、支撑系统

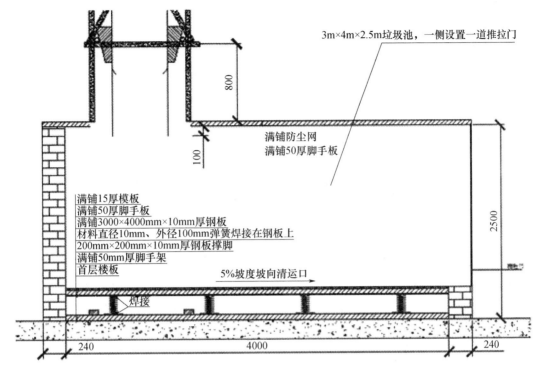

图 7-16 垃圾池及减振系统施工做法

稳定性等进行验收,合格后方可投入使用,并制定以下使用原则:

(1) 垃圾投放过程中,对于过重的可能引起弹簧非弹性形变的垃圾应粉碎投料。

(2) 各楼层投放垃圾应错开,不可同时投放,安排专人看守,防止上下交叉作业。

(3) 垃圾投放完成后定期清理垃圾池,且在清运垃圾池时禁止使用垃圾通道。

(4) 组织相关负责人,加强日常安全检查及巡视,发现隐患立即停止使用。

4. 管道化垂直运输系统优势及主要效果分析

(1) 与一般方法比较

目前建筑垃圾的清运常规方法为塔吊及施工电梯,塔吊及施工电梯主要用于保证建筑施工材料的运输,若占用其用于清理垃圾会影响施工进度,且清运效率极低,需要人工用推车将垃圾集中再由机械转运,过程中的扬尘及噪声皆无法控制。管道化垂直运输系统专为垃圾清运设置,不会占用大型机械的使用时间,清运效率高,建筑垃圾清运方便,省人省力,且能有效的控制扬尘及噪声,更高效、环保。

(2) 与选用结构井道作为垃圾通道方法对比

采用结构井道作为垃圾通道,将影响其他后续工序的进行,如占用机电管道井或电梯井,会影响后续井道内机电管线或电梯安装,且垃圾倾落过程,会对结构井道造成污染或破坏。采用管道化垂直运输装置,只需在结构楼板适当位置预留孔洞,待垃圾清运完毕拆除运输管道后进行孔洞修补即可,不占用结构井道,不会造成井道破坏及对后续工序的影响。

(3) 管道选材对比

对比有些工程选用橡胶管作为垃圾运输管道,废弃油桶焊管道选材更容易,油桶采用焊接连接,较橡胶管刚度小、易变形且需专用管卡连接及固定在施工上更方便,且对废旧油桶回收利用，经济环保。

5. 应用效果

管道化垂直运输装置以废弃油桶焊接作为主通道，施工成本低，出料口封闭垃圾池，防止扬尘污染，弹簧减震系统，抵消了垃圾下落势能，有效地防止了噪声的扩散，钢管支架固定支撑系统保证了垃圾通道的安全可靠。管道化垂直运输装置配以严格的管理使用制度，实现了建筑垃圾及时高效的清理，大大提高了施工效率，树立了良好的文明施工形象，具有广阔的推广使用前景。

7.8　透水混凝土与植生混凝土应用技术

7.8.1　透水混凝土技术内容

透水混凝土是由一系列相连通的孔隙和混凝土实体部分骨架构成的具有透气和透水性的多孔混凝土，透水混凝土主要由胶结材和粗集料构成，有时会加入少量的细集料。从内部结构来看，主要靠包裹在粗集料表面的胶结材浆体将集料颗粒胶结在一起，形成集料颗粒之间为点接触的多孔结构。

透水混凝土一般用于路面。透水混凝土路面的铺装施工整平使用液压振动整平辊和抹光机等，对不同的拌合物和工程铺装要求，应该选择适当的振动整平方式并且施加合适的振动能，过振会降低孔隙率，施加振动能不足，可能导致颗粒粘结不牢固而影响到耐久性。

7.8.2　透水混凝土工程案例

透水混凝土路面在工程中的应用

1. 概述

透水混凝土是一种无砂大孔径混凝土，一般采用特定粒径集料作为骨架，胶结材料包裹于集料表面作为胶结层，形成骨架-孔隙的多孔结构，是一种有利于促进水循环，改善城市生态环境的环保型建筑材料。与普通混凝土相比，它具有良好的透水、透气性，在路面上使用具有良好的生态效应和经济效益，可用于轻交通道路、城市道路两侧的人行道、公园内道路等。由于具有大的连通孔隙，除了具有很好的吸声降噪性能外，还具有很好的排水性能，在雨天能及时排除路面积水，还可以通过其连通的孔隙将雨水回流到地下，补充日益缺乏的地下水资源，因此多孔混凝土的透水性能对绿色施工具有重要意义。

2. 透水混凝土的工程应用

（1）工程概况

××滨海休闲带 C 区景观工程位于××市××区滨海大道南侧，总长约 3.86km。该工程停车场和园内自行车道路均采用透水混凝土，其中停车场设有 1440 个车位，路面采用 C30 透水混凝土，厚度 220mm；自行车道路长 3.86km，路面采用 C20 透水混凝土，厚度 200mm。该工程已于 2011 年 5 月竣工。

（2）透水混凝土的特点

①作为一种具有维护生态平衡功能的新型环保路面材料，其使用有利于节能及环保。

②该材料级配疏松，透水性好，能充分发挥对雨水的储存和渗透功能，既还原了地下水又改善了地下生态的生存环境，并有效地促进植物生长。

③具有透气、透水和重量轻的特点，可改善路面温度，从而起到防止路面温度上升的作用。

④具有较高的承载力，经相关部门检测鉴定，透水混凝土路面承载力完全能达到C20～C25混凝土的承载标准，高于一般透水砖。

⑤耐用耐磨性能优于沥青，克服了一般透水砖存在的使用年限短、不经济等缺点。

⑥施工工艺合理、操作方便，施工质量易于保证，工效高。

（3）透水混凝土路面施工工艺

透水混凝土是由粗集料及其表面均匀包裹的水泥和增强料混合的胶结料浆相互粘结，并经水化硬化后形成的具有孔穴均匀分布、连续孔隙结构的蜂窝状混凝土。它能让雨水向混凝土面层、基层及土基渗透，可让雨水暂时贮存在其内部空隙中并逐渐蒸发，也能让土基里的水分通过混凝土内部空隙向大自然蒸发，从而发挥维护生态平衡的功能。

3. 透水混凝土路面施工措施

（1）透水混凝土路面厚度对人行道、自行车道等轻荷重地面，建议厚度不小于80mm；对停车场、广场等中荷重地面，建议厚度不小于100mm；重型车道建议厚度不小于180mm。对于彩色透水混凝土路面，往往分两层，表层彩色混凝土层厚度一般不小于30mm，其下为素色混凝土垫层。

（2）配合比

① C30 透水混凝土（1m³）配合比（重量比）为：

碎石∶水泥∶增强料∶水＝1550∶279∶26.4∶111.6（kg）；

② 严格控制水灰比，即控制水的加入量，水在搅拌中分2～3次加入，不允许一次性加入，集料发亮应立即停止加水。

（3）基层处理

① 为确保路体结构层具有足够的整体强度和透水性，表面层下需有透水基层和较好保水性的垫层。基层要求：在素土层夯实层上配用的基层材料，除应有适当的强度外，还须具有较好的透水性，一般采用级配砂砾或级配碎石等。采用级配碎石时，最大粒径应小于0.7倍基层厚度，且不超过50mm；垫层一般采用天然碎石，粒径小于10mm，并铺有一定厚度，铺设需均匀平整。

② 透水混凝土路面基层横坡度宜为1‰～2‰，面层横坡度应与基层横坡度相同。

③ 全透水结构的人行道基层可采用级配砂砾、级配碎石及级配砾石基层，厚度不应小于150mm。全透水结构的其他道路级配砂砾、级配碎石及级配砾石基层上应增设多孔隙稳定碎石基层（多孔隙水泥稳定碎石基层不应小于200mm；级配砂砾、级配碎石及级配砾石基层不应小于150mm）。

④ 半透水结构混凝土基层的抗压强度等级不应低于C20，厚度不应小于150mm；级配砂砾、级配碎石及级配砾石基层不应小于150mm。

⑤ 透水混凝土面层施工前，应对基层作清洁处理，使其表面粗糙、清洁、无积水，并

保持湿润状态，必要时宜进行界面处理。

（4）排水系统设计

全透水结构设计时应考虑路面下排水，路面下的排水可设排水盲沟与道路市政排水系统相连，雨水口处基层、面层结合处应设置成透水形式，基层过量水分向雨水口汇集，雨水口周围应设置宽度不小于 1m 的不透水土工布于路基表面。

（5）模板

① 模板应选用质地坚实、变形小、刚度大的材料，模板高度应与混凝土路面厚度一致。

② 立模的平面位置与高程应符合设计要求，模板与混凝土接触面应涂隔离剂。

③ 拆模时间应根据气温和混凝土强度增长情况确定。

④ 拆模不得损坏混凝土路面的边角，应保持透水混凝土块体完好。

（6）搅拌、运输

① 透水混凝土宜采用强制性搅拌机进行搅拌，宜先将石料和 50％用水量拌和 30s，再加入水泥、增强料、外加剂拌和 40s，最后加入剩余用水量拌和 50s 以上，视搅拌均匀程度，可适当延长机械搅拌时间约 3min，搅拌均匀后方可出料。

② 透水混凝土属干性混凝土料，初凝快，一般根据气候条件控制混合物运输时间在 10min 以内。

③ 混凝土拌合物浇筑中应尽量缩短运输、摊铺、压实等工序时间，收面后应及时覆盖、洒水养护。

④ 透水混凝土拌合物从搅拌机出料后，运至施工地点摊铺、压实直至浇筑完毕的允许最长时间，可由实验室根据水泥初凝时间及施工气温确定，一般为 1～2h，若最高气温达 32℃及以上时不宜施工。

（7）摊铺、压实

① 透水混凝土拌合物摊铺应均匀，平整度与排水坡度应符合要求，摊铺厚度应考虑松铺系数，其松铺系数宜为 1.1。

② 透水混凝土宜采用平整压实机，或采用低频平板振动器振动和专用滚压工具滚压。平板振动器振动时间不能过长，防止过于密实而出现离析现象，压实时应辅以人工补料及找平，人工找平时施工人员应穿上减压鞋进行操作。

③ 透水混凝土压实后，宜使用抹平机或人工对透水水泥混凝土面层进行抹面收光，必要时应配合人工拍实、整平，整平时必须保持模板顶面整洁，接缝处板面应平整。

（8）养护

① 铺摊结束后，当气温较高时，为减少水分蒸发，宜立即覆盖塑料薄膜保持水分，也可采用洒水养护，透水混凝土浇筑后 1d 开始洒水养护，高温时在 8h 后开始养护，淋水时不宜用压力水直接冲淋混凝土表面，应直接从上往下淋水。

② 养护时间应根据施工温度而定，一般养护期高温时不少于 14d，低温时不少于 21d，5℃以下施工时养护期不少于 28d。

③ 养护期间透水混凝土面层不得通车，并应保证覆盖材料的完整。

（9）伸缩缝切割、灌缝

① 透水混凝土面层应设计纵向和横向温度伸缩缝。纵向接缝的间距应按路面宽度在 3.0～4.5m 范围内确定，横向接缝间距宜为 4.0～6.0m；广场平面尺寸不宜大于 25m²，缝

宽 10～15mm。

② 当透水混凝土面层施工长度超过 30m 时，应设置结构伸缩缝，宽 10～15mm。在透水混凝土面层与侧沟、建筑物、雨水口、铺面的砌块、沥青铺面等其他构造物连接处，应设缝。

③ 当基层设有结构伸缩缝时，面层温度伸缩缝应与基层相应结构缝位置一致。

④ 透水混凝土一般采用后切割的施工方法，这样切出的伸缩缝更整齐。建议使用无齿锯切割，具体切割时间应视厚度、天气情况而定，一般为摊铺完成后 3～7d（夏季高温季节 24h）就必须切割。

⑤ 路面温度伸缩缝切割深度宜为（12～13mm）路面厚度，路面结构伸缩缝切割深度应与路面厚度相同。

（10）涂刷面层保护剂

待表面混凝土成型干燥后 3d 左右，涂刷封闭剂，增强耐久性和美观性，防止时间过久会使透水混凝土孔隙受污而堵塞孔隙。

4. 结语

透水混凝土作为一种新的环保型、生态型道路材料，已日益受到人们的关注。现代城市的地表多被钢筋混凝土的房屋建筑和不透水的路面所覆盖，与自然的土壤相比，普通的混凝土路面缺乏呼吸性、吸收热量和渗透雨水的能力，随之带来一系列的环境问题。通过本工程使透水混凝土这一新材料、新工艺得到良好的应用，达到了预期目标，使用效果良好。工程实践表明，使用透水混凝土这一新工艺，达到了节能环保、改善大气环境等效果，为以后同类工程施工积累了成功的经验。

7.8.3 植生混凝土技术内容

植生混凝土是以水泥为胶结材，大粒径的石子为集料制备的能使植物根系生长于其孔隙的大孔混凝土，它与透水混凝土有相同的制备原理，但由于集料的粒径更大，胶结材用量较少，所以形成孔隙率和孔径更大，便于灌入植物种子和肥料以及植物根系的生长。

植生混凝土的制备工艺与透水混凝土本相同，但注意的是浆体黏度要合适，保证将集料均匀包裹，不发生流浆离析或因干硬不能充分粘结的问题。

植生地坪的植生混凝土可以在现场直接铺设浇筑施工，也可以预制成多孔砌块后到现场用铺砌方法施工。

7.8.4 植生混凝土工程案例

植生混凝土施工技术的运用

植生混凝土技术，作为环境保护的技术之一，很大程度上保护了环境，改善了环境质量，并符合我国可持续发展道路的基本方针。

1. 植生混凝土技术特点

植生混凝土在其结构内部，形成许多连通的孔隙，能够大量存储水分和养料，为植物生长提供了生存所必须的条件，且容易种植，浇筑、养护方便。它还具有很强的防护功能，保护边坡、水土等的稳定性。

2. 植生混凝土施工技术组成

植生混凝土是利用高强度粘结剂把较大粒径的集料稳固成型，利用集料间孔隙存储能使植物生长的基质，通过播种或其他手段使得多种植物在较坚固集料混凝土中的基质层生长，进而完成生态环境的植被恢复。植生混凝土技术由三部分组成：

（1）具有连续孔隙的混凝土结构体。采用专有 BSC-WY 系列添加剂，使得生态混凝土在获得 $7\sim20MPa$ 的抗压强度的同时具有 $25\%\sim38\%$ 的连续孔隙率，具有这种孔隙连续体的混凝土结构体在本质上更像一个多孔的"花盆"，使得混凝土结构体适合植物生长。

（2）保持持续活性的生物手段。使用有效微生物为主要成分的 BSC-J 活性添加剂，最大程度保持混凝土结构体孔隙间微环境的活性，并且调整由于使用水泥带来的 pH 值变化，促进植物更好地生长。

（3）专业科学的植物配置方案和生物演化方案。生态混凝土植物配置方案由植物学、生态学、植被生态修复学等学科专职研究人员对目标地进行符合当地实际情况的植物配置研究和种植方案设计。让植被和景观沿着"建群植物→建群植物＋少量乡土植物→建群植物＋乡土植物均衡→少量建群植物＋稳定的大量乡土植物"的演替路径进化，最后得到一个较为稳定的生态系统。植物、小动物、昆虫和微生物等都会形成当地气候顶级群落，取得长期的生态恢复效果。

3. 植生混凝土施工技术内容

技术内容可分为多孔混凝土的制备技术、内部碱环境的改造技术及植物生长基质的配置技术、植生喷灌系统等。

（1）多孔植生混凝土制备技术。主要从原材料的选择、配合比设计方法、制备工艺、制备机械等方面开展研究。

（2）碱环境改造技术。植生混凝土碱环境改造技术是植物生长的必要条件，适合植物生长 pH 值在 $8\sim9$ 之间，而我国水泥 pH 值普遍偏高，在 $12.5\sim13.5$ 之间，严重影响植物的生长。高碱环境降低植物的成活率，降低植物对养分、水分的吸收，降低光合作用，使植物出现叶子枯黄、植株矮小等不健康的状态。

（3）种植基的配制及填充技术研究。在绿化过程中，草种的选择、播种方式、植物生长基料的配置是植生研究的主要方向。植生混凝土由于结构内部连通的孔隙复杂性，在我国不同地区，气候、地理地貌、人文环境不同，在选择植物时，既要考虑植物生长的适应性、气候性，还要考虑植物的整体环境美观性。

（4）屋面系统应用技术。为了调节南方湿热气候对屋面结构的影响，将植生混凝土应用于保温隔热屋面和地面系统。利用高效轻质混凝土材料的连通与非连通多孔材料的热湿传递特点、复合保温隔热实体被动蒸发平屋面和复合保温隔热与防水等多功能的屋面等。研究轻质透水混凝土与植物营养供给方式，以及轻质透水混凝土种植屋面的施工、维护与管理。

4. 植生混凝土的搅拌工艺

植生混凝土由胶结浆体粘结集料而形成的内部多孔隙结构。只有将粘结集料搅拌充分、均匀，它才具有满足要求的流动性、稠度、强度等。搅拌时采用裹浆法对混凝土进行拌制，先对粉料、水、外加剂等进行搅拌，搅拌均匀后再加入集料，使粘结浆体均匀包裹在集料表面。

5. 植生混凝土的养护工艺

由于植生混凝土内部多孔隙，表面积大，水分容易流失，所以夏天养护采用覆盖薄膜的方法，锁住水分，保持植物所需的养料。冬天要有防止混凝土受冻的措施。

6. 植生混凝土的应用领域

植生混凝土可用于边坡绿化、屋顶绿化、道路绿化、净化水质、减少噪声、净化有害气体以及阻挡电磁波等。

7. 植生混凝土使用目的和物性评价

植生混凝土使用目的和物性评价见表 7-6。

表 7-6　植生混凝土使用目的和物性评价

使用目的	用途	评价物性
水的抑制	储存渗下的雨水	抗压强度，透水系数，连续孔隙率
水质净化	闭锁性水域或海水净化	抗压强度，透水系数，连续孔隙率
吸声、防声	道路吸声材料	抗压强度，透水系数
植物	绿化工法的一种	抗压强度，透水系数

8. 植生混凝土发展前景

植生混凝土作为一种环保的新材料，为我们赖以生存的家园增添了绿色，美化了环境。它坚持着可持续发展道路，资源利用效率显著提高，促使人与自然和谐发展，保护自然规律的稳定性。

7.9　混凝土楼地面一次成型技术

7.9.1　技术内容

楼地面一次成型施工工艺与传统施工工艺相比，具有避免地面空鼓、起砂、开裂等质量通病优点。楼地面一次成型工艺是将楼板结构层、面层混凝土同强度等级、不同配比分层浇筑，在混凝土浇筑完成后，用 φ150mm 钢管压滚压平提浆，刮杠调整平整度，或采用激光自动整平、机械提浆方法，在混凝土地面初凝前铺撒耐磨混合料（精钢砂、钢纤维等），利用磨光机磨平，最后进行修饰工序。

采用角铁预埋在柱子周围及在柱子之间按一定间隔作为平整度控制，经直尺整平、机械镘和抹光机等机械粗、精找平抹光后还可实现一次成型且无后续切割分缝。

7.9.2　技术案例

混凝土楼地面一次成型无缝施工技术

1. 前言

随着国内经济的高速发展，停车场、超市、物流仓储及厂房等工程不断涌现，由于上述地面在使用过程中经常承受汽车、运输机械及吊装机械如叉车等动荷载的作用，极易造成对地面的磨损和破坏，因此要求该类地面必须具有较好的质量要求。当前通常是在混凝土基层上二次浇筑细石混凝土面层的做法，这种做法容易产生细石混凝面层空鼓、起壳、裂缝、起砂、表面强度低等现象，给使用带来了不便。

为解决楼地面的质量通病，目前工程中采用混凝土地面一次成型施工工艺，利用混凝土垫层，经机械的找平振捣、提浆、抹光等工序，使垫层与面层一次成型，从而减少了找平层、面层的施工工序。这些工艺各有特点，利用槽钢、方型钢管或灰饼隔一定距离设置作为找平控制标高，其中槽钢等材料在混凝土初凝前取出，经提浆机、抹光机、机械镘或刮尺等粗找平及精找平等工序而成；或采用进口精密激光整平机新设备控制平整度。这些方法中最终工序还需要机械进行纵、横向分割切缝。

以上所列各种一次成型技术各有其优点，减少工序缩短工期，但均存在后续切割分缝等工序，添增工序延长工期，个别技术需采用进口设备其普及性因价格问题可能受到限制。有鉴于此，项目部开发了一种角铁预埋作为混凝土地面一次成型施工的水平基准控制方法，楼地面既能一次成型，也不需后续分割切缝，实现无缝施工。

2. 工艺原理

采用L 30×4角铁预埋在柱子四周及柱子居中轴线位置作为平整度的控制（角铁上口与地面标高平，既作为地面找平的控制依据，相当于常规地面施工整平时的"标筋"。混凝土采用同一强度等级不同配合比分层进行浇筑，其中楼地面结构层（垫层）设计厚度范围的混凝土按商品混凝土的配合比进行泵送浇筑，建筑饰面层厚度范围的混凝土按不掺粉煤灰且减小坍落度的配合比用塔吊进行浇筑。混凝土经振捣密实并用刮杠贴在角铁上整平后，先采用圆盘机械镘进行多次提浆、抹平、压实并待混凝土面接近初凝前，再用机械抹光机进行抹光，使混凝土面层浆体挤压密实，表面收光成形，以达到高标准地面的质量要求。

由于混凝土内埋置的角铁与混凝土的收缩界面作用，免除了地坪切割伸缩缝的工序，并解决了因泵送混凝土掺加粉煤灰而使表面浮浆严重、不易修饰的难题。

3. 施工工艺与操作

（1）楼面施工工艺流程

模板承重架搭设→钢筋绑扎→角铁制作与抄平预埋→结构层混凝土浇筑→面层混凝土浇筑→标高与平整度控制→粗抹→精抹→养护与成品保护

（2）施工操作

① 模板承重架搭设

楼面模板承重架的搭设按经审批的专项施工方案进行。因本施工为结构混凝层与装饰混凝土面层一次成型浇筑，故在安装侧模时要注意侧模板的高度为楼板结构层厚度与饰面层厚度之和。

② 钢筋绑扎

按照设计图纸绑扎钢筋，所有受力钢筋的交叉点应全部满扎，以增强钢筋网的整体强度。双层钢筋间应设置高强度的塑料垫块或钢筋马蹬进行支撑，在梁筋边缘处开始设置，间距控制在800mm内，这样既确保了钢筋位置准确以及钢筋保护层厚度，同时确保楼板的板面钢筋能承受在混凝土浇筑过程中施工作业人员、振动机械及混凝土自重等所作用的荷载，另外对预埋角铁的加固也起到辅助支承作用。

③ 角铁制作与抄平预埋

角铁采用 L 30×4 热轧等边角钢，柱子周边的预埋角铁应根据设计图纸柱子的断面尺寸周边扩大 150mm 加工成方框，柱间及柱中的预埋角铁应根据柱框间的净距加工成直条，所有加工后的角铁应根据预埋位置进行编号。

楼地面的板面钢筋绑扎完成后，先在板筋上弹出柱周围预埋角铁的方框线位置，然后用水准仪对角铁方框进行抄平，抄平后用废钢筋的一端焊在角铁的外侧边缘上，另一端支承在混凝土底板垫层或楼板的模板上，并在钢筋的支承端底部放置混凝土垫块，该钢筋用于支承预埋角钢在施工时所受的荷载，废钢筋的直径可根据混凝土底板或楼板的厚度以及支承的间距灵活确定。预埋角钢在被支承钢筋固定调平后，再用短钢筋把钢角同板筋或梁的箍筋进行焊接定位，以防预埋角铁移位。柱子周边的角钢抄平固定后，再进行柱间及柱中预埋角铁的预埋，方法同上。

角铁经抄平固定及定位后应进行隐蔽工程验收，验收内容包括钢筋规格、数量、间距及构造是否符合设计及规范要求，此外，还应对预埋角钢的标高和支承强度进行验收。

④ 结构层混凝土浇筑

一次成型混凝土的级配按同一强度等级不同级配分别配制两种混凝土。地下室底板或楼板的结构设计厚度范围内的混凝土按常规商品混凝土级配进行配制。为了使所配制的混凝土达到原浆机械抹面一次成型的要求，装饰层厚度范围内混凝土按不掺粉煤灰同时减小水灰比与坍落度进行配制，水灰比不得大于 0.45，坍落度应控制在（120±20）mm 内。

结构层混凝土浇筑采用泵送。浇筑时应先梁后板，对于结构层混凝土的虚铺厚度应控制在预埋角钢的底部，振捣时间不宜过长，以混凝土面不显著下沉，基本无气泡出现，待表面基本粗平并出现少量水泥浆即停止振捣，以免产生泌水与离析现象。此外，因泵送混凝土水灰比较大，浇筑后出现的浮浆应用真空泵吸走，如此可保证上层较小坍落度混凝的相互结合。

⑤ 面层混凝土浇筑

面层混凝土浇筑采用塔吊吊送。为了达到原浆机械抹面一次成形要求，混凝土应按底层混凝土浇筑顺序依次跟上，在结构层混凝土初凝前浇筑完毕。面层混凝土的虚铺厚度应高出预埋角钢面层 20~30mm，铺设后用平板振动机进行来回振捣，待表面泛浆后停止振捣。

⑥ 标高与平整度控制

板面混凝土经振捣后，以预埋角铁作为标高控制标记，用铝合金刮尺刮平混凝土表面，滚筒压实；粗刮平整后再用木头抹子对局部进行修整，主要对粗大石子进行拍实和清理以及对局部混凝土不够处进行填充。

⑦ 粗抹

表层混凝土经平整后应进行抹面操作，粗抹时间应在初凝之后，具体时间根据气温而定，一般在人踩上去表面不大于 10mm 脚印时为宜。粗抹使用机械为用浮动圆盘的重型抹面机，在混凝土面上根据实际提浆情况抹 1~2 遍，主要起提浆、搓毛、压实作用。每抹一遍结束后，待混凝土表面水分蒸发后才能进行下一次打抹。粗抹时操作人员要穿软平底鞋。

⑧ 细抹

混凝土经粗抹提浆后，待表面水泥浆水分蒸发而水泥浆刚刚初凝时进行精抹。精抹采用带四片式抹片的机械抹光机进行反复抹压，从一端向另一端依次进行，不得遗漏，严格按照混凝土浇筑顺序进行抹平、压光，边角及局部机械抹不到位部位由人工随机械搓毛、压光。板块表面有凹坑或石子露出表面，要及时剔除并进行补浆修整，模板边缘采取人工配合收边抹光。抹面压光时要随时控制好平整度，采用 2m 靠尺进行检查。

若需做耐磨地坪，也是在精抹时撒布耐磨材料，耐磨材料分两次撒布，第一次撒布量占全部用量的 2/3，第二次撒布方向与第一次垂直，撒布量占全部用量的 1/3。

7.10　建筑物墙体免抹灰技术

7.10.1　技术内容

建筑物墙体免抹灰技术是指通过采用新型模板体系、新型墙体材料或采用预制墙体，使墙体表面允许偏差、观感质量达到免抹灰或直接装修的质量水平。现浇混凝土墙体、砌筑墙体及装配式墙体通过材料配制、细部设计、模板选择及安拆，混凝土拌制、浇筑、养护、成品保护等诸多技术措施，使现浇混凝土墙达到准清水免抹灰效果。

对非承重的围护墙体和内隔墙可采用免抹灰的新型砌筑技术，采用粘结砂浆砌筑，砌块尺寸偏差控制为 1.5mm～2mm，砌筑灰缝为 2mm～3mm。对内隔墙也可采用高质量预制板材，现场装配式施工，刮腻子找平。

7.10.1　技术案例

住宅内墙免抹灰施工方案

1. 工程概况

本项目为居住建筑，地下二层为设备用房，地下一层为地下车库。工程总建筑面积191937.24 m^2，地下建筑面积：38943.98m^2，地上建筑面积：152993.26m^2。现浇钢筋混凝土剪力墙结构，内隔墙为混凝土条板，抗震设防烈度为 6 度，耐火等级为一级，屋面防水为Ⅱ级。应甲方要求，除厨房、卫生间墙面贴面砖外，居室、客厅外墙内侧做保温板、保温砂浆墙面，其他内墙面为免抹灰。

2. 工程目标

（1）质量目标：实现对业主的质量承诺，以领先行业水平为目标，严格按照合同条款要求及现行规范标准组织施工，工程质量优良。

（2）安全目标：严格执行国家及××省关于施工现场管理的各项规定，确保施工安全。

（3）工期目标：按期完成施工任务。

3. 施工准备

（1）材料准备

① 找平剂：采用圣戈班找平剂，具备出厂材料证明文件，各项性能指标符合规范要求。

② 砂：中砂，平均粒径为 0.35～0.5mm，使用前过 5mm 孔径的筛子。不得含有草根等杂物。

③ 纤维网：网眼尺寸为 4mm×4mm，幅度 200mm，材质中碱，单位面积质量大于 160g/m²。

④ 水泥：应采用同一产品，同一厂家，具备出厂材料证明文件。

（2）主要机具

砂浆搅拌机、磅秤、孔径 5mm 筛子、窄手推车、铁板、铁锹、平锹、托灰板、木抹子、铁抹子、阴（阳）角抹子、塑料抹子、大杠、中杠、2m 靠尺、阴阳角尺、软刮尺、方尺、激光投线仪、电锤、锤子及打磨机。

（3）作业条件

① 必须经过有关部门进行结构工程质量验收，合格后方可进行内墙涂料工程。并弹好 1000mm 水平线。

② 管道穿越的墙洞和楼板洞，应及时安放套管，并用 1∶3 水泥砂浆或豆石混凝土填塞密实；电线管、消火栓箱、配电箱安装完毕。

③ 根据室内高度和现场的具体情况，准备好活动脚手架，架子要离开墙面及墙角 200~250mm，以利操作。

④ 为实现内墙免抹灰的目的，涂料施工前对混凝土墙面及轻质隔墙板墙体的垂直度与平整度进行检查。涂料施工前必须保证：墙面的垂直、平整度的偏差值小于等于 5mm；阴阳角小于等于 8mm；垂直、平整度的偏差值大于 5mm；阴阳角大于 8mm 的部分进行凿除处理。处理采用打磨与用找平剂修补的综合方式。

⑤ 施工前应对所有安全维护进行检查，所有楼梯口，电梯口，预留口都应进行安全维护。

4. 施工工艺流程

（1）客厅、卧室不做内保温的混凝土内墙工艺流程

墙面垂平度实测→基层处理（打磨、修补）→第一遍腻子→第二遍腻子→磨光→第一遍涂料→第二遍涂料

① 墙面垂平度实测：墙面垂平度实测前，应将地面上的墙体控制线恢复，作为检测墙面进行打磨及修补的依据，采用激光投线对墙面进行检查。

② 墙面基层处理（打磨、修补）：将激光投线仪投射出的垂直线对准地面上的控制线，测量墙面与激光线的实际距离，将实测距离与允许误差进行比较，将需要剔凿及修补的范围用粉笔画在墙面上。若实测距离大于设计位置，此面墙要用找平剂进行修补；若实测距离小于设计位置，差值小于等于 10mm，可进行打磨，差值大于 10mm，则要进行剔凿，凿时应多凿一点。需修补的厚度大于等于 10mm 时，先用 1∶3 水泥砂浆进行分层补抹然后铺纤维网；需补抹的厚度小于 10mm 时，则用找平剂进行批嵌。

用阴阳角尺在混凝土墙阴阳角处每隔 0.5m 处进行测量，发现偏差值大于等于 8mm，用打磨机对此处进行打磨，直到偏差值小于 8mm。

③ 第一遍腻子

若墙面用水泥砂浆修补过，应等水泥砂浆干燥后，方可进行第一遍腻子的施工。刮腻子时，应注意房间内的开间与进深尺寸，可用激光测距仪实时跟踪复核，要保证开间进深的尺寸偏差小于等于 10mm。

④ 第二遍腻子

刮腻子时，应注意房间内的开间与进深尺寸，可用激光测距仪实时跟踪复核，要保证开

间进深的尺寸偏差小于等于 10mm。

⑤ 磨光。

⑥ 第一遍涂料。

⑦ 第二遍涂料。

（2）客厅、卧室不做内保温的条板内墙工艺流程

条板接缝处修补→墙面垂平度实测→基层处理→满铺纤维网→第一遍腻子→第二遍腻子→砂纸打磨→第一遍涂料→第二遍涂料

① 条板接缝处修补

在接缝处铺设纤维网，并用抗裂砂浆抹平，纤维网宽度不小于 200mm，板缝两侧的宽度不小于 100mm。

② 墙面垂平度实测

对墙面进行实测，并将实测数据用粉笔写在相应的墙上。

③ 基层处理

经实测后，垂直度、平整度大于等于 8mm 的墙面，可用找平剂进行局部修补，以达到免抹灰的要求。

④ 满铺纤维网

为防止后期墙面开裂，客厅、卧室不做内保温的条板墙将满铺纤维网，条板墙与混凝土墙接缝处也应铺设纤维网，每边宽度不小于 100mm。

⑤ 第一遍腻子

若墙面用抗裂砂浆修补过，应等抗裂砂浆干燥后，方可进行第一遍腻子的施工。刮腻子时，应注意房间内的开间与进深尺寸，可用激光测距仪实时跟踪复核，要保证开间进深的尺寸偏差小于等于 10mm。

⑥ 第二遍腻子

刮腻子时，应注意房间内的开间与进深尺寸，可用激光测距仪实时跟踪复核，要保证开间进深的尺寸偏差小于等于 10mm。

⑦ 磨光

⑧ 第一遍涂料

⑨ 第二遍涂料

（3）客厅、卧室做内保温的混凝土内墙

由于安装内保温板，要保证混凝土墙面的垂直度、平整度小于等于 5mm，对要安装内保温板的混凝土内墙面进行了垂直度、平整度实测，超标的墙面，采用打磨及找平剂修补的方式，以满足安装内保温板的要求。

（4）厨房、卫生间墙面

厨房卫生间要做保温砂浆的墙面，先抹 35mm 后保温砂浆，再贴内墙面砖。垂直度、平整度要小于等于 4mm，不做保温砂浆的墙面，均直接贴面砖。垂直度、平整度要小于等于 4mm。

5. 免抹灰抗裂措施

处理不当，条板墙面采用免抹灰工艺后易空鼓，施工时应遵循以下措施：

（1）条板安装时一定要按照施工方案执行，保证使用专用的粘结剂，保证粘结剂的性能

符合规范要求。

（2）条板板缝处，条板与混凝土结构交接处易开裂，在条板安装完成后，在条板接缝处，条板与混凝土交接处铺贴纤维网，并用抗裂砂浆抹平，纤维网宽度不小于 200mm，板缝两侧的宽度不小于 100mm。

（3）条板墙面腻子施工前，在条板墙面满铺一道纤维网、纤维网应竖向铺贴，压粘密实；不能有空鼓、皱褶、翘边及外露等现象；水平方向搭接宽度不小于 100mm，垂直方向搭接宽度不小于 80mm。

（4）条板墙安装完 21 天之后方可进行水电开槽工作，并严禁墙面受到碰撞。

6. 质量标准：

（1）保证项目：

① 材料的品种、性能、质量必须符合设计要求和有关标准的规定，抹灰等级、做法符合图纸规定。

② 墙面用找平剂或抗裂砂浆修补后，要保证与基础连接牢固，不得出现空鼓现象。

（2）基本项目：

表面观感：表面光滑、洁净，接槎平整。

（3）允许偏差项目，见下表：

序号	允许偏差	（mm）	检查方法
1	立面垂直	4	用 2m 托线板检查
2	表面平整	4	用 2m 靠尺及楔形塞尺检查
3	阴阳角	4	阴阳角尺检查
4	方正度	8	激光投线仪和钢尺检查

7. 成品保护措施

（1）搬运物料及拆除脚手架时要轻抬、轻放，及时清除杂物，工具、材料码放整齐，不要撞坏和污染门窗、墙面和护角。为防止破坏地面面层，不许在地面拌灰。

（2）作好墙面的预埋件、通风篦子的临时防护，管线槽、盒、电气设备所预留的孔洞不要抹死。

（3）用找平剂或水泥砂浆修补后的墙面硬化前防止快干、水冲以及撞击。保证修补面层增长到足够的强度。

第8章　防水技术与围护结构节能

8.1　种植屋面防水施工技术

8.1.1　技术内容

种植屋面具有改善城市生态环境、缓解热岛效应、节能减排和美化空中景观的作用。种植屋面也称屋顶绿化，分为简单式屋顶绿化和花园式屋顶绿化。简单式屋顶绿化土壤层不大于150mm厚，花园式屋顶绿化土壤层可以大于600mm厚。一般构造为：屋面结构层、找平层、保温层、普通防水层、耐根穿刺防水层、排（蓄）水层、种植介质层以及植被层。要求耐根穿刺防水层位于普通防水层之上，避免植物的根系对普通防水层的破坏。目前有阻根功能的防水材料有：聚脲防水涂料、化学阻根改性沥青防水卷材、铜胎基-复合铜胎基改性沥青防水卷材、聚乙烯高分子防水卷材、热塑性聚烯烃（TPO）防水卷材、聚氯乙烯（PVC）防水卷材等。聚脲防水涂料采用双管喷涂施工；改性沥青防水卷材采用热熔法施工；高分子防水卷材采用热风焊接法施工。

8.1.2　技术案例

地下停车场屋顶花园种植系统施工方案

1. 技术综述

随着城市的发展和进步，人们环境意识的增强，屋顶绿化已经越来越多的引起了社会的关注。种植屋面对环保、节能以及改变城市绿化环境等具有重要的意义，成为许多建筑师改善人居环境质量的设计内容，对园林工作者来说更是一个改善城市生态的重要手段。

世界上第一个地下停车场屋顶花园是美国旧金山的联邦广场，建于1924年，由蒂西莫设计建造，建成后成为旧金山最成功的商业中心区。从1924年到现今，国内外建成大量地下停车场屋顶花园，地下停车场建屋顶花园成为城市绿化重要的辅助手段。

地下停车场屋顶花园具有如下优点：

(1) 保温隔热，优化建筑物附近环境，缓解"热岛效应"。

(2) 保护建筑构造层，延长建筑物的使用寿命。

(3) 通过储水，减轻城市排水系统的压力，降低干旱和洪水的危害。

（4）节约能源，屋顶花园是冬暖夏凉的"绿色空调"，大面积屋顶绿化的推广有利于缓解城市的能源危机。

（5）能够隔声，减低城市噪声。

（6）吸附灰尘，吸收有害气体。

（7）维护生物的多样性和保护自然环境。

（8）丰富城市景观，美化城市视觉环境，给城市带来艺术的美感，给人们提供更多的休息活动场所。

在地下停车场屋顶建设绿地、进行广场绿化，也可以设置水池、喷泉等设施。这些应用使得阻根防水性能显得更为重要。本方案以某工程下沉式车库顶板种植绿化为例，提出种植屋面各层次与防水层的关系，推荐使用种植屋面防水构造设计。

屋顶花园的屋面长时间处于有水状态，对防水层的各项要求都很高，材料的选择很重要，需采用良好耐久性、耐腐蚀性、抗渗性及耐穿刺性能的防水材料；施工时对关键部位的节点处理同样重要，需精心操作。本工程为下沉式车库顶板种植，根据《种植屋面工程技术规程》JGJ 155—2007 设计应包括以下几个部分：找坡层、找平层、普通防水层、SBS 化学根阻防水层、排水层、过滤蓄水层、种植土层及种植植被层。剖面图见图 8-1。

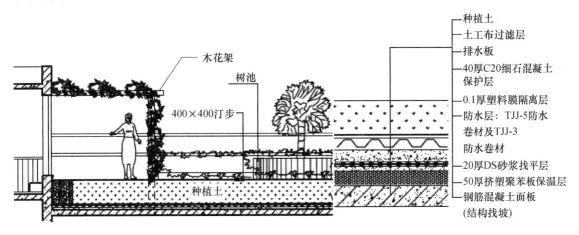

图 8-1　种植平屋面及基本构造层次

2. 各分项工程施工工艺

（1）找坡层找平层施工。

根据《种植屋面工程技术规程》5.4.1.3 规定，应设置自流排水系统，适度的坡度有利于多余水分的排泄，使土壤的水分不至于聚集过多而影响植物根系的生长。

① 找坡层的材料宜选择轻质材料，如轻质陶粒混凝土，材料配比应符合设计要求。

② 找坡层采用水泥拌合的轻质散状材料时，施工环境温度应在 5℃以上，当低于 5℃时应采取冬期施工措施。

③ 找平层表面应平整、坚实，无酥松、起砂、麻面的凹凸现象。

④ 找平层可用 1∶2.5 水泥砂浆铺设厚度为 2～2.5cm 厚的水泥砂浆找平层，找平层应留设间距不大于 6m 的分割缝。

⑤ 屋面基层与突出屋面结构的交接处，以及基层的转角处均应做成圆弧。内部排水的水落口周围应做凹坑。

（2）普通防水层（普通 SBS 防水卷材）和化学根阻型防水材料施工：

① 采用热熔法满粘或胶粘剂满粘的防水卷材防水层的基层应干燥、干净。

② 防水层施工前，在阴阳角、水落口、突出屋面管道根部、泛水、天沟、檐沟、变形缝等细部构造处，加设防水附加增强层。

③ 当顶板坡度小于 15% 时，卷材应平行屋脊铺贴；大于 15% 时，卷材应垂直面脊铺贴。上下两层卷材不得互相垂直铺贴。

④ 铺贴卷材时应平整顺直，不得扭曲，长边和短边的搭接宽度均不应小于 100mm；火焰加热应均匀，以卷材表面沥青熔融至光亮黑色为度，不得欠火或过分加热卷材；卷材表面热熔后应立即滚铺，滚铺时应排除卷材下面的空气，并辊压粘贴牢固；卷材搭接缝应以溢出热熔的改性沥青为度，并均匀顺直。

⑤ 采用条粘法施工时，每幅卷材与基层粘结面不应少于两条，每条宽度不应小于 150mm。

（3）普通防水层和化学根阻型防水层施工方法相同。

耐根穿刺防水材料的选用，《规程》中规定必须选用符合国家相关规定，并具有资质的检测机构出具的合格的耐根穿刺检测报告（目前国内唯一具有相关检测资质的机构为北京市园林科学研究所）。北京××科技有限公司生产的 SBS 改性沥青耐根穿刺种植屋面专用防水卷材经两年的试验，于 2009 年 7 月成为国内首批通过北京园林科学研究所检测合格的产品。该产品是以长纤聚酯纤维毡为胎基，以添加进口化学根阻剂的 SBS 改性沥青为涂盖材料而制成的改性沥青卷材。其特点为：具有防水和阻止植物根系穿透双重功能，能够承受植物根须穿刺，长久保持防水功能；采用进口的化学制剂改性沥青，既耐植物根系穿刺，又不影响植物正常生长，且对环境无污染；由于耐根穿刺的有效介质是沥青涂盖层，很好地解决了铜胎基及复合铜胎箔卷材接缝处理的弊端，更有效地阻止植物根系的穿透；抗拉强度高，延伸率大，对基层收缩变形和开裂的适应能力强；优异的耐高低温性能，冷热地区均适用，而且不受天气温度的限制；热熔法施工，施工方便且接缝可靠耐久。

（4）排（蓄）水层和过滤层施工：

① 排水层必须与排水系统连接，保证排水畅通。

② 塑料排（蓄）水板宜采用搭接法施工，搭接宽度不应小于 100mm。

③ 网状交织排（蓄）水板宜采用对接法施工。

④ 采用轻质陶粒作排水层时，铺设应平整，厚度应一致。

⑤ 过滤层空铺于排（蓄）水层之上时，铺设应平整、无皱折，搭接宽度不应小于 100mm。

⑥ 过滤层无纺布的搭接，应采用粘合或缝合。

⑦ 排水层材料的宜使用凹凸型排水板，其优点在于安装方便且荷载轻。

3. 种植土层

种植土层可选用田园土、改良土或无机复合种植土。由于是下沉式车库顶板，种植土层厚，建议选用田园土，取土方便，价格低廉，湿密度 1500～1800kg/m³。

4. 植物的固定与防风

对于一些高大乔木，由于地下停车场屋顶花园种植层较薄，所以树木的固定与防风，防倾就是一个棘手的问题。通常采用地上支护法（简单易行）和地下固定法（美观，不影响景观效果）。

5.SBS 改性沥青耐根刺防水卷材应用实例

（1）中央党校中直机关大有北里专家住宅

中央党校中直机关大有北里专家住宅采用 4mm 厚 SBS 改性沥青化学耐根穿刺防水卷材，这种卷材是以长纤聚酯胎为胎基，以添加进口化学阻根基的 SBS 改性沥青为涂盖层，两面覆以 PE 膜的改性沥青卷材，其耐低温性能较好。植被层的植物选择的是灌木类植物和地被植物如月季和景天类植物等。

（2）北京大学校医院车库顶板

北京大学校医院车库顶板同样采用 4mm 厚的 SBS 改性沥青化学耐根穿刺防水卷材，以长纤聚酯胎为胎基，添加进口化学阻根基的 SBS 改性沥青为涂盖层，两面覆以 PE 膜的改性沥青卷材。植被层植物选择的是海棠、迎春、月季和景天类植物等。

地下停车场屋顶花园系统的发展前景巨大。屋顶花园能够提高城市绿化覆盖率，改善生活环境。在工程设计和施工过程中，以满足景观和实用功能为前提，综合考虑工程造价和使用年限；重视防水设计与施工工艺，防水材料与结构及基层，施工时间与环境之间的匹配、协同和优化，提高工程施工质量，达到最佳的景观效应和防水效果。

8.2　装配式建筑密封防水应用技术

8.2.1　技术内容

密封防水是装配式建筑应用的关键技术环节，直接影响装配式建筑的使用功能及耐久性、安全性。装配式建筑的密封防水主要指外墙、内墙防水，主要密封防水方式有材料防水、构造防水两种。

材料防水主要指各种密封胶及辅助材料的应用。装配式建筑密封胶主要用于混凝土外墙板之间板缝的密封，也用于混凝土外墙板与混凝土结构、钢结构的缝隙，混凝土内墙板间缝隙，主要为混凝土与混凝土、混凝土与钢之间的粘结。

构造防水常作为装配式建筑外墙的第二道防线，在设计应用时主要做法是在接缝的背水面，根据外墙板构造功能的不同，采用密封条形成二次密封，两道密封之间形成空腔。垂直缝部位每隔 2～3 层设计排水口。所谓两道密封，即在外墙的室内侧与室外侧均设计涂覆密封胶做防水。外侧防水主要用于防止紫外线、雨雪等气候的影响，对耐候性能要求高。而内侧二道防水主要是隔断突破外侧防水的外界水汽与内侧发生交换，同时也能阻止室内水流入接缝，造成漏水。预制构件端部的企口构造也是构造防水的一部分，可以与两道材料防水、空腔排水口组成的防水系统配合使用。

8.2.2　技术案例

预制装配式建筑外墙防水构造及施工要点

预制装配式建筑技术是一种以预制装配式混凝土结构为主要构件，经装配、连接而成的新兴的绿色环保节能型建筑技术，也是住宅产业化的核心技术。

预制外墙板是目前国内 PC 建筑中运用最多的一种形式，预制外墙板表面平整度好，整体精度高，同时又可以将建筑物的外窗以及外立面的保温及装饰层直接在工厂预制完成，获得了很多开发商的青睐。

由于预制外墙是分块进行拼装的，不可避免地会遇到连接接缝的防水处理问题，因此必须高度重视预制外墙防水节点的处理工作。

1. 预制建筑防水的设计理念

建筑物的防水工程一直是建筑施工中非常重要的一个环节，因为防水效果的好坏直接影响到建筑物今后的使用功能是否完善，经常漏水的房屋无法满足用户居住和使用的需求。

水的流动性非常强而且是无孔不入的，因此传统建筑防水最主要的设计理念就是堵水，堵住建筑物一切可以进入室内的水流通道，起到防水的效果。这一理念用在传统现浇结构的建筑上还是能达到理想的效果的，但是对于预制装配式建筑来说其效果可能就不那么理想了。

预制装配式建筑就是将建筑物的结构体如：墙板、柱、梁、楼板及楼梯等按一定的规格分拆后在工厂中先进行生产预制，然后运输到现场进行拼装。由于是现场拼装的构配件，会留下大量的拼装接缝，这些接缝很容易成为水流渗透的通道，因此预制装配式建筑在防水上其实是有一定先天弱点的。此外有些预制装配式建筑为了抵抗地震力的影响，其外墙板设计成为一种可在一定范围内活动的外墙，墙板可活动更加增加了墙板接缝防水的难度。

鉴于以上因素，预制装配式建筑防水的设计理念就必须进行调整，我们认为对于预制装配式建筑的防水，导水优于堵水、排水优于防水，简单说就是要在设计时就考虑可能有一定的水流会突破外侧防水层，通过设计合理的排水路径将这部分突破而入的水引导到排水构造中，将其排出室外，避免其进一步渗透到室内。

此外利用水流受重力作用自然垂流的原理，设计时将墙板接缝设计成内高外低的企口形状，结合一定的减压空腔设计，防止水流通过毛细作用倒爬进入室内，除了混凝土构造防水措施之外，使用橡胶止水带和多组分耐候防水胶完善整个预制墙板的防水体系才能真正做到滴水不漏。

2. 预制外墙板接缝防水处理的几种形式介绍

目前在实际运用中普遍采用的预制外墙板接缝防水形式主要有以下几种：

（1）内浇外挂的预制外墙板（即 PCF 板）主要采用外侧排水空腔及打胶，内侧依赖现浇部分混凝土自防水的接缝防水形式，见图 8-2。

这种外墙板接缝防水形式是目前运用最多的一种形式，它的好处是施工比较简易速度快，缺点是防水质量难以控制，空腔堵塞情况时有发生，一旦内侧混凝土发生开裂直接导致墙板防水失败。

（2）外挂式预制外墙板采用的封闭式线防水形式，见图 8-3。

这种墙板防水形式主要有 3 道防水措施，最外侧采用高弹力的耐候防水硅胶，中间部分为物理空腔形成的减压空间，内侧使用预嵌在混凝土中的防水橡胶条上下互相压紧来起到防水效果，在墙面之间的十字接头处在橡胶止水带之外再增加一道聚氨酯防水，其主要作用是利用聚氨酯良好的弹性封堵橡胶止水带相互错动可能产生的细微缝隙，对于防水要求特别高的房间或建筑，可以在橡胶止水带内侧全面施工聚氨酯防水，以增强防水的可靠性。每隔 3

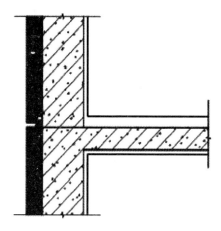

图 8-2　PCF 板横向排水示意

层左右的距离在外墙防水硅胶上设一处排水管，可有效地将渗入减压空间的雨水引导到室外。

　　封闭式线防水的防水构造采用了内外三道防水，疏堵相结合的办法，其防水构造是非常完善的，因此防水效果也非常好，缺点是施工时精度要求非常高，墙板错位不能大于 5mm 否则无法压紧止水橡胶条，采用的耐候防水胶的性能要求比较高，不仅要有高弹性耐老化，同时使用寿命要求不低于 20 年，成本比较高，结构胶施工时的质量要求比较高，必须由专业富有经验的施工团队来负责操作。

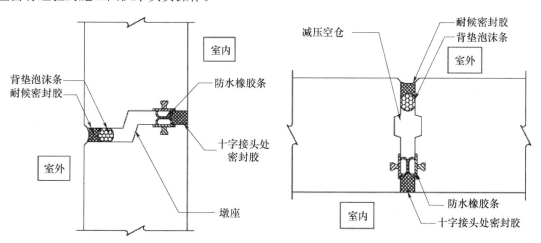

图 8-3　封闭式线防水形式

（3）外挂式预制外墙板还有一种接缝防水形式称为开放式线防水。

　　这种防水形式与封闭式线防水在内侧的两道防水措施即企口型的减压空间以及内侧的压密式的防水橡胶条是基本相同的，但是在墙板外侧的防水措施上，开放式线防水不采用打胶的形式，而是采用一端预埋在墙板内，另一端伸出墙板外的幕帘状橡胶条上下相互搭接来起到防水作用，同时外侧的橡胶条间隔一定距离设置不锈钢导气槽，起到平衡内外气压和排水的作用。

　　开放式线防水形式最外侧的防水采用了预埋的橡胶条，产品质量更容易控制和检验，施工时工人无需在墙板外侧打胶，省去了脚手架或者吊篮等施工措施，更加安全简便，缺点是对产品保护要求较高，预埋橡胶条一旦损坏更换困难，耐候性的橡胶止水条成本也比较高。开放式线防水是目前外墙防水接缝处理形式中最为先进的形式，但其是一项由国外公司研发的专利技术，受专利使用费用的影响，目前国内使用这项技术的项目还非常少。

3. 预制外墙板接缝防水处理的施工要点

目前预制外墙板接缝的防水处理技术在工艺上还是比较复杂的，因此在施工时也有比较大的施工难度，在实际施工时我们应根据不同的外墙板接缝设计要求制定有针对性的施工方案和措施。具体在施工时应注重以下几个要点：

（1）墙板施工前做好产品的质量检查

预制墙板的加工精度和混凝土养护质量直接影响墙板的安装精度和防水情况，墙板安装前必须认真复核墙板的几何尺寸和平整度情况，检查墙板表面以及预埋窗框周围的混凝土是否密实，是否存在贯通裂缝，混凝土质量不合格的墙板严禁使用。

此外我们还需要认真检查墙板周边的预埋橡胶条的安装质量，检查橡胶条是否预嵌牢固，转角部位是否有破损的情况，是否有混凝土浆液漏进橡胶条内部造成橡胶条变硬失去弹性，橡胶条必须严格检查确保无瑕疵，有质量问题必须更换后方可进行吊装。

（2）墙板施工时严格控制安装精度，墙板吊装前认真做好测量放线工作。

不仅要放基准线，还要把墙板的位置线都放出来以便于吊装时墙板定位。墙板精度调整一般分为粗调和精调两步，粗调是按控制线为标准使墙板就位脱钩，精调要求将墙板轴线位置和垂直度偏差调整到规范允许偏差范围内，实际施工时一般要求不超过 5mm。

（3）墙板接缝防水施工时严格按工艺流程操作，做好每道工序的质量检查。

墙板接缝外侧打胶要严格按照设计流程来进行，基底层和预留空腔内必须使用高压空气清理干净。打胶前背衬深度要认真检查，打胶厚度必须符合设计要求，打胶部位的墙板要用底涂处理增强胶与混凝土墙板之间的粘结力，打胶中断时要留好施工缝，施工缝内高外低，互相搭接不能少于 5cm。

墙板内侧的连接铁件和十字接缝部位使用施打聚氨酯密封处理，由于铁件部位没有橡胶止水条，施打聚氨酯前要认真做好铁件的除锈和防锈工作，聚氨酯要施打严密不留任何缝隙，施工完毕后要进行淋水试验确保无渗漏后才能密封盖板。

（4）施工完毕后进行防水效果试验及时妥善有效处理渗漏问题。

墙板防水施工完毕后应及时进行淋水试验以检验防水的有效性，淋水的重点是墙板十字接缝处、预制墙板与现浇结构连接处以及窗框部位，淋水时宜使用消防水龙带对试验部位进行喷淋，外部检查打胶部位是否有脱胶现象，排水管是否排水顺畅，内侧仔细观察是否有水印、水迹。发现有局部渗漏部位必须认真做好记录查找原因及时处理，必要时可在墙板内侧加设一道聚氨酯防水提高防渗漏安全系数。

4. 总结

预制装配式建筑是目前建筑行业正在大力推广的新型技术，从技术层面上来讲，通过采取一系列的改良措施其外墙防水性能已经能够得到有效保障，现场施工人员应熟练掌握预制外墙防水施工要领，严格按相关规范流程进行操作，把好防水质量关，只有这样才能确保预制墙体防水的万无一失，使预制装配式住宅产品能够获得广大用户的认同和市场的认可。

8.3　高性能外墙保温技术

8.3.1　技术简介

随着国家对节约能源与保护环境要求的不断提高，建筑维护结构的保温已成为房屋构造的标准配置。近年来外墙保温技术得到了长足的发展，成为我国建筑领域一项重要的建筑节能技术。

1. 建筑外墙保温施工方法及优缺点

建筑外墙保温的做法有三种：外墙内保温、内外混合保温以及外墙外保温。

（1）外墙内保温

外墙内保温基本上在室内操作，施工简单、安全，没有墙面脱落问题，维修方便。明显的缺陷就是：楼板等结构部位无法施作，结构存在的热桥使局部温差过大导致产生结露现象。另外，我国房屋按建筑面积计量，内保温占据一定的室内使用面积，对房屋销售不利，也制约了此项技术的发展。

（2）内外混合保温

内外混合保温是对外墙室内部分作内保温，内墙、楼板交接处等热桥部分做外保温，使建筑处于封闭保温中。然而，混合保温对建筑结构却存在着严重的损害。

外保温做法部位的结构墙体主要受室内温度的影响，温度变化相对较小，墙体处于相对稳定的温度场内，产生的温差变形应力相对较小；内保温做法部位结构墙体主要受室外环境温度的影响，室外温度波动较大，因而墙体处于相对不稳定的温度场内，产生的温差变形应力相对较大。局部外保温、局部内保温混合使用的保温方式，使建筑物外墙的不同部位产生不同的形变速度和形变尺寸，建筑结构不稳定的应力状态下，经年温差致使结构形变产生裂缝，从而缩短整个建筑的寿命，故较少采用。

（3）外墙外保温

外墙外保温，将保温隔热体系置于外墙外侧，使建筑达到全封闭保温的施工方法。使主体结构所受温差作用大幅度下降，温度变形减小，对结构墙体起到保护作用，有利于结构寿命的延长。相比之下外墙外保温隔热技术具有明显的优势；所以目前一般工程首选外墙外保温做法。但是外墙外保温因产品不过关、技术措施不完善和施工质量不高，国内外都有火灾保温墙面脱落事故的发生。外墙外保温技术在与主体结构连接可靠性和防火性能方面尚需进一步努力。

外保温是一个系统工程，而绝不是一道工序，不仅仅看技术可行性。外保温工程质量突出强调安全可靠、节能标准、外观长期稳定三个方面有效性。

完整技术系统是外保温工程质量的根本保证：设计、技术系统、技术传递、施工过程、工程使用管理无一不产生影响。因此，选择外保温，不仅是选择一种产品，而是选择一套完整的技术系统。

2. 对保温材料的要求

（1）耐冻融、耐曝晒、抗风化、抗降解，耐老化性能高，也就是要求有良好的耐候性。

（2）基层变形适应性强，各层材料逐层渐变，能够及时传递和释放变形应力，防护面层不开裂、不脱落。

（3）导热系数低，热稳定性能好。

（4）憎水性好、透气性强，能有效避免水蒸气迁移过程中出现墙体内部的结露现象。

（5）耐火等级高，在明火状态下不应产生大量有毒气体，在火灾发生时延缓火势蔓延。

（6）柔性、强度相适应，抗冲击能力强。

（7）住宅建筑外墙保温防火要求

① 高度大于等于 100m 的建筑，其保温材料的燃烧性能应为 A 级。

② 高度大于等于 60m 小于 100m 的建筑，其保温材料的燃烧性能不应低于 B2 级。当采用 B2 级保温材料时，每层应设置水平防火隔离带。

③ 高度大于等于 24m 小于 60m 的建筑，其保温材料的燃烧性能不应低于 B2 级。当采用 B2 级保温材料时，每两层应设置水平防火隔离带。

④ 高度小于 24m 的建筑，其保温材料的燃烧性能不应低于 B2 级；其中，当采用 B2 级保温材料时，每三层应设置水平防火隔离带。

（8）其他民用建筑外墙保温防火要求

① 高度大于等于 50m 的建筑，其保温材料的燃烧性能应为 A 级。

② 高度大于等于 24m 小于 50m 的建筑，其保温材料的燃烧性能应为 A 级或 B1 级。其中，当采用 B1 级保温材料时，每两层应设置水平防火隔离带。

8.3.2 技术案例

膨胀型 EPS 聚苯板外墙外保温施工做法

外墙外保温做法主要有：在承重墙体的外侧粘贴（钉、挂）膨胀型聚苯乙烯板（EPS）、挤塑型聚苯乙烯板（XPS），聚氨酯硬泡喷涂（PUR）和粉刷胶粉聚苯颗粒保温砂浆等。挤塑型 XPS 聚苯板和聚氨酯硬泡喷涂的价格稍高，目前应用最多的是膨胀型 EPS 聚苯板外保温。

1. EPS 聚苯板外保温构造

EPS 复合式保温技术由承重或围护墙体、EPS 复合式保温层、耐碱玻纤网布抗裂砂浆保护层、弹性腻子、外墙涂料或面砖面层组成。膨胀型聚苯乙烯板 EPS：常用规格 900～1200×600，厚度 20～60mm，密度 8～20kg/m³。EPS 聚苯板外墙外保温构造，见图 8-4。

2. EPS 聚苯板外墙外保温施工

（1）施工流程

基层处理→测量放线→粘贴 EPS 聚苯板→聚苯板打磨→涂抹面胶浆→铺压耐碱玻纤网格布→涂抹面胶浆→涂耐水弹性腻子和→面层涂料或面砖施工。

（2）墙体基面处理及测量放线

墙体基面须清理干净，检验墙面平整度和垂直度，用 2m 靠尺检查，最大偏差不大于 5mm。在墙面弹出水平控制线，建筑物外墙阳角挂垂直基准钢线；每个楼层在适当位置挂水平线，以控制 EPS 聚苯板的垂直和平整度。

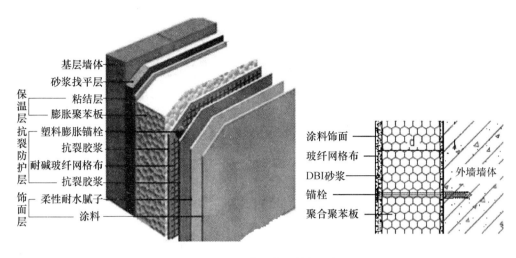

图 8-4　EPS 聚苯板外墙外保温构造

（3）EPS 板的固定方法

① 粘贴法

粘贴法适用于外墙饰面采用涂料的外墙外保温层施工。粘贴法有点框法（图 8-5）、条粘法和满粘法，通常采用点框法。用钢抹子沿 EPS 板的四周涂抹配制好的粘结剂，宽度为50mm，板的中间均匀设置 8 个直径 100mm 的粘结点，厚 10mm，粘结剂的涂抹面积不得小于 40%。板应自下而上沿水平方向横向铺贴，错缝 1/2 板长。阴阳角部位排列及错缝见图8-6。

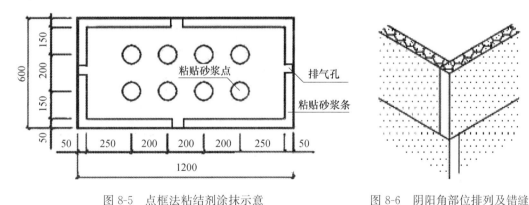

图 8-5　点框法粘结剂涂抹示意　　　　　图 8-6　阴阳角部位排列及错缝

② EPS 板粘贴与锚栓结合法

该法是在粘贴法的基础上设置若干锚栓固定 EPS 保温板。锚栓为高强超韧尼龙或塑料精制而成，尾部设有螺丝自攻性胀塞结构。锚栓用量每平方米 10 层以下约 6 个，10～18 层8 个，19～24 层 10 个，24 层以上 12 个，见图 8-7。单个锚栓抗拉承载力极限值≥1.5kN。适用于外墙饰面为瓷砖的外墙保温层施工，尤其适用于基面附着力差的既有建筑围护结构的节能改造。

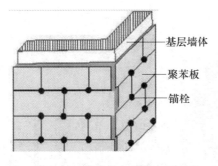
图 8-7　锚栓的布置示意图

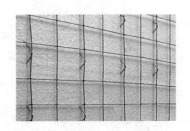
图 8-8　钢丝网架埋入法保温层

③ 钢丝网架埋入法

该工艺是将单面钢丝网架聚苯板内置于混凝土墙体的外模内侧，见图 8-8，墙体混凝土浇筑时与钢丝网架聚苯板一次浇筑成型为复合墙体。钢丝网架聚苯板在工厂预制成块体，现场根据排板尺寸裁割拼装，外墙主体与保温层一次成活，工效提高，工期缩短，施工安全。钢丝网架聚苯板依靠混凝土与聚苯板的粘结力以及斜插钢丝、L 型钢筋等与混凝土墙体锚固。保温板的固定效果最佳，缺点是造价稍高，且斜插钢丝直接传热，会降低墙体的保温效果，适用于外墙饰面采用瓷砖的高层建筑和超高层建筑。

④ EPS 板的打磨

EPS 板粘贴固定后需静置 24h 才能进行打磨，以防 EPS 板移动。打磨用专用的搓抹子将板边的不平之处磨平，消除板间接缝的高低差，打磨时散落的 EPS 碎屑随时清理干净。板缝间隙大于 1.6mm 时应用 EPS 板条填实后磨平，见图 8-9。

图 8-9　EPS 板的打磨圆

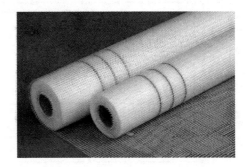
图 8-10　玻纤网格布

⑤ 网格布的铺设

通常采用二道抹面砂浆法。用不锈钢抹子在 EPS 板表面均匀涂抹面积略大于一块网格布的抹面砂浆，随即将网格布压入抹面砂浆中，待砂浆稍干至可碰触时，立即用抹子涂抹第二道抹面砂浆，将网格布埋在两道抹面砂浆的中间。全部抹面砂浆和网格布铺设完毕后，静置养护 3d，方可进行下一道工序的施工。网格布标准型：重量大于等于 160g/m²、网格 4×4、破断强度大于等于 1300N/125px；加强型：重量大于等于 280g/m²、网格 5×6、破断强度大于等于 2000N/125px，见图 8-10。

⑥ 饰面层的选择

EPS 复合式外墙保温层属于轻质、柔性的保温构造，外保温体系自重约 10kg/m² ；饰面材料宜采用涂料，属"柔-柔"搭配。而瓷砖面层外保温自重可达 50kg/m² 以上，即便用附加锚栓或埋入法来确保瓷砖与保温层间的附着安全性，但"柔性基底-刚性面层"的构造缺陷仍然明显，瓷砖背面的冷凝水易发生冻融破坏，温湿应力导致砖缝处面层开裂较难避免。EPS 复合式外墙保温层的饰面层应优先选用高弹性涂料，饰面材料为石材应采用"干挂法"施工。

⑦ 门窗洞口及阳角的处理

门窗洞口角部的聚苯板，应采用整块聚苯板切割出洞口，不得用碎（小）块拼接。铺设网格布时，应在洞口四角处沿 450 方向贴补一块标准网格布（200×300mm），以防止角部开裂，见图 8-11。外墙保温层的阳角处宜采用护角条予以加强保护。

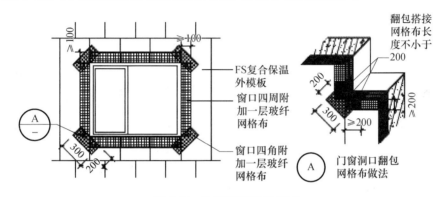

图 8-11　窗洞口聚苯板拼接

第9章 抗震、加固与监测技术

9.1 结构构件加固技术

9.1.1 技术内容

结构构件加固技术常用的有钢绞线网片聚合物砂浆加固技术和外包钢加固技术。

钢绞线网片聚合物砂浆加固技术是在被加固构件进行界面处理后，将钢绞线网片敷设于被加固构件的受拉部位，再在其上涂抹聚合物砂浆。其中钢绞线是受力的主体，在加固后的结构中发挥其高于普通钢筋的抗拉强度；聚合物砂浆有良好的渗透性，对氯化物和一般化工品的阻抗性好，粘结强度和密实程度高，一方面可起保护钢绞线网片的作用，另一方面将其粘结在原结构上形成整体，使钢绞线网片与原结构构件变形协调、共同工作，以有效提高其承载能力和刚度。

外包钢加固法是在钢筋混凝土梁、柱四周包型钢的一种加固方法，可分为干式和湿式两种。湿式外包钢加固法，是在外包型钢与构件之间采用改性环氧树脂化学灌浆等方法进行粘结，以使型钢与原构件能整体共同工作。干式外包钢加固法的型钢与原构件之间无粘结（有时填以水泥砂浆），不传递结合面剪力，与湿式相比，干式外包钢法施工更方便，但承载力的提高不如湿式外包钢法有效。

碳纤维加固技术，见图9-1。施工工艺流程：混凝土基底处理→涂底层胶→找平胶→浸渍树脂（面胶）→粘贴碳纤维片→养护→涂刷耐火涂层

图 9-1　碳纤维加固技术　　　　　　图 9-2　外包钢加固设计

9.1.2　技术案例

钢筋混凝土梁、柱外包钢加固技术

1. 柱外包钢加固技术

采用外包钢加固法加固柱子，即柱四角包角钢，角钢与柱之间填塞以环氧树脂化学灌浆粘结，角钢之间使用缀板连接，将两者连接成整体工作共同受力。质量控制重点：一是角钢与混凝土结合面处理；二是外包型钢与混凝土间环氧树脂胶灌筑密实。

（1）基层处理

为处理好混凝土柱表层，把角钢与混凝土结合面用磨光机打磨至金属光泽，纹路与纵向垂直，除去不密实、浮浆层，并用丙酮擦拭干净，不平整及有缺陷部位用 JH302 聚合砂浆修补，角部打磨成直径 20mm 的圆弧状，然后用丙酮擦拭干净。

（2）角钢及扁钢箍焊接

使用卡具将角钢及扁钢箍卡贴于构件预定结合面，经校准后彼此焊接（平焊）固定，焊接缀板与节点角钢，焊接时应交错施焊，缀板与角钢搭接面应三面围焊，焊缝应饱满，不得有夹渣、漏焊等缺陷，见图 9-2。

（3）灌筑胶施工工艺

为了使环氧树脂胶灌筑密实，采用缀板全部焊接完成后进行灌浆，避免了灌胶完成后再进行型钢与钢箍的焊接时，易破坏胶的粘结力及造成漏浆等问题。

① 用卡具将角钢及扁钢箍卡贴于构件预定结合面，经校准后彼此焊接（平焊）固定。

② 用环氧胶泥将型钢架全部构件边缘缝隙嵌补严密，在利于灌浆的适当位置钻孔，粘贴灌浆嘴（一般在较低处），并留出排气孔，间距为 2～3m。待胶泥完全固结后，通气试压。

③ 以 0.2～0.4MPa 压力将环氧树脂浆从灌浆嘴压入；当排气孔出现浆液后停止加压，以环氧胶泥封堵排气孔；再以较低压力维持 10min 以上，用环氧胶泥堵孔。然后，由下至上，由左至右，依次进行灌筑，直至全部灌完为止。注意灌浆后不应再对钢架进行锤击、移动和焊接。采用此种方法，使得环氧树脂浆充实角钢缝隙，确保了型钢与柱的粘结力。

（4）砂浆保护层

加固后为了使钢构件免受外界影响，钢板表面抹厚度不小于 25mm 的高强度水泥砂浆（加钢丝网防裂）防护层，见图 9-3。

2. 柱增大截面加固技术

增大截面法是采用同种材料增大原构件截面面积，与原有构件成为一个整体共同工作、可靠传力，从而达到提高截面承载能力和构件刚度的目的，见图 9-4。该技术包括：一是既有混凝土和新浇筑混凝土结合面凿毛；二是新增设的钢筋与既有混凝土确保锚固质量；三是灌浆料配合比、浇筑和模板支撑措施。

（1）新老混凝土界面处理

① 铲除构件表面抹灰层，将混凝土表面缺陷清理至密实部位，并将表面凿毛，使用气动枪形錾子凿毛机打成麻坑或沟槽，坑和槽深度不宜小于 6mm，麻坑每 100mm×100mm 的面积内不得少于 5 个，见图 9-5。

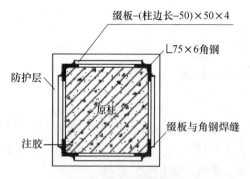

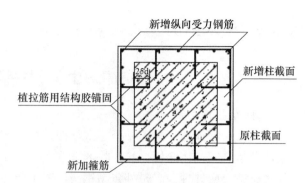

图 9-3 柱粘钢加固法　　　　　　　　图 9-4 柱截面加大法

图 9-5 混凝土表面凿毛　　　　　　　图 9-6 工人进行植筋施工

② 清除混凝土表面的浮块、碎渣、粉末，并用压力水冲洗干净，原混凝土表面应以水泥浆等界面剂处理后再浇筑混凝土。

③ 对原有和新设受力钢筋进行除锈处理，受力钢筋上施焊前应采取卸荷或支顶措施，并应逐根、分区、分段、分层进行焊接。

（2）植筋

① 使用经过国家建筑检测部门认证的喜利得植筋胶。

② 对拟植钢筋位置进行定位与放线（如遇下部钢筋位置影响，现场确定被植钢筋位置的调整）。

③ 根据被植钢筋的直径确定钻孔直径和钻孔深度并进行钻孔，见图 9-6、图 9-7。钻孔距柱边缘 50mm，且不小于 2.5 倍钢筋直径，钻孔中心距不小于 $5d$，d 为钢筋直径，孔深超过 20cm 时使用混合管延长器。

④ 清理钻孔，为保证结构胶粘剂与混凝土的粘合，在采用压缩空气清孔后，再用脱脂棉蘸丙酮擦洗孔壁，此时应保证孔内干燥。

⑤ 钻孔处理后，应由工程监理、业主参加逐孔验收做好隐蔽工程记录。

⑥ 本工程植筋有效锚固深度均按表 9-1 取用。

表 9-1　植筋有效锚固深度

钢筋直径（mm）	10	12	14	16	18	20	22	24/25
钻孔直径（mm）	14	16	18	22	25	28	30	32
非悬臂构件主筋的有效锚深（mm）	250	300	350	400	450	500	550	620
悬臂构件顶筋有效锚深（mm）	320	390	450	520	580	650	700	800

图 9-7　植筋细部构造　　　　　　　　　图 9-8　模板支设

⑦以上锚深按照 HBR335 钢筋计算,原有混凝土按照 C30 考虑,当钢筋为 HRB400 时有效锚深增加 20%。

⑧当植筋处混凝土构件尺寸不足表 9-1 中有效锚固深度时,需要采用钢板加固。

⑨加固施工前应对结构尽可能卸载,无关设备、器材、材料、建筑垃圾应全部清除,施工期间严禁在楼面堆载。

⑩在施工过程中,根据抗拔设计要求,严格控制新植钢筋深度和注胶质量,对新植钢筋进行抗拔实验检测。

(3)灌浆料浇筑施工

根据加大截面法施工特点,选用新型 RG 灌浆料(强度不低于 C50),RG 建筑灌浆料以高强度材料作为集料,以特种水泥作为结合剂,辅以自流态、微膨胀、防收缩、防离析等物质配制而成,与基体粘结力强,接触紧密,不需振捣,可保证空隙之间填充密实,满足传递结构受力的要求。

①根据灌浆料使用说明,按照灌浆料与水质量比 100:12~100:14 配置,以边长为 40mm×40mm×160mm 的棱柱体标准试件,在标准养护条件下养护 28 天,按照标准试验方法测得 28 天强度高达 50MPa 以上,结果表明灌浆料与水的质量比满足强度要求。施工工艺:搅拌按规定的量称取粉料和水,先将水加入桶内,开动搅拌器,徐徐加入料粉,搅拌 2min,静置 1~2min 后再搅拌 1min 即可使用。灌筑前混凝土表面必须清洁无油污等附着物和杂物,在灌筑前 6~12h 将混凝土表面用水充分润湿,且刷一道界面剂。灌浆用自重压浆法,从一侧连续灌入和充填,直至另一侧溢出为止。养护:灌筑施工完成后,24h 内不得使灌浆层受振动。

②灌浆料的模板安装须牢固、密实,标准比普通混凝土要更严格。加固方式为钢管围形水平加固,每 600mm 一道;内部对穿螺栓一端与植筋焊接,另一端穿出木板,使用蝴蝶卡固定在钢管上。模板之间拼缝要尽量做不留缝隙,如无法避免时,模板与模板间的接缝处用胶带封缝,板与基础用砂浆密封,达到浇筑过程中模板牢固、不漏浆,见图 9-8。

③为保证 30min 内将料用完,搅拌量应视每次使用量多少而定。为利于灌浆过程中的排气,二次灌浆时应从一侧或相邻的两侧多点进行灌浆直至从另一侧溢出为止,不得从四侧同时进行灌浆。灌浆开始后必须连续进行,不能间断,并尽可能缩短灌浆时间。

④灌浆完毕后,应立即覆盖塑料薄膜,并加盖草袋或岩棉被。冬季施工时,养护措施

还应符合现行《钢筋混凝土工程施工及验收规范》GB 50204 的有关规定。混凝土在不同温度时达到 20MPa 的时间见表 9-2，拆模控制见表 9-3 所示。

表 9-2　养护时间与日最低气温关系

日最低气温（℃）	−10	−5	0	5	15	>15
时间（h）	96	90	72	48	36	24

表 9-3　拆模和养护时间与环境温度的关系

日最低气温（℃）	拆模时间（h）	养护时间（d）
−10—0	96	14
0—5	72	10
5—15	48	7
≥15	24	7

3. 梁的加固技术研究

与柱加固相比，梁的加固比较复杂，操作也较困难，部分楼板需开洞（作为浇筑管道使用），除对主次梁进行加固外，对空间使用功能改变的还需新增加次梁。根据受力情况，梁的加固可分为以下几类。

（1）新增加次梁

楼层荷载增大或结构受力形式改变，如楼层面增加隔墙，需增加次梁，因此除加固柱梁外，还需要新加次梁。根据受力情况，新加次梁可分为以下几类：

① 楼层板下新增加次梁

a. 次梁上下纵筋贯穿主梁，需避开主梁钢筋钻贯通孔、清孔。

b. 植次梁主筋，灌筑改性环氧树脂结构胶，且钢筋贯穿后在主梁一侧进行有效焊接。

c. 外露钢筋采用抹高强聚合物砂浆，厚度不小于 30mm，砂浆中加钢丝网防裂。

d. 次梁对应位置处，在楼层板上开洞，便于浇筑 RG 灌浆料。

e. 绑扎钢筋，支设模板，四周用聚合物砂浆密封。

f. 浇筑新次梁混凝土及养护，具体见图 9-9。

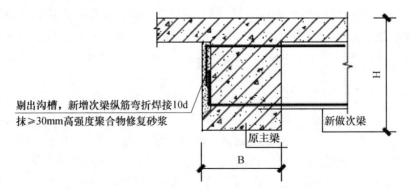

图 9-9　新做次梁与原主梁锚固连接大样图

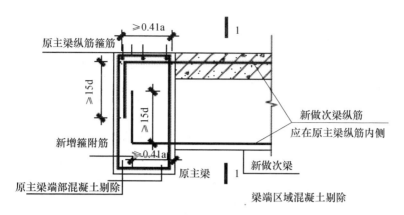

图 9-10　板端新加次梁做法

② 板端新加次梁剔除主梁端部混凝土和板端混凝土（外露钢筋长度不小于锚固长度）；新绑扎次梁钢筋伸入主梁纵筋内侧，原楼板钢筋伸入次梁纵筋内侧；绑扎次梁钢筋，浇筑混凝土。见图 9-10、图 9-11。

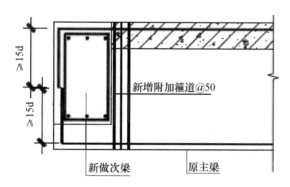

图 9-11　板端新加次梁剖面图

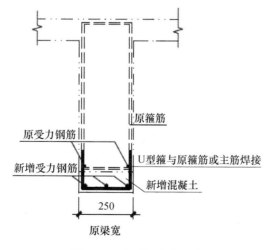

图 9-12　底面加大截面法

（2）主梁截面加大法

① 新旧混凝土结合面即混凝土基面的处理对保证加固质量十分重要，在施工中应严格控制。凿去面层至混凝土基层，凿毛且打出沟槽，沟槽深度坑和槽深度不宜小于 6mm，麻坑每 100mm×100mm 的面积内不得少于 5 个。将混凝土面层清理干净并充分湿润，在浇筑混凝土前刷一道界面剂一道，保证连接面的质量和可靠性。

② 在加固施工过程中若发现原结构有开裂、腐蚀及与图纸不符之处，应记录检查结构损坏的程度，向设计人员及时说明情况。

③ 剔出梁内箍筋和主筋，新加 U 型箍与原梁内的箍筋或主筋焊接，焊接长度 10d。

④ 化学植筋采用钢筋定位仪测定原有钢筋位置，尽量减少废孔，不能截断原有钢筋。应采用电锤干式成孔，严禁采用水钻成孔。

⑤ 化学植筋由于受到原有结构的影响无法达到设计锚固深度时，应按相应图示要求处理，否则及时通知设计人员。

⑥ 灌浆料浇筑施工按照《水泥基灌浆料施工技术规范》施工，钢筋工程、模板工程遵循《混凝土质量验收规范》要求施工。主梁截面加大的几种形式见图 9-12、图 9-13、图 9-14。

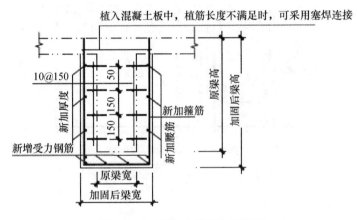

图 9-13　三面加大截面加固详图

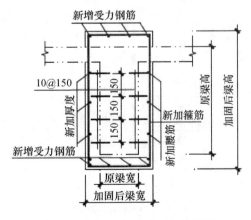

图 9-14　梁四面加大截面加固详图

9.2 建筑移位技术

9.4.1 技术内容

建筑物移位技术是指在保持房屋建筑与结构整体性和可用性不变的前提下，将其从原址移到新址的既有建筑保护技术。建筑物移位具有技术要求高、工程风险大的特点。建筑物移位包括以下技术环节：新址基础施工、移位基础与轨道布设、结构托换与安装行走机构、牵引设备与系统控制、建筑物移位施工、新址基础上就位连接。其中结构托换是指对整体结构或部分结构进行合理改造，改变荷载传力路径的工程技术，通过结构托换将上部结构与基础分离，为安装行走机构创造条件；移位轨道及牵引系统控制是指移位过程中轨道设计及牵引系统的实施，通过液压系统施加动力后驱动结构在移位轨道上行走；就位连接是指建筑物移到指定位置后原建筑与新基础连接成为整体，其中可靠的连接处理是保证建筑物在新址基础上结构安全的重要环节。

9.4.2 技术案例

××教堂整体平移工程设计与施工

1. 工程概况

××市××教堂为哥特式建筑，建造于 1883 年，现为××市重点文物保护单位。该建筑物东西长 27.85m，南北宽 15.98m，占地面积为 374.16m²，总重约 1200t。教堂大厅为砖木结构，木屋架简支于砖柱和砖墙上，教堂钟楼部分为高耸砖混结构，高 21m，大厅和钟楼两部分中间无分隔缝。结构基础为青石基础，地基为杂填土，大厅部分曾于 1986 和 1998 年进行过维修，2005 年因部分墙体出现不均匀沉降裂缝，采用了喷射混凝土板墙对部分墙体进行加固。为满足该市道路扩建工程要求，教堂需向东平移 10m。

2. 建筑整体平移难点

相对于其他的平移建筑，该工程具有以下难点。

(1) 结构已建成一百多年，建筑物老旧，砌块和砂浆强度较低，结构整体性差。

(2) 结构体系复杂，大厅部分为木屋架大跨度结构，屋架支撑点为砖柱、砖墙，承载力和稳定性差；钟楼部分为高耸结构，中间楼板为木结构，整体稳定性差。

(3) 教堂经历过多次改造，年代相隔较大，技术资料不全；结构西端部进行过扩建，原墙结构拆墙换柱，西端部开间为后增建。

(4) 结构基础形式多样：砖墙基础为青石基础且基本无放脚，砖柱的基础是独立砖基础，部分建立在原墙青石基础上；室内后砌隔墙无基础，直接坐落在室内地面上。

(5) 教堂所处区域地下水位较浅，向下开挖深度受限。

3. 建筑整体平移设计

（1）结构加固设计

该建筑结构体系杂乱，上部结构整体性差。因此在其移位前应首先对上部结构进行了检测，对结构存在的安全隐患部位采取有效的永久性加固和临时性加固，提高结构整体刚度，确保改造过程中结构安全。

① 砖柱加固

对支撑屋架的砖柱采用外包钢法加固，四角设置L 70×5 的角钢，下端至基础放脚，上端伸至砖柱顶部，角钢以缀板焊接连接，缀板规格为 －60×4，间距 300mm，角钢与砖柱贴合面间以结构胶粘结。同时，砖柱四周设置角钢支撑斜向与混凝土托换梁相连，以保证平移过程中结构的整体稳定性。

② 结构木屋架加固

由于结构木屋架构件存在一定损伤和缺陷，平移前采用L 75×5 角钢加固，对屋架平面内上下弦杆件和屋架腹杆均采用增设角钢屋架加固，各屋架平面外双角钢架的支撑，提高了屋架整体稳定性，每幅屋架开裂的腹杆增设了钢箍，对屋架支座与墙体、砖柱的连接点采用扁钢环绕，并与下部结构锚固连接。

（2）结构托换及托换底盘设计

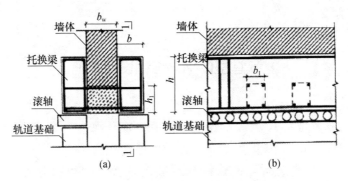

图 9-15 双夹梁式墙体托换方法示意

(a) 立面   (b) 1-1 剖面

① 墙体、砖柱托换

由于墙体年代久远、强度低且部分基础损伤严重，为保证托换过程的结构安全，本工程采用双夹梁式托换方法，由墙体和砖柱两侧的夹梁和用于拉结两侧夹梁的横向拉梁组成，见图 9-15。双夹梁式托换施工方便、施工速度快、对墙体削弱面积小，可有效减小托换对上部结构受力的影响。房屋内部存在四片后砌隔墙直接砌筑在室内地面上，平移前采用工字钢托墙方式进行托换。

② 平移托换底盘设计

在文物建筑移位工程中托换结构应根据上部建筑布局、结构传力路径、结构荷载分布、上部结构刚度变化和建筑移位方向等方面设计布置。该建筑基本为砖墙屋架体系，纵墙为主要传力路径。我们采用 PKPM 工程计算软件对该工程进行实体建模。结构模型根据上部结构实际检测数据资料建立，模型的构件截面、材料以及荷载取值均与现场实测一致，通过计算得出荷载传递数值，以此为依据进行托换底盘设计。本平移工程采用间隔布置滚轴法，因此托换梁按连续梁计算。

砌体的上部结构荷载均通过窗间墙传递至基础，本次平移工程将滚轴放置在窗间墙范围下部，即上部荷载大部分通过滚轴的竖向受压承受，而上轨道梁悬空部分基本仅承受门窗洞口下部砌块自重，其受力原理见图 9-16，因此轨道梁尺寸以能够保证下部托换底盘整体刚度为原则进行截面尺寸选择。

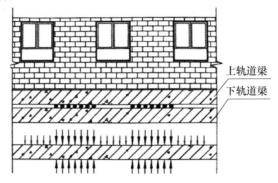

图 9-16　上轨道梁受力示意

为了保证平移过程中结构安全，底盘结构体系设计为近顶推点处设有交叉斜梁，平衡顶推力，房屋平面缩进部位均设有斜梁，中间大开间部位增设了混凝土连梁，见图 9-17，以保证其具有足够的刚度和强度。

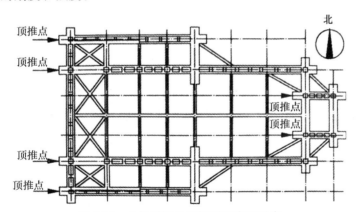

图 9-17　上轨道梁及连梁平面布置示意

（3）行走轨道梁及新址基础设计

由于原有结构基础材料和形式混杂，砖基础放脚小、且损坏变形严重，青石基础无放脚，因此结合现场情况设置 6 条平移轨道与上部结构墙体位置对应，并对原有基础放脚进行剔凿至与墙体同宽，以保证平移过程中结构安全。本工程轨道梁施工需对原结构基础进行剔凿，为保证上部结构安全，采取室内室外分批分段施工。

依据该工程新址的岩土工程勘察报告书，该处首层地层主要成分为建筑垃圾、煤渣及粉质黏土，含砖块、碎石，不宜作为天然地基。考虑上部结构层数低、荷载小，因此在新址基础范围内采用砂石换填进行地基处理。将基础面以下 1.0m 的杂填土层挖去，然后以质地坚硬，强度较高，性能稳定，具有抗侵蚀性的砂、碎石分层充填，以人工或机械方法分层碾压、振动，使之达到要求的密实度，成为良好的人工地基。在进行新址基础设计时，大厅部分采用墙下钢筋混凝土条形基础，基础宽度设计为 1.5～2.0m，钟楼部分设置为十字交叉条形基础,增强基础底面积和刚度,确保上部结构安全。

4．施力系统设计施力方式选择

(1) 平移工程可根据施力方式的不同分为牵引式平移、顶推式平移和牵引顶推组合式平移。牵引式适用于荷载较小的建筑物水平移位或爬升;顶推式应用于各种建筑的水平移位或者顶升;荷载较大时可采用牵引、顶推组合施力方式。

本工程采用顶推式平移,根据工程实践,将预应力钢绞线技术应用在整体移位工程中,开发一种新的可动反力支座,这种可动反力支座操作方便,且不受轨道尺寸限制和预留位置的限制,其构造形式见图9-18。

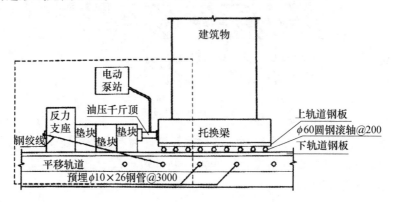

图 9-18　可动反力支座构造示意

(2) 平移推力估算

水平移位时,每条上轨道梁的移动阻力 T_i 计算:$T_i = k_\mu W_i$,式中,T_i 为轨道梁的水平移位阻力;k 为经验系数,由试验或施工经验确定,一般取 1.5～3.0;μ 为摩擦系数,钢材滚动摩擦系数取 0.05～0.10;W_i 为第 i 根轨道梁的竖向荷载。取屋面荷载为 3.5 kN/m^2,墙体自重取 $28kN/m^3$;根据初步估算,计算房屋总重约 1200t(重力作用 12000kN),取启动时的摩擦系数为 0.1,最重的轨道梁所需的总推力约为 270kN,建筑整体平移启动总推力约 1800kN。

(3) 千斤顶选用和布置

根据上部结构墙体、砖柱的布置情况,本工程共设置了 6 条平移轨道,每个轨道均有顶推点。由于每条轨道承担结构自重不同,所需的顶推力也不同,因此在结构平移施工时每两条所需推力相同的轨道使用 1 台油泵控制,确保结构平移过程中轨道受力均匀。根据计算结果,每条轨道均选用 50t 千斤顶,共配置 3 台电动油泵供给千斤顶。

5．整体平移施工

(1) 监测系统

在平移过程中对建筑的沉降、扭转、倾斜、移动位移以及房屋安全状况进行实时监测。沉降和倾斜观测通过建筑物的 22 个标记点进行间隔观测,平均每移动 1m 观测一次;建筑扭转和移动位移通过轨道的标记线以及每条轨道的行走记录观测,房屋安全状况通过原有裂缝是否发展和在行走过程中是否有新裂缝产生观测。

(2) 启动力的确定

上部结构与原结构基础完全分离后,先试顶推。轨道端头设置 6 台位移监测系统,荷载每次增加 100kN，逐级增加。为避免轨道出现拉应力，大厅部分 4 条轨道先提前预加压至 400kN，然后 6 个顶推点同时同步施力，直至结构起步。实际平移过程中，通过记录测算，最大推力为启动时的推动力（1500kN），约为上部荷重的 13%，与估算值 1800kN 基本吻合。建筑物移动正常运行后摩擦系数减小，正常行走推动力为 900kN，约为上部荷重的 7.5%。本工程实际测量数据与估算数据基本相同，K 值取 1.25，启动力摩擦系数取 1.0，滚动摩擦系数取 0.075。

（3）结构就位

建筑物平移至设计位置后，先拆除行走钢板轨道，上下轨道间的空隙采用微膨胀细石混凝土进行上部结构与基础连接，将部分上下轨道梁之间的滚轴埋于梁内。在施工中严格控制混凝土振捣质量，混凝土均高出平移缝隙上部 200mm，避免新旧混凝土之间不密实。

6. 实施效果

××教堂平移工程于 2011 年 3 月底开工，2011 年 6 月 12 日教堂平移到位。本平移工程的成功完成为城市建设和文物保护工作提供了新的解决思路。工程针对建筑结构体系采取了临时和永久的加固，解决了大跨结构和高耸结构的平移稳定性问题，房屋平移到位后偏差在规范允许范围内，教堂原有裂缝未发展且未产生新的影响结构安全的裂缝。新址基础底面积比原址基础增加了两倍多，提高了地基承载能力，从根本上解决了地基沉降问题。同时平移完成就位时，结构底部连接形成了整体桁架，结构整体性显著增强，有效地保护了文物建筑上部结构原貌，保证了历史文化的传承。

9.3　受周边施工影响的建（构）筑物检测、监测技术

9.3.1　技术内容

周边施工指在既有建（构）筑物下部或临近区域进行深基坑开挖降水、地铁穿越、地下顶管、综合管廊等的施工，这些施工易引发周边建（构）筑物的不均匀沉降、变形及开裂等，致使结构或既有线路出现开裂、不均匀沉降、倾斜甚至坍塌等事故，因此有必要对受施工影响的周边建（构）筑物进行检测与风险评估，并对其进行施工期间的监测，严格控制其沉降、位移、应力、变形、开裂等各项指标。

各类穿越既有线路或穿越既有建（构）筑物的工程，施工前应按施工工艺及步骤进行数值模拟，分析地表及上部结构变形与内力，并结合计算结果调整和设定施工监控指标。

9.3.2　技术案例

××地铁深基坑施工对周边建（构）筑物的监测和处理

1. 工程概况

（1）车站及周边建筑概述

××站位于两条城市道路之间，站北侧为汽车交易市场，南侧为××车市，西北侧为家

具沙发有限公司，西南侧为建材城。车站平面形状主要为矩形，车站外包总长 440.0m，标准段外包宽度 19.1m，盾构井段宽 23.2m，车站一般开挖深度约 16.0～18.6m，盾构井段深约 18.3m，基坑采用钻孔咬合桩＋内支撑的维护方案。地下市政管线错综复杂，共有电力、雨水、污水、电信、自来水等 14 条管线穿越基坑。

距离车站基坑较近的三栋建筑分别为：南侧车市综合展厅 2 层主楼，钢框架填充墙结构，基础为深达 10m 的摩擦桩基础，距离基坑边缘最近约 4m；北侧汽车交易市场 4S 店，一层框架结构，地下为混凝土条形基础，距离基坑边缘最近约 10m；旁边建设银行，一层砖混结构，距离基坑边缘最近约为 25m。

（2）水文地质情况

车站地质情况见表 9-4。场地内地下水分为上层滞水、潜水和承压水。

表 9-4　车站地质情况表

时代成因	地层代号	地层岩性	颜色	状态	密实度	湿度	压缩性	地层描述
Q4ml	（1）	素填土	褐黄、褐灰		稍密	湿		主要成分为黏性土夹碎石。表层为路基填筑层，多数稍压实。属Ⅱ级普通土。
Q4Q1+1	（2）3	黏土、粉质黏土	褐灰色	可塑		湿	中压缩性	成分以黏粒为主，含少量有机质，局部为粉质黏土，干强度较高。属Ⅰ级松土。
	（2）4	粉土	蓝灰色		稍密	湿～饱和	中压缩性	以粉粒为主，级配均匀，含有较多黏粒，属Ⅰ级松土。
	（5）5	泥炭质土	灰色、灰黑	可塑		饱和	高压缩性	质较轻，含有大量未分解的水草、木质腐殖质，有机质含量约 0～30%。局部有机质含量大于 60%，相变为泥炭，属Ⅰ级松土。
Q3Q1+1	（3）4	粉质黏土	灰色、深灰	可塑		饱和	中压缩性	以黏粒为主，土质均匀，黏性较好。属Ⅰ级松土。
	（3）4-1	粉土	蓝灰、灰白		中密	饱和	中压缩性	以粉粒为主，含有大量黏粒及少量贝壳。属Ⅰ级松土。
	（3）43	泥炭质土	深灰	硬塑		饱和	高压缩性	质较轻，含有大量未分解的水草、木质腐殖质，约含 10%～35% 有机质，局部有机质含量大于 60%，相变为泥炭，粘结性好，干缩性强。属Ⅰ级松土。

（3）基坑支护结构

基坑采用钻孔咬合桩＋内支撑（混凝土支撑、钢支撑）的围护方案，采用钻孔桩作为围护结构，分段接头处外侧补打高压旋喷桩；基坑底采用 $\phi850@600$ 三轴水泥土搅拌桩进行加固。坑底加固完成后，按照设计图纸施工降水井，围护结构完全封闭后，土方开挖前进行降水施工，使土方得以排水固结。基坑土石方开挖分 4 次。安设 3 道支撑，其中第一道支撑为混凝土支撑，其余为钢支撑，先撑后挖，边开挖边进行挂网喷锚支护。

2. 基坑监测

为确保基坑围护结构、支护结构及周边建（构）筑物的稳定和安全，结合车站地形地质条件、围护结构类型、施工方法等特点，按照地铁公司及当地政府相关文件要求，项目部委托专业的监测公司为该车站编制了专项的施工监测方案，并严格按照审批通过的监测方案布设备监测点，充分发挥监测的"火眼金睛"的作用，达到信息化指导施工的目的。监测项目见表 9-2，监测的主要工作为：

（1）严格按照监测方案对周边影响范围内的建（构）筑物进行监测点埋设。

（2）监测点埋设完成后由施工监测方组织专业监理工程师、地铁公司委托的第三方监测单位、施工方、施工监测方进行对埋设的监测点进行验收批准通过后方可进行数据采集。

（3）在基坑围护结构施工前监测方对周边建（构）筑物、地下管线、建筑物进行初始值采集，建筑物的测斜度观测，影响范围内的影像资料收集。

（4）严格按照施工监测方案确定的监测频率进行，并及时反馈监测成果。

（5）出现监测日变化速率超报警及累计变化报警时加大监测频率及组织相关专家进行分析。

（6）加强对基坑周边建筑物、支护结构、围护结构的巡视工作。

表 9-5 监控项目汇总表

序号	内容	测点布置
1	围护结构墙顶水平位移，沉降量测	按监测方案，每 25m 布设一个测孔，布设 28 个测点
2	土体侧向位移量测	按监测方案，每 25m 布设一个测孔，布设 40 个测孔
3	墙体变形量测	按监测方案图，每 25m 布设一个测孔，布设 40 个测孔
4	支撑轴力量测	按监测方案，共布设 90 个测点
5	周边地面沉降量测	按监测方案并结合建（构）筑影响范围共布设 88 个测点
6	基坑周边建筑物沉降	结合设计图纸及相关规范进行建（构）筑物布点监测。
7	基坑及基坑周边巡视	结合施工进度进行基坑内外巡视
8	基坑外水位量测	按施工方案，横断面每 40m 布设一个测控，共十个测控

由于施工前场地内管线已迁改至场地外安全范围，因此重点关注降水后，基坑施工期间对邻近建筑物影响，对周边三栋建筑物选取 3 个代表性的测点进行分析，三栋建筑物及范围内车站监测点布设平面图（略）。

3. 周边建筑物情况

车站基坑自 2010 年 12 月开挖，从两头向中间进行，挖至中间建筑物段时为 2011 年 2 月中旬，开挖之后基坑相邻两侧的建筑物都出现了不同程度的裂缝，具体情况如下：

（1）车市综合展厅窗角多处出现斜八字裂缝，宽度 1～2mm，长度不等，楼梯及地板多处出现细裂缝，长度约 300～800mm，地板砖有轻微翘起现象。

（2）交易市场内 4S 店框架结构的填充墙上出现多处斜裂缝，地板上出现细裂缝。

（3）建设银行墙体上出现少量细裂缝。

4. 建筑物监测沉降结果

根据车站监测点布置平面图，结合现场实际施工情况，选取 3 个具有代表意义的监测点数据进行分析：

（1）车站基坑南侧车市综合展厅 J8 点。

（2）基坑北侧交易市场 4S 店 J13 点。

（3）基坑北侧 4S 店旁建设银行 J12 点。

从基坑降水后一直到 2011 年 3 月份开挖时，经过经一周时间的监测，周边建筑物沉降变形曲线图，见图 9-19：

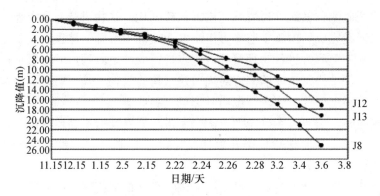

图 9-19　周边建筑物沉降变形曲线图

通过对周边建筑物监测点的沉降监测，发现从降水到开挖前沉降值比较小，一直很平稳，开挖施工后沉降值开始加大，而且靠近基坑的建筑物沉降值大，离基坑越远，沉降值越小，基坑开挖施工对其影响越小。

5. 沉降原因分析

通过对监测数据的研究分析，并结合现场实际地质水文情况及施工情况，发现造成周边建筑物沉降、开裂主要是以下几个原因：

（1）基坑围护结构渗漏水

由于围护结构是咬合桩咬合封闭的，施工过程中可能出现垂直度没控制好导致咬合桩下部开叉或者是由于分段施工造成咬合桩有接缝的地方，而基坑内降水后，开挖到一定深度，导致基坑外水压力增大，通过开叉部位渗水渗砂到基坑内，这样基坑外水压下降，造成土体固结，在建筑物的重力作用下，发生沉降现象。同时水土流失，也能造成基坑周边地表沉降。

（2）基坑开挖过大，支撑不及时

由于前期管线改迁及拆迁工作耽误了大量时间，因此本工程工期比较紧张，在土方开挖施工时，为了抢进度，虽然按照施工方案进行开挖，但有时仍会出现少量超挖现象。而且现场场地比较狭窄，导致钢支撑来回倒运、安装不方便，有时候支撑不及时，没有完全做到先撑后挖，这样导致围护结构后土压力过大，加快围护结构变形，导致周边建筑物的沉降。

（3）基坑边堆载过多

由于现场施工场地狭窄，交通原因和城市环保等因素，使得出土受限，平时挖出的土只能堆积在基坑两侧，加工好的钢支撑也只能堆积在基坑侧边，这样使得基坑顶上堆载过多，导致围护结构背后土压力加大，加快了周边建筑物的沉降。

（4）坑底土体隆起

通过对本标段和对相邻标段施工现场的考察发现，基坑底部土体隆起现象也能造成基坑外地面沉降，但由于本工程在基坑底已进行了地基加固施工，因此基本没出现隆起现象，不能作为周边建筑物沉降的主要原因。

此外，通过查阅一些相关的文献、规范，设计时围护结构的选择、围护结构的入土深度、插入比等也是引起周边建筑物沉降的原因。

6. 处理措施

针对上述造成基坑周边建筑物产生沉降的因素，并结合监测数据分析，可以认为周边建筑物目前仍处于安全状态，但是对不断增加的沉降及开裂现象采取了下列措施：

（1）基坑渗漏水导致基坑外土体体系发生重组是造成周边建筑物沉降、开裂的主要原因，应对围护结构渗漏水点进行封堵，咬合桩出现开叉或者接缝的地方开挖发现后及时在桩外侧补打高压旋喷桩1～2根，不仅能有效起到止水效果，还能起到加固基坑外土体的作用。

（2）合理安排施工顺序，严格按照审批的开挖方案进行施工，先支撑后开挖，每层开挖深度不得超过设计及规范要求，开挖时发现围护结构出现异常现象立刻停止开挖，查明原因处理完毕后确认安全再继续进行开挖。

（3）合理安排施工场地，基坑周围采取卸载降压处理，将基坑周围的钢支撑能架设的及时架设，暂时不能架设的用履带吊吊至场地内其他地方，堆压的土方及时用渣土车拉走，后期开挖不得在基坑周边堆载土方。

（4）在基坑四周开挖排水沟防止地表水流入基坑内，造成土体失稳而加大沉降和裂缝产生，并及时抽排排水沟内的积水。

（5）加强施工监测工作，并及时检查，对损坏的测点及时进行补充。

通过采取上述方法进行处理后，通过监测发现周边建筑沉降明显减缓，说明原因分析比较准确，处理措施及时、正确。

7. 体会

地铁车站的深基坑开挖施工是一项技术难度较高、风险性较大的工程，对周边的建（构）筑物和管线影响重大。为防止基坑开挖施工时危害到周边建（构）筑物及管线，施工前必须对现场环境了解清楚，结合实际情况制定实施性施工方案，并严格按照设计图纸进行施工，同时加强场地周边环境和现场施工进行科学、严格监测，才能保证基坑施工时的自身和周边建（构）筑物的安全和稳定。

第10章 信息化技术

《建筑业十项新技术（2017版）》信息化技术包括以下9个方面的内容。

10.1 基于BIM的现场施工管理信息技术

基于BIM的现场施工管理信息技术是指利用BIM技术，并借助移动互联网技术实现施工现场可视化、虚拟化的协同管理。在施工阶段结合施工工艺及现场管理需求对设计阶段施工图模型进行信息添加、更新和完善，以得到满足施工需求的施工模型。依托标准化项目管理流程，结合移动应用技术，通过基于施工模型的深化设计，以及场布、施组、进度、材料、设备、质量、安全、竣工验收等管理应用，实现施工现场信息高效传递和实时共享，提高施工管理水平。

技术内容

（1）深化设计：基于施工BIM模型结合施工操作规范与施工工艺，进行建筑、结构、机电设备等专业的综合碰撞检查，解决各专业碰撞问题，完成施工优化设计，完善施工模型，提升施工各专业的合理性、准确性和可校核性。

（2）场布管理：基于施工BIM模型对施工各阶段的场地地形、既有设施、周边环境、施工区域、临时道路及设施、加工区域、材料堆场、临水临电、施工机械、安全文明施工设施等进行规划布置和分析优化，以实现场地布置科学合理。

（3）施组管理：基于施工BIM模型，结合施工工序、工艺等要求，进行施工过程的可视化模拟，并对方案进行分析和优化，提高方案审核的准确性，实现施工方案的可视化交底。

（4）进度管理：基于施工BIM模型，通过计划进度模型（可以通过Project等相关软件编制进度文件生成进度模型）和实际进度模型的动态链接，进行计划进度和实际进度的对比，找出差异，分析原因，BIM 4D进度管理直观的实现对项目进度的虚拟控制与优化。

（5）材料、设备管理：基于施工BIM模型，可动态分配各种施工资源和设备，并输出相应的材料、设备需求信息，并与材料、设备实际消耗信息进行比对，实现施工过程中材料、设备的有效控制。

（6）质量、安全管理：基于施工BIM模型，对工程质量、安全关键控制点进行模拟仿真以及方案优化。利用移动设备对现场工程质量、安全进行检查与验收，实现质量、安全管理的动态跟踪与记录。

（7）竣工管理：基于施工BIM模型，将竣工验收信息添加到模型，并按照竣工要求进行修正，进而形成竣工 BIM 模型，作为竣工资料的重要参考依据。

10.2　基于大数据的项目成本分析与控制信息技术

基于大数据的项目成本分析与控制信息技术，是利用项目成本管理信息化和大数据技术更科学和有效的提升工程项目成本管理水平和管控能力的技术。通过建立大数据分析模型，充分利用项目成本管理信息系统积累的海量业务数据，按业务板块、地区、重大工程等维度进行分类、汇总，对"工、料、机"等核心成本要素进行分析，挖掘出关键成本管控指标并利用其进行成本控制，从而实现工程项目成本管理的过程管控和风险预警。

技术内容

（1）项目成本管理信息化主要技术内容

① 项目成本管理信息化技术是要建设包含收入管理、成本管理、资金管理和报表分析等功能模块的项目成本管理信息系统。

② 收入管理模块应包括业主合同、验工计价、完成产值和变更索赔管理等功能，实现业主合同收入、验工收入、实际完成产值和变更索赔收入等数据的采集。

③ 成本管理模块应包括价格库、责任成本预算、劳务分包、专业分包、机械设备、物资管理、其他成本和现场经费管理等功能，具有按总控数量对"工、料、机"的业务发生数量进行限制，按各机构、片区和项目限价对"工、料、机"采购价格进行管控的能力，能够编制预算成本和采集劳务、物资、机械、其他、现场经费等实际成本数据。

④ 资金管理模块应包括债务支付集中审批、支付比例变更、财务凭证管理等功能，具有对项目部资金支付的金额和对象进行管控的能力，实现应付和实付资金数据的采集。

⑤ 报表分析应包括"工、料、机"等各类业务台账和常规业务报表，并具备对劳务、物资、机械和周转料的核算功能，能够实时反映施工项目的总体经营状态。

（2）成本业务大数据分析技术的主要技术内容

① 建立项目成本关键指标关联分析模型。

② 实现对"工、料、机"等工程项目成本业务数据按业务板块、地理区域、组织架构和重大工程项目等分类的汇总和对比分析，找出工程项目成本管理的薄弱环节。

③ 实现工程项目成本管理价格、数量、变更索赔等关键要素的趋势分析和预警。

④ 采用数据挖掘技术形成成本管理的"量、价、费"等关键指标，通过对关键指标的控制，实现成本的过程管控和风险预警。

⑤ 应具备与其他系统进行集成的能力。

10.3　基于云计算的电子商务采购技术

基于云计算的电子商务采购技术是指通过云计算技术与电子商务模式的结合，搭建基于云服务的电子商务采购平台，针对工程项目的采购寻源业务，统一采购资源，实现企业集约化、电子化采购，创新工程采购的商业模式。平台功能主要包括：采购计划管理、互联网采购寻源、材料电子商城、订单送货管理、供应商管理、采购数据中心等。通过平台应用，可聚合项目采购需求，优化采购流程，提高采购效率，降低工程采购成本，实现阳光采购，提高企业经济效益。

技术内容

（1）采购计划管理：系统可根据各项目提交的采购计划，实现自动统计和汇总，下发形成采购任务。

（2）互联网采购寻源：采购方可通过聚合多项目采购需求，自动发布需求公告，并获取多家报价进行优选，供应商可进行在线报名响应。

（3）材料电子商城：采购方可以针对项目大宗材料、设备进行分类查询，并直接下单。供应商可通过移动终端设备获取订单信息，进行供货。

（4）订单送货管理：供应商可根据物资送货要求，进行物流发货，并可以通过移动端记录物流情况。采购方可通过移动端实时查询到货情况。

（5）供应商管理：提供合格供应商的审核和注册功能，并对企业基本信息、产品信息及价格信息进行维护。采购方可根据供货行为对供应商进行评价，形成供应商评价记录。

（6）采购数据中心：提供材料设备基本信息库、市场价格信息库、供应商评价信息库等的查询服务。通过采购业务数据的积累，对以上各信息库进行实时自动更新。

10.4 基于互联网的项目多方协同管理技术

基于互联网的项目多方协同管理技术是以计算机支持协同工作（CSCW）理论为基础，以云计算、大数据、移动互联网和 BIM 等技术为支撑，构建的多方参与的协同工作信息化管理平台。通过工作任务协同管理、质量和安全协同管理、图档协同管理、项目成果物的在线移交和验收管理、在线沟通服务，解决项目图档混乱、数据管理标准不统一等问题，实现项目各参与方之间信息共享、实时沟通，提高项目多方协同管理水平。

技术内容

（1）工作任务协同。在项目实施过程中，将总包方发布的任务清单及工作任务完成情况的统计分析结果实时分享给投资方、分包方、监理方等项目相关参与方，实现多参与方对项目施工任务的协同管理和实时监控。

（2）质量和安全管理协同。能够实现总包方对质量、安全的动态管理和限期整改问题自动提醒。利用大数据进行缺陷事件分析，通过订阅和推送的方式为多参与方提供服务。

（3）项目图档协同。项目各参与方基于统一的平台进行图档审批、修订、分发、借阅，施工图纸文件与相应 BIM 构件进行关联，实现可视化管理。对图档文件进行版本管理，项目相关人员通过移动终端设备可以随时随地查看最新的图档。

（4）项目成果物的在线移交和验收。各参与方在项目设计、采购、实施、运营等阶段通过协同平台进行成果物的在线编辑、移交和验收，并自动归档。

（5）在线沟通服务。利用即时通讯工具，增强各参与方沟通能力。

10.5 基于移动互联网的项目动态管理信息技术

基于移动互联网的项目动态管理信息技术是指综合运用移动互联网技术、全球卫星定位技术、视频监控技术、计算机网络技术，对施工现场的设备调度、计划管理、安全质量监控等环节进行信息即时采集、记录和共享，满足现场多方协同需要，通过数据的整合分析实现项目动态实时管理，规避项目过程各类风险。

技术内容

（1）设备调度。运用移动互联网技术，通过对施工现场车辆运行轨迹、频率、卸点位置、物料类别等信息的采集，完成路径优化，实现智能调度管理。

（2）计划管理。根据施工现场的实际情况，对施工任务进行细化分解，并监控任务进度完成情况，实现工作任务合理在线分配及施工进度的控制与管理。

（3）安全质量管理。利用移动终端设备，对质量、安全巡查中发现的质量问题和安全隐患进行影音数据采集和自动上传，整改通知、整改回复自动推送到责任人员，实现闭环管理。

（4）数据管理。通过信息平台准确生成和汇总施工各阶段工程量、物资消耗等数据，实现数据自动归集、汇总和查询，为成本分析提供及时、准确数据。

10.6 基于物联网的工程总承包项目物资全过程监管技术

基于物联网的工程总承包项目物资全过程监管技术，是指利用信息化手段建立从工厂到现场的"仓到仓"全链条一体化物资、物流、物管体系。通过手持终端设备和物联网技术，实现集装卸、运输、仓储等整个物流供应链信息的一体化管控，实现项目物资、物流、物管的高效、科学、规范的管理，解决传统模式下无法实时、准确地进行物流跟踪和动态分析的问题，从而提升工程总承包项目物资全过程监管水平。

技术内容

（1）建立工程总承包项目物资全过程监管平台，实现编码管理、终端扫描、报关审核、节点控制、现场信息监控等功能，同时支持单项目统计和多项目对比，为项目经理和决策者提供物资全过程监管支撑。

（2）编码管理：以合同 BOQ 清单为基础，采用统一编码标准，包括设备 KKS 编码、部套编码、物资编码、箱件编码、工厂编号及图号编码，并自动生成可供物联网设备扫描的条形码，实现业务快速流转，减少人为差错。

（3）终端扫描：在各个运输环节，通过手持智能终端设备，对条形码进行扫码，并上传至工程总承包项目物资全过程监管平台，通过物联网数据的自动采集，实现集装卸、运输、仓储等整个物流供应链信息共享。

（4）报关审核：建立报关审核信息平台，完善企业物资海关编码库，适应新形势下海关无纸化报关要求，规避工程总承包项目物资货量大、发船批次多、清关延误等风险，保证各项出口物资的顺利通关。

（5）节点控制：根据工程总承包计划设置物流运输时间控制节点，包括海外海运至发货港口、境内陆运至车站、报关通关、物资装船、海上运输、物资清关、陆地运输等，明确运输节点的起止时间，以便工程总承包项目物资全过程监管平台根据物联网扫码结果，动态分析偏差，进行预警。

（6）现场信息监控：建立现场物资仓储平台，通过运输过程中物联网数据的更新，实时动态监管物资的发货、运输、集港、到货、验收等环节，以便现场合理安排项目进度计划，实现物资全过程闭环管理。

10.7 基于物联网的劳务管理信息技术

基于物联网的劳务管理信息技术是指利用物联网技术，集成各类智能终端设备对建设项目现场劳务工人实现高效管理的综合信息化系统。系统能够实现实名制管理、考勤管理、安全教育管理、视频监控管理、工资监管、后勤管理以及基于业务的各类统计分析等，提高项目现场劳务用工管理能力、辅助提升政府对劳务用工的监管效率，保障劳务工人与企业利益。

技术内容

（1）实名制管理。实现劳务工人进场实名登记、基础信息采集、通行授权、黑名单鉴别，人员年龄管控、人员合同登记、职业证书登记以及人员退场管理。

（2）考勤管理。利用物联网终端门禁等设备，对劳务工人进出指定区域通行信息自动采集，统计考勤信息，能够对长期未进场人员进行授权自动失效和再次授权管理。

（3）安全教育管理。能够记录劳务工人安全教育记录，在现场通行过程中对未参加安全教育人员限制通过。可以利用手机设备登记人员安全教育等信息，实现安全教育管理移动应用。

（4）视频监控。能够对通行人员人像信息自动采集并与登记信息进行人工比对，能够及时查询采集记录；能实时监控各个通道的人员通行行为，并支持远程监控查看及视频监控资料存储。

（5）工资监管。能够记录和存储劳务分包队伍劳务工人工资发放记录，亦能对接银行系统实现工资发放流水的监控，保障工资支付到位。

（6）后勤管理。能够对劳务工人进行住宿分配管理，亦能够实现一卡通在项目的消费应用。

（7）统计分析。能基于过程记录的基础数据，提供政府标准报表，实现劳务工人地域、年龄、工种、出勤数据等统计分析，同时能够提供企业需要的各类格式报表定制。利用手机设备可以实现劳务工人信息查询、数据实时统计分析查询。

10.8　基于 GIS 和物联网的建筑垃圾监管技术

基于 GIS 和物联网的建筑垃圾监管技术是指高度集成射频识别（RFID）、车牌识别（VLPR）、卫星定位系统、地理信息系统（GIS）、移动通讯等技术，针对施工现场建筑垃圾进行综合监管的信息平台。该平台通过对施工现场建筑垃圾的申报、识别、计量、运输、处置、结算、统计分析等环节的信息化管理，可为过程监管及环保政策研究提供详实的分析数据，有效推动建筑垃圾的规范化、系统化、智能化管理，全方位、多角度提升建筑垃圾管理的水平。

技术内容

（1）申报管理：实现建筑垃圾基本信息、排放量信息和运输信息等的网上申报。

（2）识别、计量管理：利用摄像头对车载建筑垃圾进行抓拍，通过与建筑垃圾基本信息比对分析，实现建筑垃圾分类识别、称重计量，自动输出二维码标签。

（3）运输监管：利用卫星定位系统和 GIS 技术实现对建筑垃圾运输进行跟踪监控，确保按照申报条件中的运输路线进行运输。利用物联网传感器实现对垃圾车辆防护措施进行实时监控，确保运输途中不随意遗撒。

（4）处置管理：利用摄像头对建筑垃圾倾倒过程监控，确保垃圾倾倒在指定地点。

（5）结算：对应垃圾处理中心的垃圾分类，自动产生电子结算单据，确保按时结算，并能对结算情况进行查询。

（6）统计分析：通过对建筑垃圾总量、分类总量、计划量的自动统计，与实际外运量进行对比分析，防止瞒报、漏报等现象。利用多项目历史数据进行大数据分析，找到相似类型项目建筑垃圾产生量的平均值，为后续项目的建筑垃圾管理提供参考。

10.9　基于智能化的装配式建筑产品生产与施工管理信息技术

基于智能化的装配式建筑产品生产与施工管理信息技术，是在装配式建筑产品生产和施工过程中，应用 BIM、物联网、云计算、工业互联网、移动互联网等信息化技术，实现装配式建筑的工厂化生产、装配化施工、信息化管理。通过对装配式建筑产品生产过程中的深化设计、材料管理、产品制造环节进行管控，以及对施工过程中的产品进场管理、现场堆场管理、施工预拼装管理环节进行管控，实现生产过程和施工过程的信息共享，确保生产环节的产品质量和施工环节的效率，提高装配式建筑产品生产和施工管理的水平。

技术内容

（1）建立协同工作机制，明确协同工作流程和成果交付内容，并建立与之相适应的生产、施工全过程管理信息平台，实现跨部门、跨阶段的信息共享。

（2）深化设计：依据设计图纸结合生产制造要求建立深化设计模型，并将模型交付给制造环节。

（3）材料管理：利用物联网条码技术对物料进行统一标识，通过对材料"收、发、存、领、用、退"全过程的管理，实现可视化的仓储堆垛管理和多维度的质量追溯管理。

（4）产品制造：统一人员、工序、设备等编码，按产品类型建立自动化生产线，对设备进行联网管理，能按工艺参数执行制造工艺，并反馈生产状态，实现生产状态的可视化管理。

（5）产品进场管理：利用物联网条码技术可实现产品质量的全过程追溯，可在BIM模型当中按产品批次查看产品进场进度，实现可视化管理。

（6）现场堆场管理：利用物联网条码技术对产品进行统一标识，合理利用现场堆场空间，实现产品堆垛管理的可视化。

（7）施工预拼装管理：利用BIM技术对产品进行预拼装模拟，减少并纠正拼装误差，提高装配效率。

10.10　建筑信息模型（Building Information Modeling，简称 BIM）及应用实例

10.10.1　建筑信息模型

传统的工程信息表达最常使用的是平面、立面、侧面三视图；一张平面图纸最多只能表达两个维度（对于空间一般线连两个维度都表达不清）；工程信息空间定位，需要平、立、剖图纸配合使用。现代建筑功能日趋复杂、信息量逐年增加，复杂公共建筑很难用传统方式准确无误表达。计算机的庞大存储和迅速计算能力，以及在建设行业的普遍应用，使复杂的三（多）维坐标、数字建模的表达形式，以及迅速的坐标系变换成为可能。建筑信息模型的工程应用，就是在这样的背景下产生的，技术的核心是将传统二维信息表达发展为三维、四维、五维等多维记录与表达（工程信息加时间、资源等管理信息），利用计算机强大运算能力对模型进行优化，以提高设计水平和工程管理水平。

BIM这一方法和理念由AUTODESK公司在2002年率先提出，目前已经在全球范围内得到业界的广泛认可，BIM可以帮助实现建筑信息的集成，一般说，BIM应从设计单位率先建模，后续施工、经营单位在其基础上附加上各自相关信息。从建筑的设计、施工、经营，直到建筑全寿命周期的终结，各种信息始终整合于一个三维模型信息数据库中，设计团队、施工单位、设施运营部门和业主等各方人员可以基于BIM进行协同工作，有效提高工作效率、节约资源、降低成本，以实现可持续发展。

国家自然科学基金委和中国工程院中国未来建筑信息化技术发展的项目，"中国建筑信息化技术发展战略研究"课题得出了三个结论，即：

中国建筑业需要利用IT技术实现业主、设计、施工和运行各个环节的无缝集成，完成从粗放式管理向精细化管理的过渡，从各自为战向产业协同转变。

建筑信息化是降低造价成本，提高建筑质量和运行效率，延长建筑生命周期的最佳途径，也是中国建筑业工业化的必由之路。

中国未来建筑信息化发展将形成以建筑信息模型为核心的产业革命。

我国已经将 BIM 技术作为国家科技部"十一五"的重点研究项目，并被住房城乡建设部确认为建筑信息化的最佳解决方案。中国将着力建设资源节约型、环境友好型社会。深入贯彻节约资源和保护环境的基本国策。节约能源，降低温室气体排放强度，发展循环经济，推广低碳技术，积极应对气候变化，促进经济及社会发展与人口资源环境相协调，走可持续发展之路。"十二五"时期，BIM 技术将继续发挥巨大的作用，推动工程建设的可持续发展。

中国已有非常多的建筑企业在使用 BIM 技术，BIM 应用引爆了工程建设信息化热潮。BIM 正在改变项目参与各方的工作协同理念和协同工作方式，使各方都能提高工作效率并获得收益。

BIM 的定义有众多版本，而且不尽相同。在 BIM 概念提出后，信息技术和工程技术的进步都超出了人们的估计，BIM 的含义也应有所发展和变化。McGraw Hill 在 2009 年的一份 BIM 市场报告中将 BIM 定义为："BIM 是利用数字模型对项目进行设计、施工和运营的过程"。

美国将 BIM 定义为："BIM 是一个设施（建设项目）物理和功能特性的数字表达；BIM 是一个共享的知识资源，是一个分享有关这个设施的信息，为该设施从概念到拆除的全生命周期中的所有决策提供可靠依据的过程；在项目不同阶段，不同利益相关方通过在 BIM 中捕入、提取、更新和修改信息，以支持和反映其各自职责的协同作业"。

从上述两个定义，可以初步理解和归纳 BIM 的如下特征：

① BIM 不限于在设计中的应用，它可应用在建设工程的全寿命周期中。

② 用 BIM 进行的设计属于数字化设计。

③ BIM 的数据库是动态变化的见图 10-1，在应用过程中不断更新、丰富和充实。

（4）BIM 提供了一个项目参与各方协同工作的平台，见图 10-2。

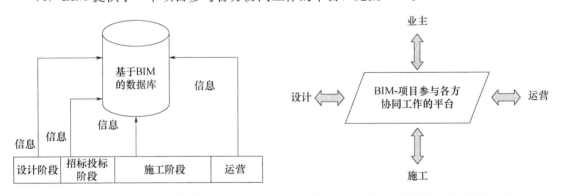

图 10-1　基于 BIM 的数据库　　　　　　图 10-2　BIM 提供了各方协同工作的平台

BIM 技术的核心是通过建立虚拟的建筑工程三维模型，利用数字化技术，为这个模型提供完整的，与实际情况一致的建筑工程信息库。该信息库不仅包含描述建筑物构件的几何信息、专业属性及状态信息，还包含了非构件对象（例如空间、运动行为）的状态信息。借助这个包含建筑工程信息的三维模型，大大提高了建筑工程的信息集成化程度，从而为建筑工程项目的相关利益方提供了一个工程信息交换和共享的平台。

10.10.2　技术案例

基于 BIM 的安装工程施工管理信息技术应用

长期以来国内建筑信息模型创建软件存在局限的难题，在实体工程项目上如何使用软件工具创建建筑信息模型，也尚无成熟的方案可供参考。本研发技术成功应用于冶金、民用建筑等行业，提高了施工深化设计技术、可视化预施工及协同管理技术的整体水平，实现了模型快速定位和建筑构件工厂化预制，为企业高层决策、项目经理部提供重要的技术支持。对提升企业在国际市场中的竞争力具有积极意义。

1. 该技术涵盖的工程管理问题

（1）利用 BIM 技术进行施工详图的深化设计，可通过协同设计和碰撞检查减少设计过程中的专业干涉问题，使施工阶段的设计变更大大减少。

（2）在施工过程中，项目可视化能够对设计思路和施工构想提供直观的展示，从而使得项目参与各方的沟通更加顺畅。

（3）采用电缆信息管理与标签自动生成系统，在电气专业电缆敷设施工的过程中，可以实现通过电缆表自动生成电缆敷设时所需要的电缆标签以及电缆敷设量的统计，能有效地提高工作效率。

（4）在项目管理人员浏览、审阅 Navisworks 模型时，可通过 NWD Connector 便捷迅速的提取出干涉构件的 ID 号，并快速地在模型中定位出相应构件。

（5）充分协调模型并进行生产加工模型的转化，生成所需预制建筑构件的实际加工数据，可提高建筑构件在工厂内预制的准确性并减少生产时间，节约现场工期、减少材料损耗和提高施工质量。

（6）基于 BIM 的竣工资料管理系统可将 BIM 模型与工程资料进行数据信息关联，不仅能为业主提供完整详实的竣工资料数据库，还能为后续的运营管理带来便利。

2. 技术及开发简介

BIM（Building Information Modeling）技术是基于三维数字设计和工程软件所构建的"可视"的参数化建筑模型，为设计团队、施工单位、业主乃至最终用户等各环节人员提供"模拟和分析"的科学协作平台，帮助他们利用三维数字模型对项目进行设计、建造及运营管理。研发初期存在的问题：

（1）设计阶段：国内建筑信息模型创建软件的应用有很大的局限，在实体工程项目上如何使用软件工具创建建筑信息模型尚无成熟的方案可供参考。

（2）软件编程阶段：目前基于 BIM 的虚拟施工技术在国内还处于起步阶段，如何形成一套切实可行的虚拟施工技术就需要解决处理施工现场所需的信息与 BIM 系列软件各平台的兼容问题，最终实现虚拟施工指导。

（3）施工阶段：项目的工作计划和基准进度计划，与实际的工作进度没有一个直观的比较，不便于项目管理人员对工程进度的管理，基于 BIM 技术的多维延伸应用技术可以解决这个问题，但在应用该技术的时候，需克服模型与进度计划关联、模型区域划分、模型节点参数添加和模型状态改变等一系列问题。

3. 主要技术应用

（1）面对项目的建筑信息模型创建技术

目前，国内建筑信息模型创建软件的应用大多局限于软件操作及使用方面，在实体工程项目上如何使用软件工具创建建筑信息模型尚无成熟的方案可供参考，如何使用软件工具来创建满足项目应用需求的建筑信息模型是一个巨大的挑战。通过在多个项目上的摸索实践，总结出一整套基于项目的建筑信息模型创建方法并形成相应的技术系统。

① 项目信息收集

为实现项目的 BIM 应用目标，前期要进行必要的工作准备，收集相关项目的具体信息，明确项目需求。其工作流程见图 10-3。

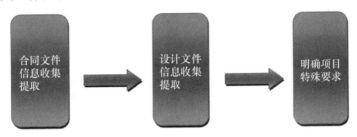

图 10-3　项目信息收集工作流程图

② 确定模型等级

建模等级，英文称作 Level of Details，也叫作 Level of Development。描述了一个模型构件单元从最低级的近似概念化的程度发展到最高级的演示级精度的步骤。

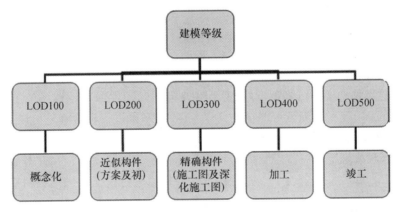

图 10-4　模型细化等级

③ 项目样板定制

面对不同的项目，根据模型等级、机电管道系统种类、族的种类、建筑层数和轴网标高以及项目需求等信息，定制面对项目的模型样板，然后进行建筑信息模型的创建。

④ 项目模型实例（略）

（2）基于 BIM 的多专业协同设计和管线综合技术

根据统计 80% 以上的设计变更都是由于专业之间的协调问题、设计施工之间的协调问题和业主由于理解偏差而产生的，目前为解决此类问题而采用的协调综合方法是基于 2D 图纸的，需要花费大量的工程时间去解读及发现问题，而且由于时间及手段的限制，往往只能发现部分表面的问题，即使发现了问题，在讨论如何修改时，通常是各方争论，莫衷一是。BIM 协同设计和碰撞检查技术可以使设计变更大大减少，同时使用有效 BIM 协调流程进行协调综合，会杜绝协调综合过程中的不合理变更方案或问题变更方案的出现。

① 多专业协同设计

Autodesk Revit 平台提供的"链接模型"、"工作共享"和"碰撞检查"等功能，可以帮助设计团队进行高效的协同工作。针对同一个项目，各专业工程师之间通过时时共享设计信息、及时同步项目文件和模拟管线综合，准确便捷地进行设计管理，提高设计质量和设计效率，有效地解决了传统设计流程中工程信息交互滞后和设计人员沟通协调不畅的问题。

② 管线综合技术

模型通过碰撞检查，在满足建筑各功能区域净空要求和设计原则的前提下，定出各专业管线的标高，进行管线综合并优化，根据管线综合的成果出具管线综合详图和预留孔洞详图。

（3）基于 BIM 的施工辅助技术

① 利用移动设备进行现场检查

通过 IPAD 上 Autodesk BIM 360 Glue 软件的应用，使现场施工人员可方便快捷的使用技术成果进行虚拟施工指导。

利用引动设备实现 BIM 模型在机电管线安装过程的虚拟施工指导。可提前反映施工难点，避免返工现象；模拟展现施工工艺，三维模型交底，提升各部门间协同沟通效率；模拟施工流程，优化施工过程管理；大大减少建筑质量问题，安全问题，减少返工和整改。其价值主要体现为：

a. 对比：利用移动设备可以随时随地、直观、快速地了解计划实际进展情况。

b. 协同：无论是施工方、监理方，甚至非工程行业出身的业主领导都对工程项目的各种问题和情况了如指掌。

c. 便捷：通过移动设备可降低现场利用 BIM 模型的硬件障碍，现场施工管理人员只需通过简单的软件应用技术培训就可便捷的使用 BIM 技术来进行虚拟施工指导。

② 配合关键工艺设备安装方案编制

基于项目部对关键工艺设备安装的初步构想制作安装模拟动画，在方案讨论的过程中辅助项目部从施工、技术、安全各个方面对初步安装构想进行论证、优化和调整。最终形成的结果可用于对安装施工的各参与方进行技术交底。

通过前期大量的设备安装动画模拟，运用可视化的手段为××不锈钢厂区电炉、转炉、精炼炉、大包回转台、连铸机等关键工艺设备安装方案的编制和优化提供了验证，确保了方案的施工可行性。

③ 电缆信息管理

通过自主开发电缆信息管理与标签自动生成软件，实现了通过电缆表自动生成电缆敷设时所需要的电缆标签以及电缆敷设量的统计，能有效提高工作效率。

④ 三维可视化交流

在项目实施过程中，通过三维可视化的模型浏览可直观便捷的让项目参与各方了解设计思路，施工部署以及工作节点，提高了信息沟通的效率。原始的模型浏览软件在进行模型审阅浏览时需建模员在庞大的数据结构树中查找相应的构件，不能满足现场会议的时间节奏，通过自主开发 NW Connector 软件可以让建模员快速高效的在模型中查询到所需的信息。

（4）基于 BIM 的建筑构件工厂化预制技术

在建筑预制构件工厂化生产过程中应用 BIM 技术，可提高预制构件装配图的准确性和减少预制构件的生产时间，节约人工和材料损耗。

建筑预制构件采购安装之前需结合现场实际进行二次深化设计，运用 BIM 的技术，可通过管线综合优化完成后的 MEP 模型直接导出装配图和施工详图，可用于建筑预构件工厂化生产。基于 BIM 的施工图与装配图检查过程是利用计算机和智能化的软件来完成原来需要人工完成的工作，不仅减少了装配图设计、构件制造和安装的时间，而且也保证了检查过程更加客观准确。

① 暖通风管预制

以充分协调模型为基础，直接提取模型构件信息，对风管进行工厂化预制。风管模型提取后通过设定加工参数在软件系统中自动进行分段、排版，数据输入数控机床进行加工。提升了质量，提高了速度，结合施工进度进行合理的物流组织，大大降低了现场的管理难度，满足了业主的特殊要求。

② 冶金工艺管道预制

通过 Autodesk Revit 与 Autodesk Plant 3D 软件的相结合，生成管道加工模型。再将管材、壁厚、类型、长度、管段图等信息导出进行管道的预制加工，等实际施工时将预制好的管道送到现场安装。

③ 材料统计

利用 BIM 技术建立的参数化建筑信息模型是参照二维图纸中的工程数据和基于现场实际情况建立的，并通过虚拟技术在计算机中进行了施工模拟和设计优化，通过 BIM 软件可对各类所需的工程数据进行筛选和调用，生成各类材料表，以方便施工管理人员及时地提出准确的材料统计表，避免工程材料计划误提、漏提、多提，节约工程成本，为工程管理者提供最真实的数据支撑体系。

（5）基于 BIM 的多维延伸应用技术

采用 Synchro 4D 软件与 Autodesk revit 相结合，反应工作计划和基准进度计划。在微观层面，与 3dmax 相结合，以体现局部区域的施工和安装细节。

利用导入模型和施工进度计划关联，通过三维模型和动画直观的显示出建筑施工的步骤以及施工方案和施工工艺等。其基本流程为：合并所有的模型文件，创建进度计划或导入进度计划，将模型与进度计划中的工序关联，附加建造类型；检查配置选项，运行模拟以及检查和修改等。

（6）竣工交付技术

通过开发基于 BIM 的竣工文档管理系统实现竣工项目模型的完整交付。项目的结构、建筑、管道、设备等作为一个完整系统，当完成建造过程准备投入使用时，首先需要对建筑进行必要的测试和调整，以确保它可以按照当初的设计来运营。在项目完成后的移交环节，运营管理部门需要得到的不只是常规的设计图纸、竣工图纸，还需要能正确反映真实的设备状态、材料安装使用情况等与运营维护相关的文档和资料。BIM 能将建筑物空间信息和设备参数信息有机地整合起来，从而为业主获取完整的建筑物全局信息提供途径。通过 BIM

与施工过程记录信息的关联，甚至能够实现包括隐蔽工程资料在内的竣工信息集成，不仅为后续的运营管理带来便利，并且可以在未来进行的翻新、改造、扩建过程中为业主及项目团队提供有效的历史信息。

4. 本项目信息化技术

（1）基于 BIM 的施工深化设计技术

利用 BIM 技术进行施工详图的深化设计，可通过协同设计和碰撞检查减少设计过程中的专业干涉问题，使施工阶段的设计变更大大减少，同时使用有效 BIM 协调流程所进行的协调综合，杜绝了不合理变更方案或新矛盾问题的出现。

（2）可视化的预施工及协同管理技术

对项目进行准确的可视化预施工模拟对于施工过程管理的精细化水平提高起到举足轻重的作用。在施工过程中，项目可视化能够对设计思路和施工构想提供直观的展示，从而使得项目参与各方的沟通更加顺畅。可视化还有助于清晰阐释和验证施工方案的可行性，提高施工质量。此外，可视化可辅助确定项目的范围，提高时间和空间的协调利用性，并有助于减少规划过程中的工作流程问题。

（3）电缆信息管理与电缆标签打印系统

采用电缆信息管理与标签自动生成系统，在电气专业电缆敷设施工的过程中，可以实现通过电缆表自动生成、电缆敷设时所需要的电缆标签以及电缆敷设量的统计，能有效地提高工作效率。

（4）基于 Navisworks 模型的快速定位技术

在项目管理人员浏览、审阅 Navisworks 模型时，可通过 NWD Connector 便捷迅速的提取出干涉构件的 ID 号，并快速地在模型中定位出相应的构件。同时导出干涉构件的相应属性和设计参数，供 ERP、3DS MAX、CAE 等第三方软件使用。

（5）基于 BIM 的建筑构件工厂化预制技术

结合充分协调模型并进行生产加工模型的转化，生成需预制建筑构件的实际加工数据，可提高建筑构件在工厂内预制的准确性并减少生产时间，对节约现场工期、减少材料损耗和提高施工质量均大有裨益。

（6）基于 BIM 的竣工资料管理系统

基于 BIM 的竣工资料管理系统可将 BIM 模型与工程资料进行数据信息关联，不仅能为业主提供完整详实的竣工资料数据库，还能为为后续的运营管理带来便利，并且可以在未来进行的翻新、改造、扩建过程中为业主及项目团队提供有效的历史信息。对于施工单位来讲，通过此系统可实现工程资料和技术文件的数字化积累。

参 考 文 献

[1] 住房和城乡建设部工程质量安全监管司.（2017版）建筑业10项新技术［M］. 1版. 北京：中国建筑工业出版社，2017.

[2] 宋义仲，程海涛，卜发东，李建明. 水泥土插芯组合桩复合地基工程应用实例研究［J］. 施工技术，2017，46（8）.

[3] 许亚军. 超浅埋暗挖隧道下穿高速公路的施工技术［J］. 隧道建设，2009，29（1）.

[4] 张志敏，冯桢，王天野. 综合管廊下穿河道浅埋暗挖施工技术［J］. 建材与装饰，2017（27）.

[5] 徐亚玲. 预拌再生混凝土的研发及其工程应用［J］. 上海建设科技，2011（2）.

[6] 屈宏伟. 预制节段拼装箱梁模板系统设计及节段箱梁预制质量控制技术［J］. 四川建材，2009，35（4）.

[7] 赵秋萍，胡延红，刘涛，张海松，陈杭. 某工程全装配式混凝土剪力墙结构施工技术［J］. 施工技术，2016，45（4）.

[8] 张晓勇，孙晓阳，陈华，韩桂圣，周军红. 预制全装配式混凝土框架结构施工技术［J］. 施工技术，2012，41（357）.

[9] 黄新，陈祖新，刘长春. 全预制装配整体式框架结构外挂墙板的设计及施工［J］. 建筑施工，2015，37（11）.

[10] 龙莉波，马跃强，李卫红，戚健文，席金虎，何飞. 无机夹心保温超薄预制外墙板施工成套技术研究［J］. 建筑施工，2016，38（10）.

[11] 王金卿，庞永祥，郭正兴. 预制预应力混凝土叠合板短线法生产与安装技术［J］. 施工技术，2016，45（16）.

[12] 田正. 钢结构的防腐与防火技术［J］. 科学时代，2010（01）.

[13] 任长宁，傅慈英. 建筑电气工程中细导线连接工艺现状及发展［J］. 电世界，2016（4）.

[14] 陈琦. 全封闭深基坑降水技术探析［J］. 福建建筑，2013（3）.

[15] 辛建龙，高泉，潘蜀，马广生，张东. 分布式发电在建筑施工现场的应用［J］. 安徽建筑，2015（6）.

[16] 赵大胜，王兴华，于金生，柴崇杰. 建筑施工垃圾管道化垂直运输装置的研究［J］. 装饰装修天地，2016（06）.

[17] 王力健. 透水混凝土路面在工程中的应用［J］. 广东土木与建筑，2013（1）.

[18] 向新星. 植生混凝土施工技术的运用［J］. 山西建筑，2015，41（16）.

[19] 张彦鸽. 外墙保温技术应用研究［J］. 湖南工业职业技术学院学报，2010，10（4）.

[20] 赵士永，王铁成，李旭光. 圣雅各教堂整体平移工程的设计与施工［J］. 建筑技术，2013，44（11）.

[21] 周文龙，梁克权. 混凝土楼地面一次成型无缝施工技术［J］. 城市建设理论研究，2013（15）.

[22] 白露，魏丰越，江敏，肖江融，曾候辉. 内衬风管施工工艺浅析［J］. 中国设备工程，2017（13）.